농산업과 농촌의 혁신 로드

지속가능 재생농업

대한민국 리셋 시리즈 1

지속가능 재생농업

농산업과 농촌의 혁신 로드

초판 1쇄 발행 2025년 12월 30일

지은이 박석희
펴낸이 장길수
펴낸곳 지식과감성#
출판등록 제2012-000081호

교정 주경민
디자인 이현
편집 이현
검수 한장희
마케팅 김윤길

주소 서울시 금천구 벚꽃로298 대륭포스트타워6차 1212호
전화 070-4651-3730~4
팩스 070-4325-7006
이메일 ksbookup@naver.com
홈페이지 www.knsbookup.com

ISBN 979-11-392-2974-5(94520)
값 20,000원

지식과감성#
홈페이지 바로가기

대한민국 리셋 시리즈 1

농산업과 농촌의 혁신 로드

지속가능 재생농업

박석희 지음

Sustainable Regenerative Agriculture

본서는 혁신적 농산업 육성을 위해
재생농업 관점에서 농식품정책의 주요 내용과 특징을
재조명하기 위해 집필되었다.

지식과감정#

머리말

농산업은 자연을 기반으로 하는 자연산업이며, 농산업이 영위되는 지리적 공간으로서 농촌은 뿌리공동체로서 도농의 균형적 발전과 지속가능한 농산업의 기반이라고 할 수 있다. 현대 농업은 전통적 재배농업을 넘어 첨단기술을 기반으로 산업 영역을 확장하여 이제 식품 영역을 포함한 농산업으로 발전하고 있다. 사회의 여러 분야들이 첨단지식이나 신기술과 접목하여 과거에는 상상하지 못했던 새로운 영역으로 확장되듯이 농업·농촌도 첨단기술, 생태환경, 문화여가 등 타 산업분야의 혁신성과들과 결합하여 미래산업이자 혁신경제로 발전하고 있다.

농산업이란 전통적 재배농업은 물론 다양한 전후방산업을 포괄하는 개념이다. 재배농업을 발전시키고, 농촌공동체의 전통적 기능을 유지하는 것은 중요하다. 이를 토대로 한국 사회는 그동안 농정의 범위를 식품 영역을 포함한 농산업 전체로 확장함으로써 농업·농촌의 혁신기반을 강화해 왔다. 그런데 이제는 농산업과 농촌의 지속가능성과 다원적 가치를 확산할 수 있도록 재생농업 관점의 농식품정책이 강화되어야 한다.

재생농업은 지속가능성을 향한 영농전략으로, 농산업을 새로운 혁신가치가 창출되는 미래산업으로 발전시키기 위한 다양한 전략을 포괄한다. 즉, 재생농업은 생태농업, 유기농업 등에 한정되지 않으며 이는 정보통신기술과 융합한 스마트 정밀농업, 농촌의 포용적 성장을 지향하는 사회적 농업, 인간과 농생명의 공존을 위한 치유농업 등의 혁신적 농산업을 포괄한다.

재생농업의 지속가능성은 세 가지 접근을 통해 강화될 수 있다. 우선 비용을 절감하고 효용을 극대화하는, 즉 경제적 편익의 관점에서 설계되어야 한다. 또한 다원성과 공존의 사회적 자본을 토대로 핵심 공동체적 가치들을 강화하는 방향으로 추진되어야 한다. 특히 환경적 지속가능성을 위해 발상의 전환에 입각한 선구적(heuristic) 접근이 요구된다. 재생농업이 전통 재배농업을 모두 대체할 수도 없고, 기존 농식품 정책 패러다임을 완전히 무력화하는 것도 아니다. 오히려 사회혁신, 디지털전환, 플랫폼경제, 초연결, ESG 등을 기반으로 하는 혁신지향경제에서 농산업의 지속가능성과 다원성을 강화하기 위해 재생농업과 전통농업의 공존전략을 모색해야 한다.

본서는 혁신적 농산업 육성을 위해 재생농업 관점에서 농식품정책의 주요 내용과 특징을 재조명하기 위해 집필되었다. 농식품정책에 대한 학술적 관심은 1963년에 ㈔한국농식품정책학회가 설립된 이후 확산되어 왔다. 학회는 농업과 식품산업에 관한 연구를 통해 한국 농식품산업의 발전을 견인해 왔다. 행정학 분야에서도 2000년대 이후 관심이 증가했다. ㈔한국행정학회 산하에 농업행정연구회가 설립되었고, 2025년에는 ㈔한국정책학회에도 농수산식품정책연구회가 신설된 것이다.

이에 본서는 농식품정책의 각 하위 영역들을 이해하기 쉽게 소개하되, 이를 재생농업 관점에서 재해석했다. 본서의 장점으로 첫째, 농산업·농촌 정책을 집행하는 각종 공기관 취업 및 창업에 유용한 정보를 체계적으로 제공하고 있다. 둘째, 농식품정책분야에 대한 독자들의 친근감을 제고하기 위해 사회과학자, 특히 정책학자의 입장에서 농식품정책분야의 복잡한 기술용어, 정책용어들을 친근감 있게 서술하였다. 셋째, 기본적으로 농산업·농촌부문을 중심으로 논의하고 있지만 이러한 논의는 산촌·임업부문, 어촌·수산부문에도 준용할 수 있다.

본서는 2부로 구성하였다. 1부에서 농촌과 농산업의 이해, 농식품정책의 제도적 기반과 한계에 대해 논의하고, 재생농업 관점에서 농산업과 농촌의 미래를 전망하고 농식품정책 방향을 논의한다. 2부에서는 재생농업 관점에서 농식품정책 하위 영역별로 세부 현황과 개선 방향을 소개한다. 농식품정책을 농촌정책, 농업·식량정책, 농산업정책, 방역·검역정책, 축산·동물복지정책, 유통·소비정책의 6개 영역으로 구분하였다.

모쪼록 본서가 농산업 및 농촌정책분야 취·창업을 희망하는 청·장년 예비 경제인, 재생농업 관점에서 농정체계를 재설계하고자 하는 정책 디자이너, 나아가 농식품정책분야를 궁금해하는 일반 대중이 현대 경제에서 농산업과 농촌의 확장된 역할을 이해하는 데 일조할 수 있기를 기대한다. 나아가 대한민국 농산업과 농촌경제를 발전시키고, 이러한 혁신모델이 여러 농업 개발도상국에 단계적으로 확산될 수 있기를 기대한다.

이 책을 집필하는 과정에서 지혜와 용기를 주신 하나님께 감사드린다. 20여 년간 저자가 관련 연구와 교육에 헌신할 수 있도록 기반을 마련해 준 가톨릭대에도 심심한 사의를 표한다. 이 책의 출판을 책임 있게 지원해 준 지식과감성# 출판사에 고마움을 밝힌다. 또한 그동안 저자와 학술적으로나 실무적으로 밀접하게 교류한 농촌진흥청과 함께 한국농어촌공사, 한국농수산식품유통공사를 비롯하여 농림축산식품부와 여러 기관들에 감사한 마음이다.

2025년 9월에

저자 **박석희** 씀

Sustainable Regenerative Agriculture

목차

제2부
재생농업 관점의 농식품정책

제1부

지속가능농업과 농식품정책의 이해

제1장 지속가능농업의 이해

제2장 농식품정책 현황과 한계

제3장 재생농업의 비전과 전략

제1장
지속가능농업의 이해

제1절 녹색위선(green-washing)과 만경상록(ever-greening)

1. 만경상록을 위한 선구적 발상

지속가능농업을 비롯하여 최근 혁신산업들과 지속가능경제를 통해 E.S.G. 가치가 주목받고 있다. 생태환경적으로 건전하며(environmentally sound, E), 사회적으로 포용력 있고(socially responsible, S), 경제적으로 생존 가능한(economically viable, G) 지속가능경영의 삼각축이 E.S.G라는 진화된 가치로 구현되고 있다.

이러한 지속가능경제 혹은 혁신지향산업에 대해 일부에서는 빛 좋은 개살구 혹은 수박 겉핥기라며 표리부동함을 비판한다. 이러한 비판들은 더 나아가 녹색위선(green-washing)을 주장하며 지속가능경제의 비윤리성 문제까지 맹폭하기도 한다. 그러나 전통적 산업체계는 물론 디지털기술이 선도하는 혁신지향산업체계에서도 모든 경제주체들은 본질적으로 만경상록(ever-greening)[1)]을 추구한다는 점을 고려하

1) 변화된 환경에서 디자인, 기능, 사용자 경험을 포함하여 제품이나 서비스의 경쟁력 확보를 위한 다양한 법적, 기술적, 사업적 혁신기법을 활용하여 사업의 지속가능성을 제고하는 전략으로 학계에 통용되는 제약(製藥) 분야 혹은 특허권 분야에서의 '재탕 삼탕 전술(small tactic)' 개념과는 다소 상이한 의미를 지닌다.

면 이러한 비판의 타당성을 되짚어 볼 필요가 있다.

디지털전환이 가속화됨에 따라 경제·사회체계가 복잡계의 형상을 띤 다중모드사회(multimodal society)로 급속히 진화하고 있다. 이에 따라 일상 곳곳에서 공진화를 공통적 특징으로 하는 사회혁신, 플랫폼 경제, 초연결 등 혁신지향경제가 확산되고 있다. 다중모드사회의 등장은 다원성, 공존, 자율실천 등 선구적 접근(heuristic approach)에 입각한 지속가능 전략을 요구하고 있다. 즉, 전통산업부터 혁신산업에 이르기까지 경제의 지속적 번영을 위해서는 발상의 전환을 통해 다양한 전략기법을 적용하여 뉴노멀을 구축하는 선구적 접근이 필요하다.

모난 돌이 정 맞거나 시대를 앞선 자의 비애처럼 선구적인 방법은 많은 경우 경제적인 이유가 아닌 시장의 암투와 사회의 곡해를 받아 조기에 사장되기도 한다. 마치 생리장해나 관리적 부실이 아닌 통제할 수 없는 자연재해나 구조적 결함으로 인해 정식(定植)[2] 후 열매를 맺기도 전에 시들어버리는 종자나 묘목에 비유할 수 있다. ESG라는 포용적 혁신가치를 지향하는 지속가능경제에 있어 녹색위선에 의한 비윤리적 일탈이 일부 발생할 수도 있다. 하지만 만경상록을 향한 선구적인 노력들에 보다 주목할 필요가 있다. 뉴노멀과 다원성이 지배하는 다중모드사회에서는 다양한 실험들이 공존할 수 있는 열린 자세가 요구된다. 이를 통해 생태환경적으로 건전하며, 사회적으로 포용력 있고, 경제적으로 생존 가능한 지속가능사회가 구현될 수 있기 때문이다.

2) 식물을 포장에 옮겨 심는 정식(定植)과 재식(栽植)은 차이가 있다. 정식은 작물을 수확할 본포에 최종적으로 옮겨 심는 것이며, 재식은 종자나 묘목을 육묘장이나 묘포에 심는 행위도 포괄한다.

2. 만경상록 전략: 농업재해보험 사례

농업재해보험 운영 사례를 통해 발상의 전환에 입각한 만경상록 전략의 중요성을 확인해 보자. 많은 농업 선진국들처럼 한국도 농업의 안보적·공익적 기능을 고려하여 농작물에 재해가 발생하여 농가 등 농업경영체에 피해가 야기된 경우 이를 농업재해보험이라는 정책보험을 통해 보상하고 있다.

농업재해보험은 5장에서 상세히 논의하듯이 현재 농작물재해보험, 가축재해보험, 농업수입보장보험 및 가축질병치료보험으로 구성·운영되고 있다. 농작물재해보험의 경우 2001년에 도입된 이후 보험 목적 작물이 계속 확대되어 왔다. 정책보험 목적물을 확대하는 1차적 배경은 작물 간 형평성을 제고하여 농업인들의 재배 작물 선택 왜곡 문제를 최소화하는 데 있다. 이와 함께 농작물재해보험은 1990년대 후반에 추진된 농산물 무역 자유화 조치와 맞물려서 발전해 왔다.

피보험자(피해 농업경영체)가 보험자(농협손해보험)로부터 보험금을 지급받기 위해서는 피보험자는 보험에 가입하여 보험료를 납부하고, 피해가 발생했을 때 보험금 지급을 청구해야 하며, 보험자가 손해평가를 통해 보험금을 지급해야 한다. 농업재해보험도 기본적으로 보험이기 때문이다. 하지만 이를 일반손해보험 관점에서만 접근할 경우 해결하기 어려운 여러 문제들에 봉착하게 된다.

농작물재해보험 목적 중 시설작물, 과수작물 등의 경우 보험의 태생적 특성인 정보 비대칭성 문제로 인해 현재 특정 재해의 경우 보험금 지급 농가가 일부에 편중되고 있다.[3] 그런데 이러한 정보 비대칭 문제

3) 농협손해보험(2025)에 의하면 폭염피해 보험금의 경우 2018~2024년 중 한 번도 수령하지 않은 농가는 전체의 91.1%(43,470가구)인데 반해 1회 수령 농가가 5.2%(2,488가구), 2회 수령 농가가 1.8%(840가구)였으며, 3회 이상 수령 농가도 2.0%(927가구)로 조사되었다.

를 방지하기 위한 장치를 도입할 경우 이를 회피하기 위한 전략을 개발시켜 오히려 문제를 악화시키기도 한다. 또한 차순위 정보우위 계층에까지 당해 회피전략이 확산되는 부정적 이중순환학습 문제에 봉착할 수도 있다.

특히 영농활동의 특성으로 인해 손해평가기준을 세밀하게 규정하기 곤란함에도 보험자 면책기준을 마련함에 있어 손해평가의 세부기준을 마련하고자 하는 경우 그 불완전한 기준이 농업경영체들의 행태에 영향을 미쳐 자원배분을 더욱 왜곡시킬 우려가 있다. 따라서 정책 발상의 전환을 통해 농작물재해보험의 지속가능성을 위한 만경상록 전략이 요구된다.

가령 보험자 면책항목의 경우 적용기준은 농업경영체들 입장에서 유연하게 설계하되 적용방식을 명확하게 설정해야 한다. 농작물재해보험이 보상하는 피해는 자연재해[4], 조수해(鳥獸害), 화재로 인한 피해이며, 영양 불균형, 관리 실수 및 생태·환경적 요인 등으로 인해 발생하는 생리장해에 의한 피해는 보상하지 않는다. 즉, 보험자의 보험금 지급 면책사항 중 하나로 보험약관에서는 “제3조(보상하는 손해) 제1항에 해당하지 않은 재해로 발생한 손해”라고 포괄적이면서 모호하게 규정하고 있다.

이에 생리장해 여부 판단 기준 설정은 유연하게 접근하되 적용방식은 네거티브 면책방식, 즉 ‘원칙적 보상, 예외적 면책’을 적용하는 것이 피보험자들의 입장을 반영하면서도 농작물재해보험사업을 상록화하는 데 기여할 수 있다. 즉, 모든 피해는 원칙적으로 보상 대상 재해로 인

---

4) 태풍·강풍, 우박, 동상해, 호우, 한해, 냉해, 설해, 폭염 등을 말한다.

해 발생한 것으로 인정하여 보상하되, 생리장해 범위를 명확히 규정함으로써 예외적인 면책 기준을 구체화해야 한다. 그 방안으로 생리장해 여부를 판단하는 다섯 가지 세부기준을 수립한 이후 보험자 면책 여부 판단에 있어 이를 단계적으로 적용할 수 있다. 이를 통해 손해 사정의 공정성 및 객관성을 제고하고, 보험자 면책기준을 엄격히 적용함으로써 피해 농업경영체들의 불만을 감소시키는 전략을 적용할 수 있다.

자연재해가 아닌 생리장해 여부의 단계적 판단 방식

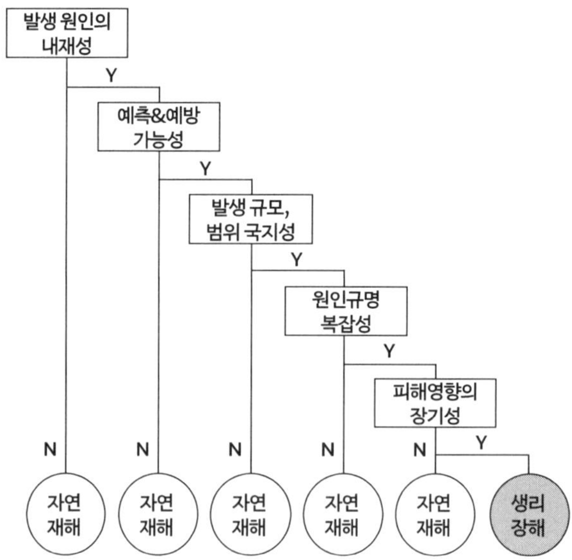

쟁점이 되는 또 다른 보험자 면책사항인 '구조적 결함'의 경우에도 유사한 접근이 필요하다. 현행 약관은 시설재배 농작물[5]에 자연재해나

5) 비닐하우스, 유리온실 등 농업용 시설물에서 재배되는 농작물로 화훼류에는 국화, 장미, 백합, 카네이션 등이 있고, 비화훼류에는 딸기, 오이, 토마토, 참외, 고추, 호박, 수박, 멜론, 파프리카, 상추, 부추, 시금치, 가지, 배추, 파(대파·쪽파), 무, 미나리, 쑥갓, 감자 등이 있다.

조수해로 인해 발생한 손해를 보상하면서도 구조적 결함에 의한 손해는 보상하지 않는 면책조항을 마련해 두고 있다. 문제는 구조적 결함의 기준을 넓게 규정하고 있다는 점이다. 따라서 구조적 결함 판단에 있어 현행 기준들을 유연하게 유지하되, 이를 단계적으로 적용하는 방식이 요구된다. 한편 각 기준들은 모두 '구조적 결함'과 함께 '관리적 부실' 측면도 포함하고 있다. 따라서 면책조항의 객관적인 적용을 위해 구조적 결함에 따른 보험자 면책을 적용함에 있어 계약자 또는 피보험자의 고의 또는 중대한 과실에 한정할 필요가 있다.

전통적 재배농업 영역에서도 선구적(heuristic) 관점에서 문제를 바라보면 더 효과적인 해법을 찾을 수 있다. 즉, 기존 농식품정책의 여러 하위 영역들에서 발상의 전환에 입각한 지속가능한 재생농업을 통해 만경상록 전략을 개발할 수 있다. 지속가능경제는 다중모드사회의 혁신지향성을 기반으로 발전할 수 있다. 다중모드사회란 공진화, 다원성, 포용성의 가치들이 지배하는 사회를 의미하며, 혁신지향경제에서는 실험적 정신, 열린 자세, 발상의 전환 등 원심력의 작용에 의한 다양한 뉴노멀들이 공존하기 때문이다.

농식품분야에 있어서도 지속가능농업은 단기적으로 혁신적 농산업의 발전을 선도하면서 궁극적으로 전통농업과의 공생적 발전을 추동할 수 있다. 여러 선구적 경영기법들과 선도기술들이 혁신적 농산업 발전을 견인하고 있지만 지속가능농업을 통해 다양하게 진화한 혁신전략들은 동시에 전통농업과의 공진화를 가능하게 한다.

여타 혁신산업들과 마찬가지로 지속가능농업의 지향가치는 기초 삼각축(triple bottom line)인 E.S.G이며, 이를 위해 다양한 농산업 혁신기술들을 선구적이며, 포용적으로 적용할 수 있어야 한다. 이러한 차원에서 지속가능농업을 구현하기 위한 핵심전략으로 유기농업, 친환경·생태농업, 정밀농업, 치유농업, 사회적 농업, 도시농업 등 여러 혁신영농을 포괄하는 '재생농업'의 발전이 요구된다.

제2절 농촌과 농산업 개념

농업·농촌의 중요성에 대해 「농업·농촌 및 식품산업 기본법(이하 기본법)」은 다음과 같이 제시하고 있다. '농업'은 ①국민에게 안전한 농산물과 품질 좋은 식품을 안정적으로 공급하고, ②국토환경의 보전에 이바지하는 등 경제적·공익적 기능을 수행하는 기간산업이며, ③국민의 경제·사회·문화발전의 기반이 된다. 또한 '농촌'은 ①고유한 전통과 문화를 보존하고 있는 공간으로, ②국민에게 쾌적한 환경을 제공하는 산업 및 생활공간으로 발전시켜, ③이를 미래세대에 물려줄 수 있어야 한다. 농업·농촌의 발전을 위해서는 이를 영위하는 '농업인' 혹은 '농업법인'의 성장과 안정이 요구되며, 따라서 농업인은 자율과 창의를 바탕으로 다른 산업종사자와 균형된 소득을 실현하는 경제주체로 성장할 수 있어야 한다(「기본법」 제2조).

이처럼 농식품정책의 세 가지 구성요소인 농업, 농촌, 농업인의 범위와 기준이 점차 확장되고 있는데 이를 보다 자세히 알아보자.

1. 농업과 농산업

'농업'이란 농작물재배업, 축산업, 임업 및 이들과 관련된 산업을 말한다. 농작물재배업은 식량작물, 채소작물, 과실작물, 화훼작물, 특용작물, 약용작물, 사료작물, 풋거름작물, 버섯, 양잠업, 종자·묘목 등을 포함한다. 축산업에는 동물의 사육업·증식업·부화업 및 종축업이 포함되며, 임업에는 영림업, 임산물 생산·채취업이 포함된다(「기본법」 제3조).

그런데 요즘 농업경영이 다양화되고 농업의 범위가 확대되면서 농업을 기반으로 하는 연관 전후방산업들을 포괄하는 농산업 개념이 발전하고 있다. 농산업은 1차 산업, 2차 산업, 3차 산업을 포함하는 넓은 개념인데, 농업의 범위를 좁게 규정함으로써 정책의 사각지대가 발생하고 있다. 가령 농지를 기반으로 하지 않는 식물공장(수직 농장, 스마트온실 농업 등)이나 양봉이 증가하고 있지만, 이들은 「농지법」상의 농업이 아니고 농업경영체 등록에서도 제외돼 농업인 대우를 받지 못하고 있다. 이에 「기본법」에 농산업에 대한 정의를 신설하자는 주장이 증가하고 있다.

물론 '농산업'의 정의를 추가해 정책 지원을 강화하자는 주장에 대한 반론도 지속되고 있다. 농업 전후방산업의 일환으로 인식되는 농산업이 법률에 정의될 경우 정부의 정책지원이 작물 재배농업보다 연관 전후방산업분야에 집중되어 농산업의 편중된 발전을 유도하고, 농식품시장을 왜곡할 수 있다는 것이다.

그런데 수산업의 경우는 1953년 제정된 「수산업법」 제2조에서 포괄범위를 넓게 인정하고 있다. 수산업에는 1차 산업인 어업(제염 포함)과 양식업, 2차 산업인 수산물가공업, 그리고 3차 산업인 어획물운반업을 포함하고 있다.

농산업의 성장으로 정책 지원이나 산업활동이 푸드테크, 애그리비즈니스, 스마트팜 등 최근 증가하는 혁신산업분야에 편향되어, 농업 고유의 작물 생산이 위축될 수 있다는 우려가 있다. 그러나 농산업 발전은 오히려 전통적 재배농업을 더욱 혁신적으로 발전시킬 가능성이 높다. 즉, 농산업 발전은 농업의 외연을 보다 확대함으로써, 나아가 식량안보 해결에 기여할 수 있다. 따라서 일반적인 산업화의 가치사슬을 농업에 적용하여 '농업 후방산업 → 농업 원물 생산 → 농업 전방산업' 전체를 아우르는 농산업을 발전시킬 필요가 있다. 즉, 농업 후방산업으로 종자, 비료, 사료, 농약, 농기계·장비 등의 투입재 산업을 발전시키고, 농업 전방산업으로 식품산업, 유통·마케팅업 등의 발전을 지원해야 한다. 더욱이 최근 스마트농업의 발전에 따라 농업 및 연관 전후방산업이 연계된 혁신적 첨단 농업이 증대되고 있고, 또한 경제·사회 발전에 따라 식품[6]산업이 급속히 성장하고 있다는 점에서 농산업으로의 외연 확대는 필수적이다.

2. 농업경영체: 농업인과 농업법인

농업을 영위하는 사람을 농부(農夫)라고 칭하는 경우가 비일비재하다. 심지어 언론이나 정책행위자들도 간혹 맥락 없이 농부라는 호칭을 사용하기도 한다. 그러나 농업을 영위하는 사람은 농업인 혹은 농업경영인으로 위상이 높아지고 있다. 또한 현대 농업의 경우 농업인뿐 아

---

6) '식품'이란 사람이 직접 먹거나 마실 수 있는 농수산물 혹은 농수산물을 원료로 하는 모든 음식물을 말한다(「기본법」 제3조 제7호).

니라 법인사업자에 의해 영위되는 경우가 많다. 따라서 '농업경영체'는 농업인과 농업법인을 모두 지칭한다(「기본법」 제3조 제3호).

우선 '농업인'의 범위는 여러 법률에서 중복적으로 규정되어 있다. 먼저 「농지법」 제2조 제2호는 다음 중 어느 하나에 해당하는 사람으로 규정한다. ①1,000㎡(300평) 이상의 농지에서 농작물 또는 다년생 식물을 경작 또는 재배하는 사람, ②1년 중 90일 이상 농업에 종사하는 사람, ③농지에 설치된 330㎡ 이상의 시설에서 농작물 또는 다년생 식물을 경작 또는 재배하는 사람, ④대가축 2두, 중가축 10두, 소가축 100두, 가금 1천수 또는 꿀벌 10군 이상을 사육하는 사람, ⑤1년 중 120일 이상 축산업에 종사하는 사람, ⑥농업경영으로 연간 120만 원 이상 농산물을 판매하는 사람이다. 「농업·농촌 및 식품산업 기본법」 제3조 제2호는 위 6개 외에 ⑦법률에 따라 설립된 영농조합법인, 농업회사법인의 농산물 출하, 가공, 유통 활동에 1년 이상 계속 고용된 사람을 농업인의 범위에 추가하고 있다.

그런데 농지 경작 면적이 텃밭 수준에 그치는 등 농업인의 법적 기준과 범위가 매우 넓게 규정되고 있다. 이로 인해 실질적 농업 발전보다 농업인에 대한 정부 지원[7]을 악용할 우려가 있어 농업인의 기준을 재정립할 필요가 있다.

'농업법인'은 「농지법」 제2조 제3호에서 규정하며 영농조합법인[8] 및

---

7) 농업인으로 등록되면 ①국민연금과 건강보험료 지원, ②공익직불금 지급, ③여성농업인 생생카드 지원, ④농지 취·등록세 50% 감면, ⑤농지 전용부담금 면제, ⑥양도세 100% 감면, ⑦재촌, 자경 8년 후 농지 양도 소득세 감면, ⑧농기계용 면세유 혜택, ⑨만 65세 이상 농지연금 가입 가능, ⑩자녀의 대학 장학금 우선 해당, ⑪대출 시 등록세나 채권 부담 면제, ⑫단위농협 조합원 자격취득 가능, ⑬농업용 전기 사용, ⑭지자체 시행 지원사업 신청 가능 등의 여러 혜택을 받게 된다.

8) 「농어업경영체 육성 및 지원에 관한 법률」 제16조에 따라 설립된다.

일부의 농업회사법인[9]을 말한다. 한편 '농업생산자단체'란 농업생산력의 증진과 농업인의 권익보호를 위한 자주적인 조직으로 농업협동조합 및 중앙회, 산림조합 및 중앙회, 엽연초생산협동조합 및 중앙회, 농산물을 공동으로 생산하거나 농산물을 생산하여 공동으로 판매·가공 또는 수출하기 위하여 농업인 5명 이상이 모여 결성한 전문생산자 조직으로서 일정한 요건을 갖춘 법인을 말한다(「기본법」 제3조 제4호).

농업을 영위하는 방법은 크게 자경과 위탁영농으로 구분된다. '자경(自耕)'이란 ①농업인이 소유 농지에서 농작물 경작 또는 다년생식물 재배에 상시 종사하거나 농작업(農作業)의 2분의 1 이상을 자기의 노동력으로 경작 또는 재배하는 것과 ②농업법인이 그 소유 농지에서 농작물을 경작하거나 다년생식물을 재배하는 것을 말한다. '위탁영농'이란 농지 소유자가 타인에게 일정한 보수를 지급하면서 농작업의 전부 또는 일부를 위탁하여 행하는 농업경영을 말한다(「농지법」 제2조).

---

9) 「농어업경영체 육성 및 지원에 관한 법률」 제19조에 따라 설립되고 업무집행권을 가진 자 중 3분의 1 이상이 농업인인 농업회사법인을 말한다.

영농조합법인

농산물의 출하·유통·가공·수출 및 농어촌 관광휴양사업 등을 공동으로 영위하는 법인으로 농업인 5명 이상의 조합원이 있어야 설립 가능하다. 농업인만 조합원이 될 수 있기에 대표자와 이사도 반드시 농업인이며, 비농업인은 준조합원으로서 의결권이 없다. 조합의 형태로 운영되기에 조합과 관련된 규정을 준용해야 한다. 5인 이상의 조합원이 있기 때문에 의결 속도가 느리다는 단점이 있고 법인이 부담하는 채무를 갚지 못하는 경우 개별 조합원에게 책임이 돌아가기도 한다.

농업회사법인

농업 경영, 농산물 유통·가공·판매, 농어촌 관광휴양사업을 목적으로 하는 법인으로 1인만으로도 설립이 가능하다. 영농조합법인과 달리 비농업인도 투자지분에 비례한 의결권을 보유하며, 법인대표를 맡을 수도 있다. 영농조합법인은 조합 형태로 운영되지만 농업회사법인은 상법상 회사의 형태로 운영된다. 이에 의사결정과정이 빠르다는 장점이 있지만 전문성이 떨어질 수 있는 우려도 있다.

3. 농촌과 농지

'농촌'이란 읍·면의 지역 혹은 읍·면 외의 지역 중 농업, 농업 관련 산업, 농업인구 및 생활여건 등이 농촌으로 인정되는 지역을 말한다(「기본법」 제3조 제5호). 기존에는 농촌의 기능이 농업 및 농업 관련 산업에 한정됨으로써 농촌정책이 농지의 취득·이용·관리에 집중되었다.

그러나 최근에 농촌의 공익적 기능과 경제·사회 개발이 강조됨에 따라 고용, 소득, 주거, 교통, 복지, 보건의료, 환경, 문화, 정보통신 등 다양한 농촌생활서비스[10) 혹은 농촌 경제·사회 서비스에 대한 지원이 점

---

10) 「농촌공간 재구조화 및 재생지원에 관한 법률」에 규정된 개념이며, 「농촌 지역 공동체 기반 경제·사회 서비스 활성화에 관한 법률」에서는 이를 '농촌 경제·사회서비스'로 규정하고 있다.

차 확대되고 있다. 농업·농촌의 공익적 기능으로 식량의 안정적 공급, 국토환경 및 자연경관의 보전, 수자원의 형성과 함양, 토양유실 및 홍수 방지, 생태계 보전, 농촌사회의 고유한 전통과 문화의 보전 등이 논의될 수 있다(「기본법」 제3조 제9호). 농촌의 공익적 기능 및 농촌 경제·사회 서비스에 대해서는 제3장과 제4장에서 상세히 논의한다.

농촌과 농업을 연결하는 지점에 농지(農地)가 있다. '농지'는 전(田)·답(畓), 과수원, 법적 지목(地目)을 불문하고 실제 농작물 경작지 또는 다년생식물 재배지로 이용되는 토지를 말하며, 다만 초지 등은 법적 의미의 농지에서는 제외된다(「농지법」 제2조 제1호). 농지 소유와 이용에 있어 경자유전(耕者有田)의 원칙이 적용되며, 농지의 소작제도는 금지된다(「헌법」 제121조). 즉, 농지는 식량과 주요 농식품의 안정적인 공급 및 환경보전을 위한 기반이며 농업과 국민경제의 조화로운 발전에 기여하는 귀중한 자원이기에 소중히 이용·보전되어야 한다(「기본법」 제30조). 특히 지속가능한 영농에 활용될 수 있도록 농지의 체계적인 보전·이용·관리를 위한 농지정책이 요구된다.

제3절 농산업·농촌 현황

1. 국내 농업 동향

국내 농식품분야 동향을 한눈에 알아볼 수 있는 몇 가지 통계정보를 소개한다. 기준 연도는 조금씩 상이하지만 2024년 전후 자료를 보면 농가 수는 974천 호, 농가인구는 2,003천 명, 경지면적은 1,505

천 ㏊, 연간 쌀 생산량은 3,585천 톤으로, 이 지표들은 2015년 이후 지속적으로 감소하고 있다. 반면 정부의 농식품 예산은 매년 증가하여 2025년 기준 18조 7,416억 원에 이르렀고, 평균 농가소득도 매년 증가하여 2014년에 3,490만 원에서 2023년에는 5,080만 원으로 증가하였다. 연간 농림업생산액의 경우에도 2014~2020년 동안 약 50조 원 내외였으나 2021년에 61조 3,800억 원으로 급증한 후 2023년에도 61조 5,886억 원을 기록하였다.

국내 농식품분야 핵심지표

* 출처: 농림축산식품부 국가농식품통계서비스. 농식품 100대 통계표. https://kass.mafra.go.kr/

농업인구, 경지면적, 쌀 생산량 감소가 말해 주듯 재배농업 기반은 점차 위축되고 있다. 하지만 농가소득이 꾸준히 증가하고, 농림업생산 규모가 일정 수준 유지되고 있다는 점에서 농업의 새로운 변화와 농촌 경제의 지속가능한 발전 가능성을 엿볼 수 있다. 즉, 농축산물의 고부가가치화와 소비촉진 기술의 발전에 힘입어 농림업생산이 안정적으로 증가하고, 농가소득도 일정 부분 안정화되고 있다.

국내 농업은 고령화와 농업인 감소, 농산물 시장 개방, 경지면적의 감소에도 불구하고, 고부가가치 농축산물 생산기술 보급 등으로 농림업생산액은 2010년 이후 꾸준히 증가해 왔다. 약 2조 3천억 원 규모인 임업생산액을 제외하면 2024년에는 농업생산액이 전년 대비 1.4% 증가한 60.1조 원을 기록했는데, 이 중 재배업이 36.2조 원, 축산업이 23.9조 원으로 추정된다. 2025년에도 전년과 유사한 수준인 60.1조 원(재배업 36.1조 원, 축산업 24.0조 원) 규모에 이를 것으로 전망된다.[11]

국내 농업과 농촌은 디지털 혁신, 세계 경제환경의 변화, 기후변화, 생명산업의 진화 등 급변하는 환경 속에서 새로운 도전과 뉴노멀의 기회를 맞이하고 있다. 이러한 상황에서 기술적, 경제적, 환경적 요인들에 적극 대응하고 기회 요인을 활용한다면, 자연산업으로서의 농업을 혁신적 미래성장산업으로 육성하고, 뿌리공동체로서 농촌의 역할을 다각화할 수 있을 것이다.

국내 농림업생산액 추이

* 출처: 농식품부 국가농식품통계서비스. 농식품 100대 통계표. https://kass.mafra.go.kr/

11) 한국농촌경제연구원(2025). 농업전망 2025: 한국 농업·농촌, 변화를 준비한다. E04-2025

명목기준으로 2024년 한국의 GDP가 약 2,549조 원[12)]임을 감안하면 농업생산액은 국내총생산의 약 2.4%를 차지하고 있다. 다른 G20 국가들과 비교할 경우 국내총생산 대비 농업분야 비중이 이탈리아, 프랑스, 캐나다와 비슷한 수준을 나타내고 있다. 또한 농식품 수요자 중심의 우수기술 등 다양한 혁신기술이 접목됨에 따라 농식품분야에서 신규사업 영역이 확대되고 있고, 이에 따라 농산업분야에 신규 일자리가 창출되고, 농가소득도 안정적으로 증대되고 있다. 또한 농촌공간이 다기능 복합공간으로 발전함으로써 농촌도 경제 활력을 회복할 수 있는 기회를 맞고 있다. 국내 농산업의 미래를 정확하게 전망하기는 어렵지만, 여러 변화 흐름을 통해 미래 혁신산업으로서 농산업의 도약과 지속가능한 농촌지역 발전을 예측할 수 있다.

국가별 국내총생산 대비 농림어업생산액 비중

(단위: %)

국가	인도	중국	브라질	아르헨	멕시코	러시아	사우디	남아공	호주	이태리	프랑스	한국	캐나다	일본	미국	독일	영국
비중	16.0	7.1	6.2	5.9	3.8	3.4	2.7	2.6	2.6	1.9	1.7	1.6	1.5	1.0	0.9	0.8	0.6

* 출처: Gemini 2.5 Flash. 'G20 국가별 국내총생산에서 농업생산액이 차지하는 비중'

국내 농업의 규모화와 선진화 수준을 몇 가지 지표를 통해 확인할 수 있다. 우선 농업법인, 특히 농업회사법인이 증가 추세를 보이고 있다. 영농조합법인과 달리 농업회사법인들은 전통 재배농업 외에도 여러 전후방 연관 산업에 종사하고 있어 향후 농산업 발전의 미래를 긍정적으로 예측할 수 있다. 또한 영농기계화율, 특히 밭작물기계화율의

12) 한국은행 보도자료. 2024년 4/4분기 및 연간 국민소득. 2025. 3. 5.

증가 추세를 통해 첨단 농업기술의 지속적인 발전을 예측할 수 있다. 논벼 기계화율은 이미 99.7%에 이르렀고, 밭작물 기계화율도 2015년에 58.3%에서 2023년에 67.0%로 증가하였다.

농업법인 현황 및 영농 기계화율 동향

(단위: 개, %)

	2018	2019	2020	2021	2022	2023
농업회사법인	11,617	13,085	14,363	14,268	16,103	16,387
영농조합법인	10,163	10,230	10,136	11,337	10,001	10,132

	2015	2017	2019	2021	2023
밭작물 기계화율	58.3	60.2	61.9	63.3	67.0
논벼 기계화율	97.9	98.4	98.6	99.3	99.7

* 주: 밭작물 기계화율은 작물별·농작업별 평균임
* 출처: 농식품부 국가농식품통계서비스. 농식품 100대 통계표. https://kass.mafra.go.kr/

2. 국내 농업의 도전

농산업의 혁신적 변화와 농촌공동체의 지속가능한 발전에 따라 농식품분야가 새로운 성장 동력으로 발돋움하고, 농산업에 대한 사회적 인식이 전환되고 있는 점은 긍정적이다.

하지만 국내 농업은 기후변화, 농업인력 부족 및 농가 영세성 등 낙후된 농업생산구조, 농산물 개방, 불완전 유통구조 등 여전히 여러 구조적 위기요인들에 직면해 있다. 이에 식량안보, 농가소득 안정 및 농업생산구조 고도화, 농촌지역 활성화, 지속가능한 농산업 발전 등의 여러 도전 과제를 안고 있다.

무엇보다 낮은 곡물 자급률로 인한 식량안보 위기를 맞고 있다. 즉, 농식품 수출액은 2025년에 전년 대비 0.6% 증가한 데 반해, 수입액은

7.9% 증가하여 농식품분야 무역수지적자는 전년 대비 10.5% 증가할 것으로 전망된다. 농식품 수출은 서구권 시장을 중심으로 한 다양한 판로 확보, 정부 지원 확대, K-푸드 인기 등의 영향으로 미세하게 증가하고 있다. 그러나 할당관세[13] 및 사료용 곡물 수입의 기저효과, 육류·가공식품 중심의 소비 성향, 농경지 감소 등으로 농식품 수입량은 더 크게 증가하고 있다.

곡물의 해외의존도가 1990년 이후 계속 증가하여 쌀을 제외하면 곡물 자급률이 매우 낮다. 한국은 세계 7대 식량 수입국[14]으로 이코노미스트 임팩트가 발표한 '2022 세계식량안보지수(GFSI)'에서 113개국 중 39위로 평가되었다. 구체적으로 2023년 기준, 사료용 곡물을 제외한 식량 자급률은 49.0%이며, 사료용을 포함한 곡물 자급률은 22.2%[15]이다. 특히 밀, 옥수수, 콩의 자급률은 각각 0.7%, 0.8%, 7.7%에 불과하다.

육류소비량이 2014년 45.4㎏, 2018년 53.9㎏에서 2023년 60.0㎏으로 꾸준히 증가하고 있어 사료 생산을 위한 사료용 곡물 수입이 지속적으로 증가하기 때문이다. 여기에 더해 농업인 부족 및 고령화, 이상기후에 따른 농업용수 부족, 농업 수익성 하락 등으로 인해 경지면적이 감소하고 있는 것도 밀, 콩, 옥수수 등 주요 곡물 자급률 감소를 부추기고 있다.[16]

---

13) WTO 다자협정, 국별 양자협정(FTA)에 따라 농축산물 의무수입물량에 대해 저율 할당관세가 적용된다.

14) 최근 5년간 연평균 국내 곡물 수요량 2,300만 톤 가운데 1,800만 톤가량을 수입하고 있다.

15) 사료용 곡물을 제외한 식량 자급률은 1980년 69.6%, 1990년 70.3%에서 2000년 55.6%, 2010년 53.5%를 거쳐 2023년에 49.0%로 감소했다. 사료용을 포함한 곡물 자급률은 같은 해 56.0%, 43.1%, 29.7%, 26.3%를 거쳐 2023년에 22.2%까지 하락했다.

16) 2023년에 국내 경지면적은 151만 2,000㏊로 최근 10년간 연평균 1.24% 감소했다.

세계적으로도 유엔식량농업기구(FAO)의 세계식량가격지수[17]는 1974년에 51.7, 1996년에 77.6으로 폭등했고, 2008년 117.5를 거쳐 코로나19 확산으로 2022년에 144.7로 정점을 기록했다. 2024년 7월에 120.9, 2025년 4월에는 128.3으로 다소 안정화됐지만 국제 식량가격 급등에 따른 식량민족주의(food nationalism)의 확산, 글로벌 분쟁에 따른 글로벌 푸드체인 붕괴로 곡물 무역이 제한됨으로써 곡물 수입국들의 식량안보 여건은 계속 악화되고 있다. 2025년에 일본에서 발생한 쌀 가격의 이상 급등 상황을 보면 국내에서도 안정적 식량 공급을 위한 혁신적 농산업 육성 필요성이 더욱 증가하고 있다.

따라서 지속가능한 농업을 위해 농산업분야의 혁신과 경쟁력 향상이 중요한 과제로 부각되고 있다. 전통적 재배농업을 넘어 연관 전후방산업의 육성을 통해 농산업의 지속가능한 발전을 도모해야 한다. 영농 규모화와 농업경영체 경영구조 개선 등을 통해 농업생산기반을 고도화해야 하고, 농업인 소득 안정을 위한 효과적인 방안들도 모색해야 한다. 농촌공간 개발, 농촌의 경제·사회 서비스 확대, 농촌 융복합산업 육성 등 농촌지역 활성화는 국내 농업이 직면한 또 다른 중요 과제라고 할 수 있다. 농촌지역 활성화를 통해 농산업의 지속가능성을 제고하고, 도농 균형발전에도 가시적으로 기여할 수 있기 때문이다.

17) 2014~2016년의 36개월 간 평균을 100으로 설정한 후 산정한 월별 지수.

세계식량가격지수 동향

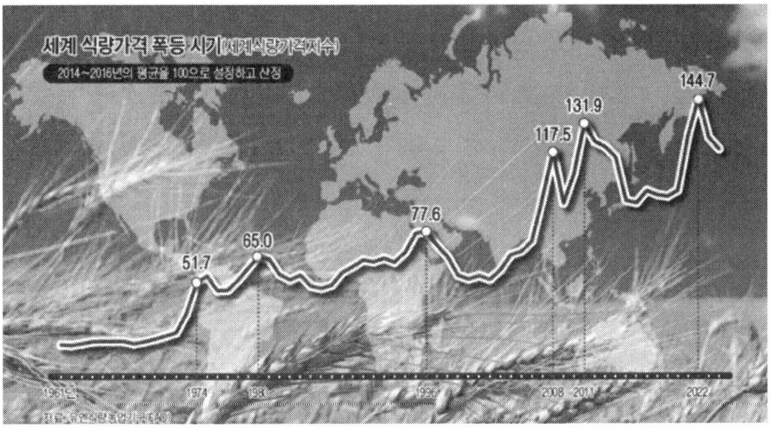

* 출처: 유엔식량농업기구(FAO). 2023 세계 식량안보와 영양 현황. 농민신문. 2024. 7. 12. 곡물 수요 해외의존 갈수록 심화…식량안보 확보 '발등에 불' 재인용

3. 농업 발전의 시기별 변화

전 세계적으로 농업의 발전 목표는 인류의 필요와 시대적 과제에 따라 지속적으로 확장돼 왔는데, 이를 크게 세 시기로 나누어 설명할 수 있다.

1세대는 제2차 세계대전부터 1960년대 중반까지로 농업의 기본 목적은 식량 생산량 증대에 있었다. 농업 발전의 초점이 제2차 세계대전 이후의 재건과 폭발적인 인구 증가에 따른 식량부족 문제 해결에 맞춰져 있었다. 황폐화된 농경지를 복구하고, 폭증하는 인구를 먹여 살리기 위한 절대적인 식량 생산량 증대가 최우선 과제로 추진되었다.

구체적 목표는 두 가지였다. 첫째, 기아 퇴치 및 식량 자급률 향상으로 많은 국가들이 전후 식량 부족을 겪게 됨에 따라 기본적인 생존을 위한 식량 확보가 핵심목표로 추진되었다. 둘째, 농업생산성 극대화로 단위 면적당 수확량, 즉 농업 수율(harvest rate) 향상이 추진되었으며, 이를 위해 주로 전통농법을 기반으로 노동력 투입을 확대하였다. 국내에서도 구체적으로 이 시기에는 농경지 확장 및 복구, 단순한 품종 개량, 기본적인 비료와 농약 사용, 정부 주도의 식량 증산정책 등의 단편적인 농업정책수단들이 추진되었다.

2세대는 1960년대 중반부터 1990년대까지로 기본 목적은 녹색혁명 및 생산 효율성 극대화에 있었다. 즉, 전 세계적으로 1차 시기에 추진된 식량 생산량 증대 노력을 기반으로 과학기술의 발전을 통한 '녹색혁명(Green Revolution)'이 확산되었다. 이 시기에 들어 1차 시기와 달리 고수확 품종 개발, 화학 비료 및 농약의 대규모 사용, 농업기반시설인 관개시설 확충, 농업 기계화 등을 통한 생산 효율성의 극대화가 추진되었다.

구체적으로 세 가지를 목표로 하였다. 첫째, 식량 생산량의 획기적인 증대로서 벼, 밀 등 주요 식량작물을 대상으로 고수확 품종과 화학 자재를 통해 단기간에 높은 생산량 증가를 추진하였다. 둘째, 식량 안정화 및 가격 안정으로 대량 생산을 통해 식량 공급을 안정화하고, 농축산물의 가격 변동성을 최소화하고자 했다. 셋째, 농업생산 시스템의 현대화 및 효율화로, 농업 기계화와 기술 집약적인 농법을 도입하여 노동력을 절감하고 생산 비용을 감축하기 위한 노력들이 확산되었다.

국내에서도 우장춘 박사를 비롯하여 농학자들의 헌신을 통한 고수확 품종 개발·보급, 화학 비료, 합성 농약, 제초제 등 농업 화학 자재의 보편적 사용, 대규모 관개시설 투자, 농업기계화 촉진, 대규모 단일경작 확산 등을 통한 관행농업이 획기적으로 발전하였다.

노먼 볼로그와 우장춘: 2세대 농업 발전의 인적 상징

노먼 볼로그(Norman E. Borlaug, 1914~2009)는 농학자이자 식물병리학자로서 세계적인 식량 증산에 기여하여 녹색혁명을 이끈 공로로 1970년에 노벨 평화상을 수상하였다. 그는 20세기 중반에 변종 밀 등 고수확 작물을 개발하고 멕시코, 파키스탄, 인도 등에 보급하고 재배법을 지도하였다. 미국 국적이지만 만년에도 아시아와 아프리카에서 식량 증산방법을 찾고 적용하는 데 힘을 쏟았다. 다만 최근에는 그의 농업 발전에 대한 헌신이 환경보호론이나 사회경제론 측면에서 비판받고 있기도 하다. 한국 농업과의 관계를 보면 1974년 4월에 대한민국을 방문하여 맥류 연구현황과 포장 등을 관찰하고 농촌진흥청에서 강연을 하였다.

우장춘(1898~1959)은 생물학자, 농학자, 원예학자로서 '종의 합성이론'을 제시함으로써 임호식에 이어 한국인 2호 농학 박사로 등극했으며, 초대 한국농업과학연구소장(1950. 5.~1953. 7.)과 초대 중앙원예기술원장(1953. 8.~1958. 1.)을 역임했다.

* 출처: 농촌진흥청. 농업과학기술 발달사(하), 2008년 12월

3세대는 2000년대 이후 시기로 지속가능한 농업 발전 및 농업·농촌의 다원적 가치 달성을 지향하고 있다. 2차 시기에 추진된 녹색혁명은 단기간에 식량 생산량을 폭발적으로 증가시키는 데 성공했지만, 동시에 대기환경 오염, 생물 다양성 감소, 토양 황폐화, 농업생태계 파괴, 소농들의 소득 불균형 심화 등 여러 부작용을 야기했다. 이에 지속가능

발전목표(SDGs)를 토대로 단순한 생산량 증대를 넘어 환경적 지속가능성, 사회적 포용성, 농업·농촌의 다원적·공익적 가치(생태보전, 경관형성, 지역공동체 유지 등)를 종합적으로 고려하는 방향으로 농업정책의 목표가 전환되었다.

구체적으로 다음 목표들이 추진되고 있다. 첫째, 환경적 지속가능성 확보로 기후변화 대응, 온실가스 배출 감소, 토양건강 증진, 물자원 보전, 생물 다양성 보존 등 환경 부하를 최소화하는 농업 시스템을 구축해 가고 있다. 이를 위해 생태농업, 유기농업에만 의존하는 것이 아니라 정밀농업, 스마트농업 등이 발전하고 있다.

둘째, 식량안보 및 영양 개선으로 단순히 생존을 위한 열량 섭취를 넘어 안전하고 영양가 있으며 기능성을 보유한 식품에 대한 접근역량을 강화하며, 비만 및 영양결핍 문제 해결도 추진하고 있다.

셋째, 농업인의 소득 안정 및 삶의 질 향상을 목표로 농업인의 역량강화, 공정무역 시스템 구축, 농촌지역 개발 등을 통해 농업경영체들의 경제적·사회적 지위 향상을 추구하고 있다.

넷째, 회복 탄력성 있는 농업 시스템 구축으로 기후변화, 팬데믹, 국제분쟁 등 정치, 사회, 환경적 외부 충격에 강한 농업·식량 시스템 구축을 추진하고 있다.

다섯째, 첨단기술과 전통지식의 조화가 추진되고 있다. 이에 따라 스마트농업, 정밀농업, 푸드테크, 그린바이오 등 최첨단 기술을 활용하되, 관행농업을 포용하고, 전통 농법과 생태학적 지식을 적용한 3자적 결합을 통해 지속가능한 농업생산 방식을 모색하고 있다.

국내에서도 관행농업의 지속적인 발전과 함께 유기농업·친환경농업·생태농업 등 환경적 지속가능성 농법들이 다양하게 개발되고 있다. 이를 위해 물 절약형 관개 기술 및 에너지 효율적인 농업기술 개발, ICT 융합기술 도입을 통한 스마트 정밀농업 등 자원 효율성 극대화, 글로벌 식량시스템 강화 및 해외농업개발을 위한 국제협력 확대, 농촌공동체 활성화 및 농업의 다원적·공익적 기능 증진 등 혁신적 농산업 육성을 위한 다양한 농식품정책들이 추진되고 있다.

4. 3.5세대 농업의 뉴노멀

국내 농식품산업의 미래지향적인 발전을 위해서는 기본적으로 2차 시기에 발전해 온 전통적 재배농업, 즉 관행농업이 안정적으로 유지·관리될 수 있어야 한다. 농축산물의 안정적인 생산과 공급은 모든 인간의 기본적 생명권을 유지하기 위한 필수조건이기 때문이다.

물론 20세기 녹색혁명 이후 보편화된 관행농업은 최근의 기후환경, 산업여건 등의 변화로 인해 일정한 한계가 나타나기도 했다. 하지만 농업생산성 향상, 농작업 효율성 제고 등을 통한 식량난 완화 및 농업소득 향상에 여전히 중추적인 역할을 수행하고 있다. 또한 한국을 비롯하여 많은 국가들의 경우 농식품정책의 초점이 여전히 관행농업에 맞춰져 있다는 점에서 전통적인 재배농업은 단순한 식량난 해소를 넘어 환경, 산업, 국민경제 등의 측면에서 여전히 매우 높은 중요성이 있음을 확인할 수 있다.

그러나 식량안보의 안정적 확보, 첨단 농산업 육성을 통한 농업의 지속가능성 제고 및 고부가가치 산업화, 농촌의 다기능 공동체 역할 확대 등은 농업·농촌이 지향해야 할 또 다른 차원의 전략목표로 부상하고 있다. 급변하는 기후환경, 복잡한 산업여건 및 국제정치 지형, ICT

기반 첨단기술 등이 뒤얽혀 있는 융합산업 시대가 점차 확산되고 있기 때문이다. 이에 따라 지속가능성과 다원적 가치에 입각한 농산업·농촌 발전이 3.5세대 농업이 지향해야 할 뉴노멀로 정립되어야 한다. 자연산업을 기반으로 성장한 농업이 혁신적 농산업으로 발전할 수 있어야 하고, 농촌은 뿌리공동체로서의 위상을 유지하되 다기능 공동체로서의 역할을 강화해야 한다.

농업 발전 과정을 통해 인류가 오랜 기간 축적해 온 깊이 있는 지식과 기술들이 새로운 시대의 도래에 따라 용도 폐기되거나 구습을 빌미로 사장되는 것은 아니다. 그러나 이제는 기존 농업 발전의 여러 성과들을 토대로 농업 발전의 목적을 지속가능성과 다양한 가치의 공존이라는 더 넓은 지평으로 확장해야 한다. 양자시대에 뉴노멀은 기존 질서와 표준을 해체하고 완전한 신질서를 구축하는 것이 아닌 다양한 표준들이 공존하며 지속가능하게 발전하는 시스템을 의미하기 때문이다.

이를 위해 전통적 농식품정책의 목표들을 공고히 하면서 농산업의 고부가가치화, 농업·농촌의 다원적 기능 확대를 위해 여러 관련 정책들을 지속가능성 관점에서 유기적으로 연계할 필요가 있다. 이는 농업생태계의 안정성과 혁신성을 병립적으로 추진하는 것이다. 이에 따라 3.5세대 농식품정책은 첨단기술을 활용한 스마트 정밀농업은 물론 관행농업, 생태농업이 공존 발전하며, 각종 외부충격에서 회복 탄력성이 있는 농업생태계 구조를 구축하는 방향으로 재정립되어야 한다.

한국은 대표적인 식량 수입국으로서 식량안보에 여전히 많은 정책지원이 요구된다. 즉, 2세대 농업에서 추진된 관행농업의 발전을 통한 식량 생산량 증대와 식량안보는 여전히 매우 중요한 농식품정책의 기본 목표라고 할 수 있다. 한국은 이미 1980년에 쌀 생산량 급감으로 식량안보의 중요성을 절감한 경험이 있다. 따라서 밀, 콩, 옥수수 등 기초 곡물들의 자급률을 높일 수 있도록 기본적으로 관련 연구개발과 보급을 강화해야 한다. 또한 농업경영체, 농지, 농업생산기반시설 등 농업 생산구조를 고도화하고, 특히 농축산물에 대한 생산·판매 지원[18] 등 농업경영체 지원을 강화해야 한다. 이와 함께 국제협력을 통한 해외 생산·공급 기반도 확대하고, 양곡비축제도의 탄력적인 운영방안도 강구해야 한다.

그러나 농식품정책의 목표가 여기에 머물러서는 안 될 것이다. 국내 농업이 다양한 혁신 동력을 토대로 고부가산업으로 발전할 수 있도록 정책 지원을 강화해야 한다. 이를 위해 관련 기술 개발·보급 확대를 비롯하여 농산업 육성 체계를 강화해야 한다. 첨단과학기술 융복합화로 농업의 신성장 동력 창출이 증가하고 있으며, 농정 현안과제 해결에 있어 첨단농업기술의 개발과 실용화의 중요성이 점차 증가하고 있기 때문이다.

한국의 농업과학기술 수준은 미국, EU, 일본, 캐나다에 이어 세계 5위 수준으로 평가되고 있으며 미국과의 농업기술 격차가 2016년에 4.3년에서 2018년에는 3.5년으로 축소되었다. 국내 농업기술의 이러한 성과를 기반으로 향후 농산업의 혁신적 발전을 위해 산업재산권 실용화, 사업화된 제품의 판로 확보 및 매출 증가 등 첨단 농산업부문에 대한 全주기 지원을 획기적으로 강화해야 한다. 이를 위해 재생농업 관점에서 농식품정책을 재조명하며, 농정추진체계의 구조적인 혁신을 추

---

18) 2020년에 발표된 '제1차(2021~2025년) 밀 산업 육성 기본계획'을 토대로 2025년까지 밀 자급률 5%(재배면적 3만 ha, 생산량 12만 톤) 달성을 목표로 했으나 국산 밀 판로 확보문제 등으로 재배면적이 오히려 감소하였고, 자급률은 2022년에 0.7%에서 2024년에도 여전히 1%대에 머물고 있다.

진해야 한다.

또한 농촌 경제·사회 서비스 확대, 농촌공간 재생 및 재구조화, 농촌지역개발 등을 통해 지속적으로 성장하는 다기능 공동체로서의 농촌 발전이 요구된다. 농촌진흥청이 매년 실시하는 〈농어업인 복지실태조사〉에 의하면 농촌 주민들이 인식하는 전반적인 농촌생활 만족도는 2015년 50.0점에서 2019년에는 55.8점으로 상승했다. 이는 농촌 사회서비스의 지속적인 발전을 의미한다. 또한 귀농·귀촌이 확대되고 있는 가운데 농업뿐만 아니라 관광 체험, 가공 등 경제활동 영역을 확장함으로써 농촌지역은 새로운 경제적 기회의 영역으로 발전하고 있다. 따라서 귀농·귀촌인구들이 성공적으로 농업·농촌에 정착하고, 혁신적 농업경영체들이 꾸준히 증가할 수 있도록 농식품정책의 뉴노멀을 발전시켜야 한다.

제2장
농식품정책 현황과 한계

제1절 농식품정책 현황

1. 농식품정책의 이념과 지향

국가와 지방정부는 농식품정책을 수립·시행함에 있어 시장경제 원리를 바탕으로 효율성을 추구하되, 농업과 농촌의 공익기능을 최대화할 수 있어야 한다(「기본법」 제6조). 또한 농식품정책 추진에 있어 국가와 지방정부는 지역공동체의 유지, 해당 지역의 농업·농촌의 특성을 충분히 반영하여야 한다(제9조).

농식품정책의 목적은 안전한 농산물과 품질 좋은 식품의 안정적 공급을 위해 농산물 생산 단계에서의 안전성 확보, 농업과 농산업의 발전, 적정한 식량 및 주요 식품의 자급목표 달성·유지, 식품산업 지원 등에 있다(제7조). 따라서 농업의 지속가능한 발전이 요구되며, 이를 위해 농업 종사인력, 농업 경영, 농지의 소유 및 이용, 농산물의 유통 등 농업구조를 지속적으로 개선해야 한다. 또한 농업·농촌 발전을 위해 식품 및 농자재 등 농산업을 활성화하고, 농업의 환경보전기능을 증진하고 안전한 농산물과 고품질 식품의 생산·소비를 촉진하기 위하여 친환경농업 육성 등 농업 혁신을 지원해야 한다(제8조).

농촌의 경우 도시와 연계된 산업·생활·휴양공간으로 발전시켜 나가고, 농촌 경관과 지역공동체 유지 등을 통해 농촌지역의 고유한 전통과 문화를 보전·계승해야 한다. 또한 농촌주민에 대한 의료, 교육, 주택, 상하수도 등 삶의 질을 향상시켜 지속가능한 농촌을 실현할 수 있도록 농촌주민 복지 혹은 농촌 생활서비스 지원도 합리적으로 확대·조정해야 한다(제10조).

농업의 지속가능한 발전과 농촌의 균형 있는 개발·보전 및 식품산업을 포함한 농산업의 육성을 위해 5년마다 정부(농림축산식품부)는 농업·농촌 및 식품산업 발전 기본계획을 수립한다. 기본계획에는 ①농업·농촌 및 식품산업의 발전 목표와 정책 기본방향, ②식량 및 주요 식품의 자급목표, 추진계획 및 개선사항, ③농업·농촌 및 식품산업에 관한 시책, ④시책 추진을 위한 재원 조달방안, ⑤정보통신기술 융복합 기반 농업·농촌 및 식품산업의 발전방안, ⑥농업·농촌 및 식품산업의 발전을 위해 농업경영비 절감 등 농업생산구조 개선방안이 포함된다. 기본계획을 토대로 각 지방정부는 시·도계획 및 시·군·구계획을 수립한다(제14조).

2. 농식품정책 영역별 정책체계

농식품정책 영역은 현재 ①농촌정책, ②농업·식량정책, ③농산업정책, ④방역·검역정책, ⑤축산·동물정책, ⑥유통소비정책의 6~7개로 구분하여 관리되고 있다.

농촌정책은 농촌공간 정비, 농촌 경제·사회 개발, 농촌융복합산업 지원 등으로 구성되며, 소관부서인 농촌정책국은 농촌정책과, 농촌공간계획과, 농촌사회서비스과, 농촌경제과, 농촌여성정책팀, 농촌재생지원

팀으로 편제되어 있다. 관련 소속 및 산하기관으로는 농촌진흥청, 한국농어촌공사, 농림수산식품교육문화정보원(EPIS), 국립농업박물관 등을 들 수 있다.

농업정책은 농지관리, 농업인 소득보장(공익직불, 농업금융, 농업재해보험), 농업경영체 구조개선, 청년농·귀농 육성 등으로 구성된다. 소관부서인 농업혁신정책실 소관 농업정책관은 농업경영정책과, 농지과, 공익직불정책과, 농업금융정책과, 재해보험정책과, 청년농육성팀으로 편제되어 있다. 한편 농업정책과 밀접히 연계된 식량정책은 식량안보, 농업기반 조성, 전략작물 육성 등으로 구성되며 식량정책실 소관 식량정책관이 담당하고 있다. 국립농산물품질관리원, 한국농어촌공사, 한국농수산식품유통공사, 국립식량과학원, 국립원예특작과학원 등이 관련 정책을 집행한다.

농산업정책은 식품산업 육성, 농식품 수출 진흥, 스마트농업, 종자산업 개발 및 첨단 농자재 보급, 친환경농업 육성 등으로 구성된다. 소관부서인 농식품혁신정책관은 스마트농업정책과, 농산업수출진흥과, 첨단기자재·종자과, 과학기술정책과, 친환경농업과로 편제되었고, 식품산업정책관은 푸드테크정책과, 식품외식산업과, 농식품수출진흥과, 그린바이오산업팀, 국가식품클러스터추진단으로 편제되었다. 농촌진흥청, 국립농산물품질관리원, 국립종자원, 한국농어촌공사, 한국농수산식품유통공사, 농업기술진흥원, 한국식품산업클러스터진흥원, 농업정책보험금융원, 한식진흥원 등의 소속기관·산하기관들이 식품산업을 포함한 농산업정책을 집행하고 있다.

방역·검역정책은 가축·축산 검역·방역, 식물검역, 동·식물 위생연구로 구성되며, 방역정책국이 총괄하며, 농림축산검역본부, 가축위생방역지원본부, 국제식물검역인증원 등이 방역·검역정책을 집행하고 있다.

축산·동물정책은 축산업 육성, 축산유통 개선, 축산환경자원, 축산여가, 동물복지 정책 등으로 구성되며 축산정책관 및 동물복지환경정책관이 담당하고 있다. 국립축산과학원, 한국마사회, 축산물품질평가원, 축산환경관리원을 비롯하여 낙농진흥회, 종축개량협회 등의 단체들이 관련 정책을 집행하고 있다.

유통·소비정책은 유통개선, 농식품 소비 합리화, 농식품 위생·품질관리 등으로 구성되며 유통소비정책관이 담당하고 있다. 농업협동조합, 한국농수산식품유통공사 등이 관련 정책을 집행하고 있다.

이와 같이 농식품정책의 하위 영역별로 농림축산식품부 소속기관 및 산하기관 등의 역할체계를 도식화하면 다음과 같이 표현할 수 있다. 주목할 점은 산림청은 여러 산하기관들을 토대로 산림정책부문을 배타적으로 수립·집행하는 반면, 농촌진흥청은 독립 외청임에도 조직 위상과 역할 범위 측면에서 실제로는 농림축산식품부 소속기관의 위상을 갖고 있다는 점이다.

농식품 관련 정부·공공기관들의 역할체계

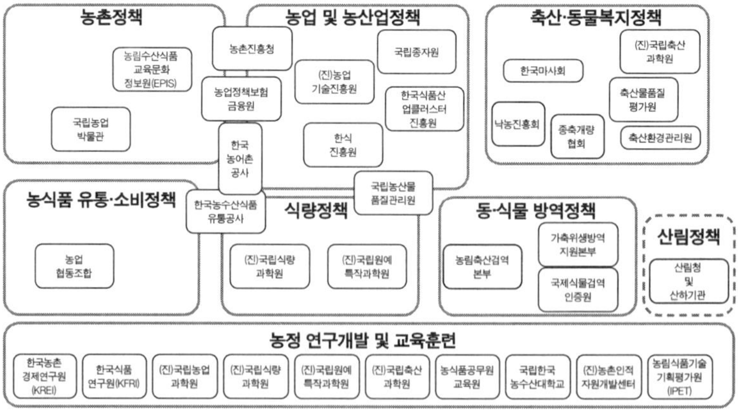

3. 농식품정책의 주요 목표

1) 식량안보 강화

정부는 국제 정세 및 자연재해 등으로 식량과 주요 식품의 안정적인 공급이 어려운 위기에 대비하여 식량 및 주요 식품을 국내에서 적정하게 생산·비축(備蓄)하거나 해외에서 확보하기 위한 정책을 시행하고 있다. 식량안보 강화를 위해서는 농업기반시설 확충과 해외식량 공급망 확보 등 식량 인프라 조성이 필요하기 때문이다. 이를 위해 정부는 식량 및 주요 식품의 적정한 자급목표[19]를 토대로 수자원개발, 농지개발, 해외농업협력 등을 추진하고 있다.

수자원개발의 경우 다목적농촌용수개발을 통해 논과 밭농사, 생활·환경용수 등 다양한 용도로 농촌용수를 개발하여 안전한 복합영농기반을 구축해 왔다. 최근에는 농업·농촌분야 기후변화에 대응하고 농촌지역의 다양한 용수 수요에 대처하기 위하여, 여유 수자원을 효율적으로 배분·활용하고 기존 시설물의 리모델링 등 소규모 수리시설을 통합·재편하는 등 농촌용수 이용체계를 개편하고 있다.

농지개발의 경우 대단위농업 종합개발을 통해 간척농지를 확충해 왔다. 화옹, 시화, 영산강, 금강 등 간척지를 조성하여 농지를 확충하였는데, 최근에는 조성된 간척지에 대해 논 위주에서 벗어나 간척지 범용화로 개발방향을 전환하고 간척농지의 다각적 활용방안을 모색하고 있다. 나아가 첨단수출원예단지 조성 등 고부가가치 농업단지 개발을 추

---

19) 정부는 5년마다 식량 및 주요 식품의 적정한 자급목표를 설정하고 있다. 이때 ①전체 식량(식용 곡물에 한함) 자급률 및 주요 곡물의 식량 자급률, ②전체 곡물 자급률 및 주요 곡물의 곡물 자급률, ③쇠고기, 돼지고기, 닭고기, 우유의 자급률 및 조사료(粗飼料)의 자급률, ④열량 자급률을 고려하여 자급목표를 수립한다.

구하고 있다. 또한 농지 침수 피해 예방을 위해 상습 침수 농경지의 배수를 개선하고, 범위를 넓혀 시설원예, 밭농업 등에 대한 맞춤형 배수 개선도 추진하고 있다.

해외농업개발 지원을 통한 안정적 곡물 공급망 확보를 위해 글로벌 농업투자환경 조사 지원, 유통시설 구축 등 다양한 방법으로 민간기업들의 해외농업개발을 지원하고 있다. 또한 개발도상국들의 농업개발 지원을 통해 해외농업 파트너십 구축과 국가 이미지 향상에도 기여하고 있다.

2) 농식품의 안정적 공급

주요 식량과 식품의 안정적 공급은 농식품정책의 중요한 전략목표다. 이를 위해 식품 원료로 공급되는 농산물이 안전하고 건전하게 생산되도록 농산물 이력 추적, 농산물 우수관리 인증, 축산물의 위해요소 중점관리 등을 시행하고 있다(「기본법」 제19조). 또한 농산물과 식품의 품질을 높이고 소비자를 보호하기 위해 농산물 생산 이후의 관리기술을 확대하고, 원산지표시 등 품질관리를 강화하고 있다. 동식물에 대한 병해충 및 질병의 예방과 축산물 위생시책을 시행하며, 국민의 건강과 농업 환경을 보호하기 위해 수출입 농산물 및 동식물에 대한 검역, 축산물에 대한 위생검사 등도 강화하고 있다(제20조).

이와 더불어 농산물의 부가가치를 높이고 국민에게 품질 좋은 식품을 공급하기 위해 연구개발, 시설 설치, 마케팅 등 식품산업 지원을 확대하고 있다(제21조). 또한 국민의 기호와 체질에 맞는 전통 식생활문화를 계승·발전시키기 위한 정책도 시행하고 있다(제22조). 한편 예측하기 어려운 요인에 의해 식량과 주요 식품의 수급위기가 발생한 경우 정부는 필요한 최소한의 식량과 주요 식품을 안정적으로 공급할 수 있도록 유통제한 등의 조치를 시행할 수 있다(제23조).

무엇보다 취약계층 등에게도 식품을 안정적으로 공급하기 위하여 식품지원정책을 시행하고 있다(제23조의2). 지방정부도 지역 주민의 먹거리를 보장하고 먹거리의 지속가능성을 제고하기 위하여 먹거리통합지원센터 설치·운영을 포함하여 지역먹거리계획을 수립·시행할 수 있다(제23조의3). 이와 함께 정부는 농업인의 안정적인 농산물 생산환경 보장 및 소비자의 알권리 충족을 위하여 농산물 및 식품에 관한 올바른 정보가 제공될 수 있도록 노력해야 한다(제23조의4).

3) 농업인력의 육성

농식품정책의 전략목표 중 하나로 농업인력 육성을 들 수 있다. 이에 정부는 미래의 농업인력을 지속적으로 확보하기 위해 후계농업경영인 육성에 필요한 시책을 시행해야 한다(「기본법」 제25조). 후계농업경영인은 농지법과 기본법에 따른 농업경영체로 판단되며 이는 농업인과 농업법인을 포괄한다.

농업인구가 지속적으로 감소하는 상황에서 무엇보다 중요한 것은 전업농업인의 육성이라고 할 수 있다. 이에 정부는 전문농업기술 및 경영능력을 갖추고 농업 발전에 중추적이고 선도적인 역할을 할 수 있는 전업농업인 육성 정책을 추진하고 있다(제26조). 또한 여성농업인의 지위 향상, 참여 확대, 전문인력화를 위한 정책도 수립·시행하고 있다(제27조).

농업인과 함께 농업법인의 육성도 중요하다. 즉, 농업의 생산성 향상과 농산물의 출하·유통·가공·판매·수출 등의 효율화를 위해 협업적 또는 기업적 농업경영을 수행하는 영농조합법인 및 농업회사법인을 육성하고 있다(제28조). 이를 통해 농업인구의 저변을 확대하고 있다. 우선 농업의 부가가치를 높이기 위해 농업분야의 첨단과학기술 및 영농·경영기법의 개발 지원 등을 통해 벤처농업을 육성하고 있다(제29조). 이와 함께 귀농 인구 증가를 위해 귀농업인의 성공적인 정착과 경영기반 조성을 위하여 교육·정보 제공, 창업 지원 등의 정책을 시행하고 있다(제29조의2).

농업인 및 농업법인 육성을 위해 농업경영체의 경영안정 및 구조개선 지원은 필수적이다. 농업경영체가 지속적인 경영 혁신을 통해 소득이나 매출을 높일 수 있도록 농업 경영의 상담, 교육훈련 및 정보 제공 등 농업경영체의 경영안정 및 구조개선을 촉진해야 한다. 이를 위해 정부는 농업경영체들에 대해 필요한 행·재정적인 지원[20]을 제공하고 있다. 또한 농업인 중 다른 산업으로 직업을 전환하거나 농업에 재취업하려는 경우 농업인 구조개선 촉진 차원에서 직업훈련 및 취업 알선, 직업전환 및 재취업 장려금의 지원, 실직 농업인의 생활안정 지원 등을 제공하고 있다(제39조 제4항 내지 제5항).

4) 농지의 이용 및 보전

정부는 다음의 원칙들을 토대로 농지의 합리적인 이용·보전에 노력하고 있다. 첫째, 농지는 미래세대를 포함하는 국민에 대한 식량과 주

20) 「기본법」 제39조 제1항 내지 제3항에 규정된 항목은 ①토양 등 환경의 보전과 지구온실가스 감축을 위한 지원, ②농업 재해 및 농업 활동에 따른 인적 재해 등에 대한 지원, ③농업 경영의 규모화, 고령 농업인의 농업 경영 이양 및 농업생산자원의 폐기·감축 등을 위한 지원, ④농업 여건이 낙후된 지역 지원, ⑤농업생산과 직접 연계되지 아니하는 소득 보조 및 농업투입재의 비용절감을 위한 지원, ⑥특정 품목과 직접 연계되지 아니하는 농가 단위 소득 보조를 들 수 있다.

요 식품의 안정적인 공급 및 환경보전을 위한 기반이며 농업과 국민경제의 조화로운 발전에 기여하는 귀중한 자원으로서 소중히 이용·보전되어야 한다(「기본법」 제30조).

둘째, 농지의 소유와 이용에 있어 「헌법」상 경자유전(耕者有田)의 원칙이 달성되어야 한다. 이를 위해 정부는 농지의 소유에 관한 정책을 수립하고, 농지가 농업 및 국민경제의 균형 있는 발전과 식량안보의 확보를 위해 효율적으로 이용될 수 있도록 농지의 이용 증진에 필요한 정책을 추진해야 한다(제31조).

셋째, 국가와 지방자치단체는 식량 자급률의 달성 등을 위해 농지가 적절한 규모로 유지될 수 있도록 농지 보전정책을 수립해야 하며, 이를 위해 농업생산기반이 정비되어 있거나 집단화되어 있는 우량농지를 우선적으로 보전해야 한다(제32조).

5) 농업생산구조 고도화

농업생산구조 고도화는 특히 농산업 육성과 관련해서 중요한 전략목표라고 할 수 있다.

첫째, 농업생산기반 정비가 필요하다. 친환경농업의 발전 및 농업생산력의 안정적인 유지·제고를 위해 농업용수를 포함한 여러 농업생산기반이 요구되며 이를 위해 농업생산기반시설의 지속적인 정비·보강·보전이 요구된다(「기본법」 제33조).

둘째, 농업 경영비용을 절감하고 농업의 생산성을 제고하기 위해 농업기계, 농업자재, 농업시설 및 농약·비료·사료·동물약품 등 농업투입재 산업을 육성해야 하며, 이를 위해 농업 기계화 및 시설현대화가 요구된다(제34조).

셋째, 농식품 관련 기술개발 및 연구를 진흥해야 한다. 즉, 농업생산기술, 농업생산 기반 정비기술, 농산물 생산 이후의 관리기술, 농업 경영기법, 농업인 안전작업기술, 농산물 유통기술, 농산물 가공·식품 제조기술 및 음식물 조리법 등에 관한 연구·개발·보급을 강화해야 한다(제35조, 제36조).

넷째, 정보통신기술 융복합에 기반한 농업·농촌 및 식품산업을 육성해야 한다(제36조의2). 또한 농업과 농촌의 환경보전 기능을 강화하고 안전한 농산물과 품질 좋은 식품의 생산·소비를 촉진하기 위하여 가축분뇨의 자원화를 포함한 친환경농업을 발전시켜야 한다(제38조).

6) 농식품의 수급 안정 및 유통개선

정부는 농식품의 원활한 수급 및 가격 안정을 위해 농업·식품산업의 관측, 생산 조정, 수매 비축 및 생산자단체 자조금의 조성 지원 등 농업경영체, 생산자단체, 농산물 유통업체 및 식품업체 등에 다양한 지원을 제공하고 있다(「기본법」 제42조). 또한 농산물과 식품의 유통개선을 위해 농산물 생산지 및 소비지에 도매시장, 공판장, 종합유통센터, 산지유통센터, 집하장, 가축시장 등의 유통시설과 도축장, 육가공 시설 등의 확충과 운영 개선 등을 지원하고 있다. 이와 함께 농산물과 식품의 표준화를 촉진하고, 다양한 유통정보를 수집·제공하고 있다.

한편 농업경영체, 생산자단체, 농촌진흥기관, 학교 등이 공동으로 또는 연합하여 농산물과 식품의 생산, 유통, 판매 등을 조직적·체계적으로 수행하는 공동 브랜드화를 추진한다(제43조). 또한 자연재해로부터 안정적인 농업 경영을 도모하여 농산물과 식품 수급의 안정을 위해 한해(旱害), 수해, 풍해, 냉해, 폭염, 기후변화 등 농업 재해에 대한 예방,

응급대책, 복구 대책을 시행하고, 농업 재해보험을 운영하고 있다(제41조).

7) 농촌지역의 발전 및 삶의 질 향상

정부는 농촌 주민의 삶의 질 향상, 국토의 균형발전 및 보전을 위해 종합적인 농촌지역 발전시책을 수립·시행하고 있다. 이 과정에서 농업·농촌의 공익기능을 강화하여 개발과 보전이 조화되도록 하며, 농업생산 여건 및 농촌 생활여건 등이 불리한 지역을 우선적으로 고려해야 한다(「기본법」 제48조).

또한 도농의 균형발전을 위하여 농촌 주민의 소득 증대 및 삶의 질 향상에 필요한 정책을 추진하며(제49조), 특히 지리적 조건 등 농업생산 여건이 열악한 지역에 대해서는 새로운 작물의 도입, 지역 특산물의 생산·판매, 주거환경 개선 등에 필요한 정책을 추진하고 있다(제49조의2).

이와 함께 농촌주민의 소득 증대와 농촌경제 활성화를 위해 농촌산업단지 조성, 지역특산품 생산단지 육성, 농촌지역산업[21] 육성에 필요한 정책을 추진하며, 이를 위해 지역개발 관련 교육훈련 등을 시행하고 있다(제50조). 한편 농업, 농촌의 자원 또는 이와 관련한 활동 및 산출물을 활용한 치유서비스를 통하여 국민의 심리적·사회적·신체적 건강을 도모하기 위한 치유농업 진흥정책을 추진하고 있다(제43조의2).

농촌의 사회·경제적 활력을 증진하기 위한 정책들도 다양하게 추진되고 있다. 우선 도시민의 농촌생활에 대한 체험과 휴양 수요를 충족시

21) 농산물 가공업, 전통식품산업, 전통놀이산업을 비롯한 농촌·농업자원에 기반한 산업을 말한다.

키기 위하여 농촌 관광·체험, 농업 관련 자연학습 및 휴양자원의 개발 등 도농 교류와 균형발전을 위한 정책이 추진되고 있다(제51조). 또한 농업 및 농촌지역에 대한 정보화의 촉진에 필요한 정책을 추진하며(제52조), 데이터 기반의 농업·농촌 및 식품산업정책 추진을 위해 농업농촌통합정보시스템을 구축·운영하고 있다(제52조의2).

마지막으로 농촌지역 학생의 학습기회 확대, 농촌주민의 교육비 부담 경감 등 농촌지역 교육여건의 개선을 추진하고 있다(제53조). 이와 더불어 농촌주민의 주거환경 개선, 의료서비스 확충, 문화생활의 증진, 영세 농업인의 소득 안정화, 다문화 가족의 정착, 고령 농업인 복지 등 농촌주민 복지 혹은 농촌생활서비스 향상을 추진하고 있다(제54조). 또한 농업·농촌의 성별격차 해소를 통한 양성평등한 농촌사회 조성에도 노력하고 있다(제54조의2).

4. 농식품분야 재정 여건

1) 농식품분야 재정 개요

중앙정부 12대 재정분야 중 농림·수산·식품분야 총지출 규모는 계획 기준 2020년 21.5조 원, 2021년 22.7조 원, 2022년 23.7조 원, 2023년 24.4조 원, 2024년 25.4조 원, 2025년 25.9조 원으로 동 기간 중 연평균 3.8% 성장했다.[22] 소관부처별 총지출 규모는 2025년 기준 농림축산식품부 18.74조 원, 농촌진흥청은 1.06조 원, 산림청은 2.62조 원을 차지하고 있다.

---

22) 국회예산정책처(2025). 2025 대한민국 재정. p.78.

농수산식품 소관부처별 및 분야별 총지출

(단위: 조 원)

구분	연도	2024	2025	증감액	증감률
소관 부처	농림축산식품부	18.34	18.74	0.40	2.2
	농촌진흥청	1.10	1.06	-0.04	-3.3
	산림청	2.61	2.62	0.01	0.2
	해양수산부	6.69	6.78	0.09	1.4
	중앙정부 전체	656.61	673.30	16.69	2.5
분야	농림·수산·식품	25.4	25.9	0.5	1.8
	중앙정부 전체	662.1	684.5	22.4	3.4

* 주: 중앙정부 61개 소관부처 중 4개 부처, 12대 재정분야 중 농림·수산·식품분야 총지출 예산
* 출처: 국회예산정책처(2025). 2025 대한민국 재정. p.74&77

2) 농림축산식품부 소관 총지출

농림축산식품부 소관 재정은 일반회계 및 농어촌구조개선특별회계, 양곡관리특별회계를 포함한 5개의 특별회계[23]와 7개의 기금[24]으로 운용되고 있다. 2025년 농식품부 소관 회계·기금의 총지출 규모는 전년 대비 2.2% 증가한 18조 7,416억 원[25]으로, 정부 총지출 673.3조 원의 2.8%를 차지하고 있다.[26]

---

23) 2025년 기준 중앙정부는 5개의 기업특별회계, 16개의 기타특별회계가 설치·운용하고 있다.

24) 2025년 기준 중앙정부 각 부처별로 총 67개 기금이 설치·운용되고 있다.

25) 농림축산식품부 소관 총지출 예산은 2020년 15조 7,743억 원, 2021년 16조 2,856억 원, 2022년 16조 8,767억 원, 2023년 17조 3,574억 원, 2024년 18조 3,392억 원이다.

26) 국회예산정책처(2025). 2025 대한민국 재정. pp.652~653.

농림축산식품부 총지출 규모

(단위: 억 원)

	2023 (결산)	2024(A)	2025(B)	증감 (B-A)
일반회계	7,381	8,339	9,253	914
농어촌구조개선특별회계	54,004	54,861	53,694	-1,167
에너지및자원사업특별회계	152	174	165	-9
지역균형발전특별회계	7,317	7,953	13,624	5,671
양곡관리특별회계	23,248	27,460	27,925	465
고등·평생교육지원특별회계		178	157	-21
농산물가격안정기금	21,411	21,418	21,897	479
농지관리기금	18,298	20,237	18,265	-1,972
축산발전기금	9,793	9,105	9,089	-16
자유무역협정이행지원기금	3,268	3,371	2,890	-481
농업·농촌공익기능증진직접지불기금	25,448	29,092	29,951	859
농어업재해재보험기금	7	1,206	506	-700
합계	170,326	183,392	187,416	4,024

* 주: 양곡증권정리기금은 지출액 전액이 내부거래지출(공공자금관리기금 예수원금 및 이자 상환) 및 보전지출(통화금융기관 예치)로 구성되어 있어 총지출에서 제외

* 출처: 국회예산정책처(2025). 2025 대한민국 재정. p.653

농식품부 재정구조의 특이사항 중 하나는 농어촌구조개선특별회계 비중이 높다는 점이다. 총지출에서 일반회계는 9,253억 원인데 농특회계는 5조 3,694억 원에 이르고 있다. 특히 농특회계는 지역균형발전특별회계, 농업·농촌 공익기능 증진 직접지불기금, 축산발전기금, 자유무역협정 이행지원기금, 농어업재해재보험기금 등에 상당한 수준의 재원을 전출하고 있다.

또한 농특회계를 통해 농어촌 구조개선, 농림수산업의 경쟁력 강화, 농림어업인 등의 후생 복지 증진과 소득보전, 농산어촌 교육여건 개선 및 교육기회 보장, 농산어촌의 지역개발 및 산업기반 확충, 농어촌발전채권의 원리금 상환 등 주요 사업들을 추진하고 있다.

한편 농림축산식품부는 농산물가격안정기금, 농지관리기금, 축산발전기금, 자유무역협정이행지원기금, 농업·농촌공익기능증진직접지불기금, 농어업재해재보험기금, 양곡증권정리기금의 총 7개 기금을 운용하고 있다. 2025년 기금운용규모는 계획 기준 전년 대비 18.6% 감소한 10조 4,960억 원이다. 이 중 농지관리기금, 공익기능증진직불기금, 축산발전기금의 경우 기금사업 운용에 있어 재생농업 육성 관련 사업들을 적극 발굴하고 지원을 확대할 수 있어야 한다.

농림축산식품부 재정구조(2025년도)

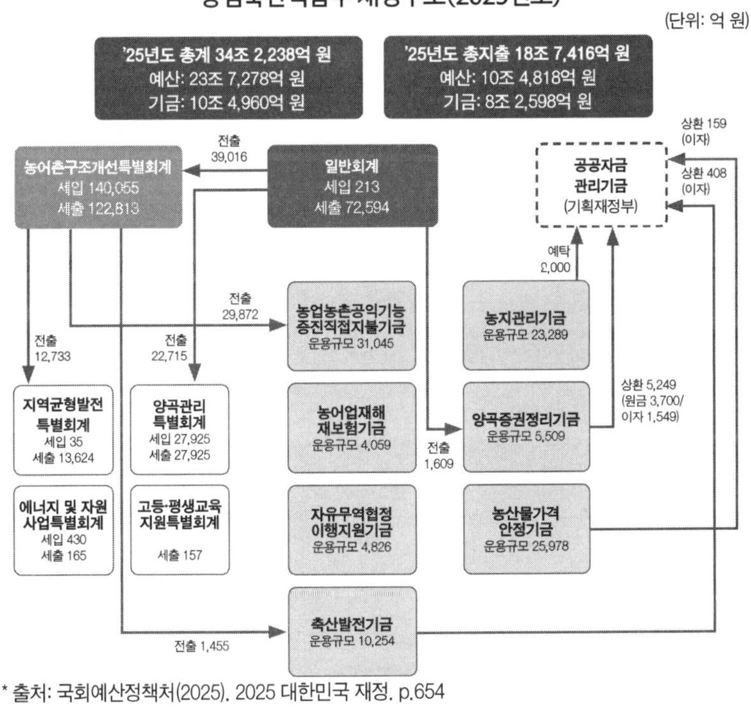

* 출처: 국회예산정책처(2025). 2025 대한민국 재정. p.654

3) 농림축산식품부 소관 총수입

2025년 농림축산식품부 소관 회계·기금의 총수입은 전년 대비 3.4% 감소한 13조 524억 원으로, 정부 총수입 651.6조 원의 2.1%를 차지하고 있다. 농어촌구조개선특별회계가 7조 6,020억 원으로 가장 크고, 이어서 농산물가격안정기금 2조 3,608억 원, 농지관리기금 1조 3,924억 원 순이다. 농식품부 2025년 총지출 규모(18조 7,416억 원) 대비 총수입이 69.6%를 차지하고 있다.

농특회계의 주된 세입은 농어촌특별세로, 2024년 농특세의 수납규모는 농특회계 세입예산(7.8조 원)의 89.7%인 7.0조 원을 차지하고 있다. 대다수 국세들은 정부의 일반회계 세입으로 계상되는 데 반해, 농특회계의 안정적 운용을 위해 농특세는 일반회계가 아닌 농특회계 세입으로 계상되고 있다.[27]

---

27) 농어촌구조개선특별회계 세입인 농어촌특별세, 지역균형발전특별회계 세입인 주세를 제외한 나머지 11개 국세는 모두 일반회계 세입으로 계상된다. 2024년 국세수납액은 336.5조 원으로, 세원별 징수실적을 보면 소득세 117.4조 원, 부가가치세 82.2조 원, 법인세 62.5조 원, 상속·증여세 15.3조 원, 교통·에너지·환경세 11.4조 원, 개별소비세 8.7조 원, 농특세는 7.0조 원, 교육세 5.4조 원, 증권거래세 4.8조 원, 종합부동산세 4.2조 원, 주세 3.3조 원 및 관세 7.0조 원이다(국회예산정책처, 2025. p.59).

농림축산식품부 총수입 규모

(단위: 억 원)

	2023 (결산)	2024(A)	2025(B)	증감 (B-A)
일반회계	75	212	213	1
농어촌구조개선특별회계	71,716	78,332	76,020	-2,312
에너지및자원사업특별회계	55	430	430	-
혁신도시건설특별회계	2	-	-	-
지역균형발전특별회계	32	118	35	-83
양곡관리특별회계	6,193	5,543	4,893	-650
농산물가격안정기금	21,472	22,744	23,608	864
농지관리기금	13,292	16,976	13,924	-3,052
축산발전기금	5,589	4,756	6,349	1,593
자유무역협정이행지원기금	2,637	4,309	3,416	-893
농업·농촌공익기능증진직접지불기금	416	48	71	23
농어업재해재보험기금	1,883	1,585	1,561	-24
양곡증권정리기금	33	3	3	-
합계	123,396	135,056	130,524	-4,532

* 출처: 국회예산정책처(2025). 2025 대한민국 재정

농어촌특별세

농어촌특별세는 농어촌지역 경쟁력 강화를 위해 ①소득세, 법인세, 관세, 취득세, 등록면허세의 감면세액, ②개별소비세, 증권거래금액, 취득세, 레저세, 종합부동산세의 과세분에 부과되는 세금으로, 세율(2025년)은 감면세액의 10% 혹은 20%, 개별소비세액 10% 혹은 30%, 증권거래금액 0.15%, 취득세액 10%(농지 취득 등 제외), 레저세액 20%, 종합부동산세액 20%이다(「농어촌특별세법」 제5조 제1항).

* 출처: 농촌진흥청. 똑똑 청년농부. https://www.rda.go.kr/young/content/content0517.do

2023년도 농어촌특별세의 세원별 징수세액

(단위: 백만 원)

합계	소득세			양도 소득세	법인세	개별 소비세	증권 거래세	종합 부동산세
		신고분	원천분					
5,453,398	380,835	322,321	58,514	55,239	950,173	63,484	3,095,715	907,952

* 주: 2022년 귀속분이며, 지방세인 취득세, 등록면허세, 레저세에 대한 징수세액은 제외
* 출처: 국세통계포털(TASIS)

4) 농림축산식품부의 재정 외 정책자금

정부는 예산안 및 기금운용계획안에 의하여 수립되는 재원 외에도 정책펀드, 민간기금 등에 정부 자금을 투입하여 재원을 조성한 후 일정 기간 운영하는 방식으로도 자금을 활용한다. 농식품부도 재정외 정책자금[28]으로 농림수산식품모태펀드, 채소수급조정충당금, 농어촌상생협력기금 등을 운영하고 있다.

이 중에서 '농림수산식품모태펀드'는 농수산식품산업에 대한 투자를 촉진하고, 농수산식품산업의 규모화 및 경쟁력 강화를 위하여 정부가 조성하는 투자펀드시스템이다. 즉, 농어업경영체, 식품사업자 등 농수산식품경영체에 대한 투자를 목적으로 설립된 농림수산식품투자조합 또는 경영참여형사모집합투자기구에 출자하는 방식의 Fund of Funds라고 할 수 있다. 농림수산식품모태펀드는 농림축산식품부와 해양수산부의 출자를 통해 조성되며, 관리·운용은 농림축산식품부 산하기관인 농업정책보험금융원이 담당한다.

펀드운용회사가 모태펀드의 출자금에 민간자금을 더해 농림수산식품투자조합을 결성하여 개별 농식품펀드를 조성하고, 이러한 자펀드들이 성장가능성이 있는 농수산식품경영체들에 투자하게 된다. 2010년

28) 재정외 정책자금이란 정부가 정책적 목적을 위하여 출연·출자·부담금 이전 등 여러 방식으로 재원을 제공하여 자금을 형성하고, 공공기관 등에서 운용하는 자금을 말한다.

이후 2025년 1월까지 누적 140개의 농림수산식품투자조합이 결성·운용되어 누적 조성규모는 2조 2,865억 원에 이르고 있다. 펀드별 규모는 작게는 30억 원에서 크게는 600억 원이지만 100~200억 원 규모가 대부분이며, 운용기간은 통상 3~4년이다. 농식품펀드들의 투자대상은 농어업(작물재배업, 축산업, 임업, 수산업), 식품산업(생산, 가공·제조, 보관·수송, 판매), 소재·생산설비산업(농약, 비료, 양액, 사료, 동물약품, 포대, 필름 또는 포장재), 농림수산식품과 관련된 산업(곤충산업 등) 등 다양하다. 다만 펀드 투자 기준을 재정립하여 재생농업에 대한 투자를 일정 비중 이상 유지할 수 있어야 한다.

연도별 농식품펀드 조성개수

연도	10	11	12	13	14	15	16	17	18	19	20	21	22	23	24	계
개수	5	6	7	7	10	8	8	7	6	8	10	12	17	14	15	140

* 출처: 농업정책보험금융원. 농림수산식품투자조합. https://www.apfs.kr/

농림수산식품모태펀드 조성 및 운용체계

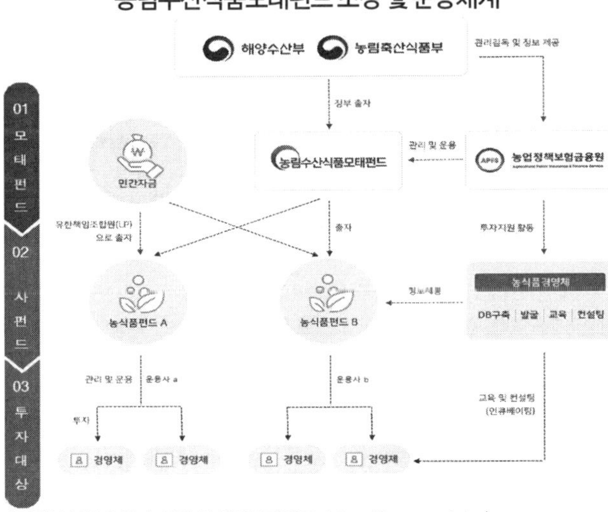

* 출처: 농업정책보험금융원. 농림수산식품모태펀드. https://www.apfs.kr/

제2절 농업의 위기: 시장의 역설과 정책의 균열

1. 농식품시장의 역설

아로니아는 한때 황금알은 아니어도 농가의 주요 수익원으로 인정받았는데 2019년 이후 아로니아 농가들의 대부분이 농가부채 등 심각한 경영난을 겪고 위기에 내몰리고 있다. 일례로 가격폭락 사태 속에서 단양 지역에 아로니아 재배농가가 3년간 63% 급감했다. 비단 아로니아 뿐 아니라 한때 고가의 과일로 각광 받던 블루베리, 샤인머스켓들도 줄줄이 가격 폭락을 겪으며 농가들의 경영난이 가중되어 왔다.[29] 축산농가들의 경우는 어떤가? 소비자들은 한우가 비싸서 선뜻 소비하기 쉽지 않은데 역설적으로 많은 한우 축산농가들은 경영난으로 인한 적자에 허덕이고 있다. 최근 대다수 축산농가들은 국제 곡물가격 상승에 따른 사룟값 폭등, 축산물 도매가격 반토막, 소비 침체의 삼중고로 인해 부도 위기에 직면한 농가들이 급증한 것이다.[30]

매년 가을이면 김장철과 연말을 앞두고 전국에 배춧값이 폭등하는 金배추 쇼크로 전국 농산물시장에 초비상이 걸리고 많은 가계들과 음식점들이 김치대란을 겪고 있다.[31] 식품업계의 경우에도 상황은 대동소이하다. 식품과 외식물가는 고공행진을 이어가고 있지만 정작 음식

---

29) 연합뉴스. 2020. 10. 3. 가격폭락 사태 속 단양 아로니아 재배농가 3년간 63% 급감; 한국영농신문. 2019. 3. 18. 아로니아, 블루베리 그리고 또 다음엔 뭘까?; 경향신문. 2021. 6. 5. 아로니아 가격 폭락, 누구의 탓인가; 조선일보. 2024. 10. 6. 거봉보다 몸값 낮아진 샤인머스캣...3년 만에 가격 반토막

30) 헬로tv뉴스. 2025. 5. 20. 축산농가 삼중고 "부도 직전" 비명(Youtube 클립); 채널A. 2025. 5. 28. 소비자는 비싸서 못 먹는데…한우 축산농가는 눈물?(Youtube 클립)

31) 한국경제. 2025. 1. 10. 설 연휴 앞두고 또 '金배추' 쇼크…가격 폭등에 '초비상'; 조선일보. 2024. 9. 25. 배추 가격 폭등에 '김치 대란'...포장김치 품절, 양배추 김치도 등장

점업을 영위하는 소상공인들의 매출과 수익은 오히려 악화되는 역설적 현상이 지속되고 있다.[32)]

이뿐이 아니다. 농업·농촌 발전을 견인하기 위해 추진되고 있는 농업 전후방산업들에 대한 지원 정책이 오히려 농업 발전을 저해하는 역효과가 발생하고, 침체된 농가들의 활력을 높이기 위해 추진된 친환경·유기농업 지원이 오히려 농가들의 경영난을 악화시키는 역설적 현상들이 지속되고 있다.

물론 농식품 시장의 이와 같은 역설적 현상은 비단 국내에 국한된 문제만은 아니다. 일부의 농산업 선진국들을 제외하면 대다수 국가들에서 농식품 시장, 특히 농축산물 시장은 가격 폭등, 농가 경영난 악화, 정부 지원의 누적적 증가라는 악순환 형태에서 벗어나지 못하고 있다.

이러한 역설적 현상이 발생하는 원인은 다양하지만 기본적으로 다른 산업분야와 달리 농업이 갖는 특수성, 그리고 다른 재화나 서비스와 달리 농축산물의 생산·유통·소비과정에서 나타나는 독특한 특성에서 원인을 찾을 수 있을 것이다. 즉, 장기에 걸쳐 노동집약적으로 이루어지는 생산과정, 산지와 소비지를 연결하는 복잡한 유통구조, 소비자들의 급변하는 선호 등이 상호 얽혀 농업의 경쟁력을 약화시키고, 경쟁시장 기제의 작동을 어렵게 하고 있다.

물론 최근에는 혁신적인 생산기술의 지원을 받아 생산과정이 점차 효율화되고, 농축산물 유통에 있어서도 스마트 APC, 온라인 직거래 등 유통 효율화 방안들이 추진되고 있다. 소비에 있어서도 일반 가계뿐 아니라 식품제조업체, 대형 외식업체와의 계약재배 등을 통해 농축산

---

32) 연합뉴스. 2025. 4. 6. 식품·외식 물가 '고공행진'…기업들 가격인상 주춤해지나; 경향신문. 2025. 3. 7. 가공식품 가격 들썩··'장바구니 물가' 7개월 만에 최대 상승

물 소비자들의 선호에 신속하게 반응하고 있다. 이처럼 농식품 시장의 제약조건들에 대응하기 위해 융합시대에 맞게 새로운 생산·유통·소비 기술의 발전 및 제도 보완이 추진되고 있다.

그러나 이러한 농산업분야에 있어 혁신적 조치들, 특히 정부의 정책 지원과 규제를 통해 추진되는 농산업 발전 및 농촌개발 전략들이 소기의 성과를 달성하지 못하고, 역으로 농축산물 시장을 교란하는 현상이 지속되고 있다. 이로 인해 일각에서는 정부 정책과 규제가 아무리 촘촘하고 정교하게 설계되어도 백약이 무효이고, 오히려 시장에 부작용만 야기할 수 있다는 자조 섞인 비판이 나오고 있다.

2. 농식품정책의 균열

"뛰는 사람 위에 나는 사람이 있다"라는 속담이나, 관가에 떠도는 "정부가 대책이 있으면, 시장은 방책이 있다"라는 우스갯소리가 있다. 이러한 얘기들은 정부가 아무리 좋은 정책과 처방을 제시해도 시장은 언제나 이를 악용하는 기제가 작동하여 당초 기대와는 달리 정책이 부작용을 야기하거나 그 효과가 반감될 수 있다는 사실을 빗댄 것이다. 시장 행위자들은 통상 비용은 최소한으로 부담하고 이익을 극대화하려는 유인구조를 갖고 있기에 의무와 책임 이행은 등한시한 채 꿀만 빨거나(cream skimming) 과실만 따려는(cherry picking) 본능적 욕구가 있기 때문이다.

그러나 국내 농산업의 위기를 이러한 시장의 한계 측면에서만 설명하는 것은 충분하지 않다. 사회혁신, 디지털전환, 플랫폼경제, 초연결 등으로 특징되는 혁신지향경제가 진화하고 있음에도 농식품정책은 지속가능한 농업의 발전을 향해 공진화하지 못하고 있다. 혁신지향경제에서 정책은 환경(E), 사회(S), 경제(G)의 3대 가치축을 기반으로 지속가능성을 강화해야 한다.

우선 환경적 지속가능성을 위해 선구적 접근을 통한 정책수단의 다양화로 질적 보전과 양적 성장의 균형을 지향해야 한다. 사회적 지속가능성을 위해 그동안 공존과 포용성을 주축으로 축적된 사회적 자본을 토대로 다양한 사회적 영향을 창출하기 위한 모두를 위한 정책(Policy for All)이 요구된다. 무엇보다 여러 정책주주(policy shareholder) 혹은 정책이해관계자들의 지속가능한 경제적 이익을 균형적으로 보호해야 한다. 이를 위해 공정, 투명성, 반부패 등 규범적 수단을 통해 부문별로 정책지배구조를 합리화할 수 있어야 한다.

또한 농식품정책의 하위 영역은 농촌정책, 농업 및 식량정책, 농산업정책, 동·식물 방역정책, 축산·동물복지정책, 유통·소비정책 등으로 유형화할 수 있는데, 이들 하위 영역 간 정합성을 강화함으로써 융합적 시너지를 극대화해야 한다. 하지만 현행 농식품정책을 보면 하위 영역 간 연계성과 정합성이 부족하여 정책 추진에 있어 단절이 발생하고 이로 인해 정책효과가 반감되고 있다. 영역 간 정책단절 발생의 주된 원인은 소통 부족과 이해조정의 제약이라고 할 수 있다.

전문화를 강조했던 산업화 시대에는 분야별 혹은 영역별 독자적인 정책목표를 효과적으로 달성할 수 있도록 분화된 사업 계획·집행이 요구되었다. 하지만 복잡계가 작동되는 공진화시대에는 각 영역들이 밀접히 연계되어 있기에 3대 가치축을 기반으로 하위정책들이 정합적으로 관리될 수 있어야 한다.

농업 가치사슬을 통해 파악할 수 있는 농식품정책의 수직적 범주 간에도 유기적 연계가 강화되어야 한다. 그럼에도 국내 농식품정책의 현실은 이에 미치지 못하고 있다. 우선 농업기술 개발·보급은 농산업의 시작인데 농산물 생산, 농업 경영 등에 필요한 농업기술의 연구개발·보급이 전체 농식품정책에 유기적으로 연계되지 못하고 있다.

종자·종묘, 농기계, 비료·사료, 농약 등 농업 투입재 산업의 경우에도 농업경영체들의 수요와 일치하지 않는 경우가 많고, 이로 인해 농업인들의 경영 부담을 가중시키는 상황이 발생하고 있다. 대표적 농업생산 기반시설인 농업용수 개발의 경우에도 농가들의 필요와 수요를 충족하지 못하는 경우가 많다.

또한 농지조성·보전, 농산물 생산시설 구축, 축산 및 조림 등을 통해 본격적으로 농축산물을 생산하게 되는데 농지조성·관리정책, 농산물 생산시설 구축 지원 사업들이 농업경영인들의 요구와 엇박자를 내는 경우가 비일비재하다.

유통·소비 단계의 경우 생산된 농산물은 부가가치 제고를 위해 수확 후 관리 및 가공을 통해 시장에 공급되며, 공급된 농산물은 정부의 관리·규제하에서 여러 유통·판매시설을 통해 식품공장, 대량 소비처, 일반 소비자에게 유통·판매된다. 그러나 농축산물 가공·유통 단계에서 나타나는 복잡한 유통구조, 농축산물 생산정책과 소비정책의 불일치로 인해 농축산물 유통·소비의 역설적 현상이 끊이지 않고 있다.

마지막으로 농산업이 영위되는 공간적 영역인 농촌개발도 농촌공동체들의 요구와 조화되지 못한 채 정책 효과가 반감되는 부조리한 모습이 자주 나타나고 있다.

농업 가치사슬 단계별 농식품정책 대상

단계	정책대상	세부내용
농업기술	농업기술 연구개발	농산물 생산, 농업 경영 등에 필요한 농업 기술의 연구개발, 교육·훈련, 보급
	농업기술 교육 및 보급	
투입재	종자 개발	종자 개발 및 개량, 양묘시설 조성, 농기계 지원, 농약, 비료·사료의 공급 등
	농업자재 (농기계, 비료·사료, 농약)	
농업용수	수자원(관개배수)	농업용수 개발과 공급을 위한 관개 및 배수 시설 등 농업기반시설 건설 지원
농산물 생산	농지(초지, 임지) 조성·보전	농수산물의 생산시설, 조림, 농수산물 생산을 위한 농지·초지·임지 조성과 보전, 가축 사육 및 축산물 생산(가축질병관리 포함)
	생산시설(온실, 양식장 등)	
	축산(가축질병관리 포함)	
	조림	
가공·수확 후 관리	수확 후 기술 및 관리시설	농산물의 부가가치 증대를 위한 수확 후 관리시설 및 가공공장, 가공훈련센터 건립 지원
	축산물 안전관리	
	가공 시설	
유통·판매	유통 및 판매	신선·가공 농수산물의 이동·판매 시스템 구축, APC 등 유통시설 설치, 관련인력 양성
농촌개발	농촌종합개발(농업 중심)	농가소득 증대, 보건·위생, 학교, 마을회관의 건립, 상·하수도 설치, 농촌공업이나 관광 등 농외소득 증대 사업
	농촌지역개발(비농업 중심)	
	농외소득(관광, 농공단지 등)	

제3절 지속가능경제 관점에서 농식품정책의 한계

1. 농업의 도전과 미래

농신업과 농촌의 미래 모습을 바람직하게 그려 가는 것은 우리 세대가 책임져야 할 사명이다. 농업은 이제 전통적 재배 영농을 넘어 기계화, 디지털화, 정밀농업 등을 통해 스마트농업, 친환경농업, 그린바이오산업의 혁신적인 농산업으로 발전하고 있다. 식품산업의 발전은 다양하게 개발된 농축산물을 우리 일상으로 연결해 주고 있다.

농산업이 갖는 경제적 위상과 역할이 여타 산업분야들과 비교해서 작지 않음에도 농산업에 대한 사회적·경제적 평가는 낮은 상황이다. 주된 원인은 농산업과 농촌에 대한 고정관념과 더불어 혁신적 영농에 대한 투자와 인식 부족에 있다. 식량안보와 농산업의 기반 강화를 위해 전통적 관행농업의 안정적 운영을 위한 정책 지원은 매우 중요하다. 이와 함께 생명공학, 인공지능, 빅데이터, 드론, 로봇 등 첨단기술과 접목된 농산업의 발전은 최소사회로 진화하는 과정에서 미래 농업과 농촌 발전을 위해 반드시 필요하다.

한국의 농업·농촌은 영세성, 고령화에 따른 낮은 경쟁력 문제에 더해 농산물 완전 개방, 기후변화, 식품 소비 트렌드 변화 및 식량안보 등 새로운 환경에 대응해야 할 수많은 난제에 직면해 있다. 이에 따라 농정체계는 이중트랙 접근이 요구된다.

즉, 전통적 재배농업과 농촌공동체의 발전을 위한 농업·농촌정책을 강화해야 한다. 이와 함께 글로벌 농식품 환경 변화에 빠르게 대응하여 위기요인들을 극복하고 한국 농산업의 지속가능한 발전을 위해 농업 전후방산업으로서 혁신적 농산업 발전을 지원해야 한다. 농산업 발전의 기반으로 농업기술 연구개발이 강화되어야 하고, 이를 통해 기계화, 디지털 전환, 친환경유기농 육성, 그린바이오, 푸드테크 등 첨단 농식품 기술을 접목한 혁신적 농산업을 육성해야 한다. 이와 더불어 사회적 농업, 치유농업, 생태농업 등 농업의 지속가능성을 제고하기 위한 사회적 투자도 확대되어야 한다.

특히 미래 농업은 전통적 방식과 달리 적은 자원으로 보다 많은 농산물을 생산하는 방식('More from Less')으로 점차 전환될 예정이다.

이를 위해 작물과 경작지의 정보를 수집·분석하여 작물과 토양 특성에 맞게 물과 비료 등의 투입을 최소화하고 농작물 생산량은 최대화하는 정밀농업(precision agriculture 혹은 vertical farming)에 대한 관심이 증가하고 있다. 정밀농업의 발전은 농업·농촌의 스마트화 등 혁신적 농산업 발전을 기반으로 한다.

또한 푸드테크산업은 원재료인 농수산물 생산부터 식품 제조·가공·유통·소비에 이르는 식품산업 가치사슬 전 영역에 AI, IoT, 3D 프린팅, 로보틱스, 생명공학 등 첨단기술을 접목하여 식품과 기술이 융합된 신산업으로 발전되고 있다.

그린바이오산업은 농업생명자원에 생명공학기술, 디지털기술 등을 적용하여 농업 및 전후방산업 전반에 부가가치를 창출하는 신산업이다. 이는 종자, 동물용 의약품, 미생물, 곤충, 천연물, 식품소재 등 여러 영역들을 포괄하며, 화석연료가 아닌 바이오 기반 제품 생산을 통해 산업의 지속가능성을 제고할 수 있다. 그린바이오산업의 사례는 다양하다. 염기서열 정보를 활용한 분자표지 방식이나 디지털 육종을 통해 육종기간을 10년에서 3~5년으로 단축하거나, 식물세포를 기반으로 동물용의약품 백신을 개발하거나, 미생물을 활용한 친환경농약 개발로 잔류농약 안전성 문제를 해결하거나, 곤충을 소재로 한 사료, 식품, 화장품 등 신소재 산업을 확대하거나, 들풀 등 천연물을 활용한 기능성식품, 화장품 등을 생산하거나, 농산물 등에서 유래한 기능성 물질을 기능성·대체 식품의 소재로 활용하는 경우 등을 대표적인 사례로 들 수 있다.

지속가능성과 혁신성 측면에서 농업의 변화와 미래를 통찰력 있게 진단한 두 가지 논의를 소개한다. 우선 허북구(2022)는 그의 저서 《미래를 바꾸는 탄소 농업》에서 미래 농업은 이산화탄소 감축을 통해 식량난 해소와 기후변화 대응의 두 가지 목표를 동시에 추구할 수 있어야 한다고 처방한다. 이를 위해 지속가능한 미래 친환경·유기농업으로의 패러다임 전환을 강조하고 있다. 이러한 탄소농업에 초점을 둔 농업의 미래에 대한 진단은 친환경 정밀농업, 생태농업, 유기농업 등 탄소중립 농업의 저변을 확산하는 데 기여할 수 있다. 다만 이러한 접근으로는 3세대 농업 시대가 창출한 다양한 혁신 역량들과 성과를 종합적으로 발전시키는 데 한계가 있다.

한편 성형주(2023)는 그의 저서 《가장 오래된 첨단산업: 농업의 미래》에서 "오늘날 우리의 농업은 근본적 혁신이 필요한 거대한 변혁의 시기에 직면해 있다"라고 진단하고 있다. 특히 4차 산업혁명이 가져온 변화의 속도, 범위와 깊이, 시스템 충격이 농업 환경 전반에 미친 영향을 분석하고 있다. 이를 통해 향후 농산업 혁신에서 가장 중요한 변화요인으로 데이터 경제와 디지털 전환을 지적한다. 데이터 경제의 시대야말로 농업이 낙후산업이라는 편견과 착시를 벗어던지고 지속가능한 미래산업으로 변모할 골든타임으로 진단하고 있다. 저자의 진단처럼 데이터 기반 농업은 지속가능한 농산업 발전에 있어 매우 중요하다. 하지만 이 역시 스마트 정밀농업에 한정된 혁신 전략일 수 있다는 한계가 있다.

2. 농식품정책의 한계

현재 국내 농식품정책은 식량안보 강화와 농업생산성 향상이라는 전통적인 목표를 넘어, 농업의 지속가능성과 다원적 가치라는 혁신적 목표를 포괄하기 위해 노력하고 있다. 하지만 혁신경제로 진화하는 과정에서 미래지향적인 농산업 발전을 지원하는 데 있어 현행 농식품정책은 몇 가지 한계점들이 있다.

1) 농업의 지속가능성 측면

현행 농식품정책은 환경적, 사회적, 경제적 지속가능성 측면에서 일정한 한계가 있다. 즉, 농업의 지속가능성 확보를 명시적인 목표로 삼고 있으나, 여전히 단기적 성과와 농산물 생산 위주의 목표체계를 견지함으로써 다음과 같은 구조적인 한계를 노출하고 있다.

첫째, 환경적 지속가능성 측면에서 질적 보전은 양적 성장의 그림자 아래에서 등한시되고 있다. 현행 정책은 농업생산량의 유지·증대에 여전히 높은 비중을 두고 있고, 이 과정에서 농업생태환경의 가치가 경시되는 문제가 있다.

가령 ①화학자재 사용 저감 인센티브가 부족하다. 농약, 화학비료 등 화학자재 사용은 토양 산성화, 수질 오염, 생물 다양성 감소의 주범으로 지목된다. 친환경농업 직접지불제 등이 일부 시행되고 있지만, 관행농업 전반에 걸쳐 화학자재 사용을 줄이고, 농업 생태계를 복원하는 근본적인 전환을 유도하기에는 인센티브제도가 미약하다. 여전히 다수 농가는 생산 효율을 위해 화학자재에 의존할 수밖에 없는 생산 구조에 직면해 있다.

②기후변화 대응의 소극성 및 단기성 문제가 있다. 농업은 기후변화의 피해자이자 원인 제공자로서 현행 정책은 기후변화로 인한 농업 재해 발생 시 사후 복구나 보전에 집중하는 경향이 있다. 가뭄, 폭염, 냉

해 등 이상기후에 대한 농업시스템의 회복 탄력성을 강화하고, 온실가스 배출을 감축하는 데 필요한 중장기적인 투자가 부족하다. 스마트팜도 주로 생산 효율 증대에 초점이 맞춰져 있어, 환경부하 저감 효과가 미약한 편이다.

③생물 다양성 보전 노력도 부족하다. 대규모 단일 경작, 균일 품종 선호, 농지 주변 생태계 파괴는 농업생물 다양성을 훼손하고 있다. 그럼에도 이를 적극적으로 보호하고, 지역 고유의 종자나 토종 품종을 보존하며, 농업 경관의 생태적 가치를 높이기 위한 인센티브나 규제는 미흡하다.

둘째, 사회적 지속가능성 측면에서는 농업인의 역할이 생산 주체를 넘어 공동체 구성원으로 확대되지 않고 있다. 농업 정책은 주로 '생산자'로서의 농업인에 초점을 맞추는 경향이 있어, 농촌 사회가 겪는 여러 심각한 문제들을 효과적으로 해결하고 살고 싶은 농촌을 만드는 데는 한계가 있다.

이로 인해 ①농촌 인구 감소 및 고령화가 심화되고 있다. 고령화와 청년층의 이탈은 농업 노동력 부족을 넘어 농촌 사회의 존립까지 위협한다. 그럼에도 주로 청년 농업인 유입에 초점을 맞출 뿐 농촌의 주거, 교육, 의료, 문화 등 기본적 인프라 개선과 지역 공동체 활성화에 대한 통합적인 접근이 부족하다.

②식량안보의 취약성이 심화되고 있다. 낮은 식량 자급율은 국제 식량 위기에 대한 취약성을 심화시키고, 국내 농업생산기반을 약화시킨다. 식량 자급률 목표가 제시되고 있지만, 이를 달성하기 위한 농업생산기반 강화, 비축 시스템 확대, 다양한 작물 재배 유인 등은 여전히

부족한 실정이다.

셋째, 경제적 지속가능성 측면에서 현행 정책은 소득보전의 늪에 갇힌 채 농업경영체의 자생력 확보 지원에 한계가 있다. 현행 정책은 농가 소득보전을 위한 직불제나 각종 보조금에 의존하는 경향이 강해 농업의 장기적인 경제적 자생력과 혁신 역량을 약화시킬 수 있다.

①고비용-저효율 구조가 고착화되고 있다. 농업 생산비용 절감을 통한 농산물의 가격 경쟁력 개선보다 농가소득을 직접 보전하는 정책이 중심이 되고 있다. 이는 장기적으로 글로벌 시장 개방에 대한 국내 농산업의 취약성을 심화시킨다.

②고부가가치 창출 및 신산업 육성이 미흡하다. 1차 농축산물 위주의 정책 지원은 농업이 가공, 유통, 서비스 등 전방산업과 연계하여 고부가가치를 창출하는 6차 산업화나 애그테크 기반의 신산업 발전을 더디게 한다. 또한 농업기술 개발 및 보급이 농산업 현장의 수요와 괴리되어 혁신성과가 산업 전반으로 확산되지 못하고 있다.

③시장 변동성 대응 능력이 부족하다. 농산물 가격의 불규칙한 등락은 농가 소득의 불안정성을 높인다. 그럼에도 현행 정책은 주로 수급 조절이나 가격 안정 기금을 통해 사후적으로 대응하는 방식이 많다. 반면 장기적으로 기후변화, 국제 정세 변화 등 외부 충격에 강한 농업생산 및 유통 시스템을 구축하는 데 필요한 지원은 제한적이다.

2) 농업의 다원적·공익적 가치 측면

농업의 다원적 가치(multi-functional values)는 단순한 식량 생산을 넘어, 국토 보전, 환경 보전, 경관 형성, 지역사회 유지 및 문화 전승 등 다양한 공익적 기능을 의미한다. 현행 농식품정책은 이러한 다원적 가치를 구현하기 위한 체계적이고 실질적인 정책 추진이 미약하다.

첫째, 생산성 및 효율성 중심 패러다임의 한계가 있다. 여전히 많은 농식품정책은 생산량 증대와 경제적 효율성에 방점을 두고 있어 농업의 다원적 가치 발현을 저해한다.

①생산성 중심의 지원은 쌀, 특정 채소 등 주요 작물 위주의 지원을 증폭시키고, 소규모 자급형 농업, 복합 영농, 자연농업 등 다양한 형태의 농업 모델에 대한 지원을 약화시킨다. 이는 농업인들이 다양한 품목을 재배하거나 전통 품종을 보존하려는 유인을 저해하여 특정 작물의 대규모 단일 경작을 유도한다. 이에 따라 토양의 지력 저하, 병충해에 대한 취약성 증가, 그리고 농업생물 다양성 감소를 야기할 수 있다.

②생산량 극대화를 위한 화학 비료 및 농약 사용은 토양 및 수질 오염을 야기하여 농업의 환경보전 기능을 약화시킨다. 정밀농업, 친환경농업 등 첨단 농산업에 대한 지원이 있지만, 관행 농업 전반의 시스템 전환을 유도하기에는 역부족이다.

둘째, 농업의 비시장적 가치에 대한 평가 및 보상 체계가 미흡하다. 식량 생산 외에 농업은 국토 보전, 환경 보호, 경관 형성, 전통문화 유지, 공동체 형성 등 시장에서 직접적으로 거래되지 않는 비시장적 가치를 제공한다. 하지만 현행 농식품정책은 이러한 다원적 가치를 충분히 인정하고 농업인에게 합당한 보상을 제공하는 데 한계가 있다.

①공익직불제의 한계로서 공익직불제는 농업의 공익적 가치를 인정하고 보상하기 위해 2020년에 대폭 개정되었다. 하지만 지급액이 충

분하지 않거나, 환경적 의무가 아직 미흡한 수준이라 농업인들이 실제 행동 변화를 통해 환경 및 생태적 가치를 적극적으로 창출하도록 유도하는 데 한계가 있다.

②정량화 및 가치 부여에 어려움이 있다. 아름다운 농촌 경관이나 깨끗한 물, 풍부한 생물 다양성 같은 가치들은 정량화하기 어렵다는 이유로 정책 수립 과정에서 충분히 고려되거나 예산이 배정되지 못하는 경향이 있다.

셋째, 먹거리 시스템의 다원성도 부족하다. 생산-유통-소비로 이어지는 먹거리 시스템 전반에서 대형 유통 채널에 대한 의존도가 높다. 이는 지역 기반의 소규모 먹거리 순환 체계, 직거래 활성화, 농민 장터, 로컬 푸드 시스템 등 다양한 형태의 유통 모델 성장을 제약하고 있다. 이로 인해 소비자들이 다양하고 특색 있는 지역 농산물이나 가공품을 접할 수 있는 기회와 여건이 제약되고 있다.

넷째, 다부처 협력 부족 및 칸막이(silo) 정책 현상이 발생한다. 농업의 다원적 가치는 환경, 문화, 지역 발전 등 다양한 영역과 복합적으로 얽혀 있다. 하지만 주무부처인 농림축산식품부가 환경부, 해양수산부, 문화체육관광부 등 관련 부처와의 유기적인 협력이 미흡한 실정이다. 또한 지역별 특성 반영이 미흡하다. 농업의 다원적 가치는 지역의 특성과 환경에 따라 다르게 발현된다. 하지만 중앙정부 주도의 정책은 지역의 고유한 다원적 가치를 발굴하고 육성하는 데 한계가 있다.

결론적으로, 한국의 현행 농식품정책은 기존의 생산 효율 중심의 관성에서 벗어나지 못하고 있다. 이제는 환경적 부하를 줄이고, 농업의 경제적 자생력을 강화하며, 농촌 사회의 활력을 되찾는 총체적인 접근이 필요하다. 따라서 향후 농식품정책은 농업을 생태시스템, 경제시스템, 그리고 사회 공동체의 핵심 요소로 이해하는 패러다임 전환이 요구된다.

3. 파편화된 농식품 법률체계

농식품정책의 난맥상과 균열적 관리체계는 관련 법률들이 분절적으로 제정·관리되고 있는 점에서도 확인된다. 농림식품분야 법률은 농림축산식품부 소관이 85개(농업·농촌 30개, 식량·농자재·식품 17개, 유통·소비·과학 20개, 축산·동물 18개), 농촌진흥청 소관이 5개이며, 산림청 소관은 25개이다.[33)]

농업·농촌 영역의 경우 농업·농촌 및 식품산업 기본법, 농어업경영체 육성 및 지원에 관한 법률, 농지법, 귀농어·귀촌 활성화 및 지원에 관한 법률, 농어업재해보험법, 농어업인의 안전보험 및 안전재해 예방에 관한 법률, 농어업고용인력 지원 특별법, 지역농림어업 발전사업 협력촉진에 관한 법률 등 30개의 법률을 통해 관리되고 있다. 그런데 유관 정책들이 상이한 법체계를 통해 분절적으로 관리되고 있어 연계성 있는 정책 추진이 제약되고 있다.

---

33) 국가법령정보센터에 의하면 다른 부처들의 소관 법률은 2025년 기준 행정안전부 188개, 국토교통부 141개, 해양수산부 137개(해양 37, 수산 54, 해운·항만 25, 해사안전 18, 기타 3), 산업통상자원부 102개. 보건복지부 104개, 환경부 80개, 교육부 79개, 국방부 79개, 문화체육관광부 76개, 고용노동부 50개, 여성가족부 26개, 외교부 24개, 통일부 12개에 이르고 있다(타 부처와 공동 소관법률 포함).

식량·농자재·식품 영역의 경우 양곡관리법, 농업·농촌 공익기능 증진 직접지불제도 운영에 관한 법률, 쌀 가공산업 육성 및 쌀 이용 촉진에 관한 법률, 농업생산기반시설 및 주변지역 활용에 관한 특별법, 식품산업진흥법, 한식진흥법, 푸드테크산업 육성에 관한 법률 등 17개의 법률을 통해 식량 증산, 식품산업 진흥을 규정하고 있다. 식량·농자재·식품산업 발전을 위해서는 여러 관련 정책들이 정합적으로 수립·집행되어야 함에도 세부 영역별로 분절화된 법체계를 형성함으로써 관련 정책들 간에 연계체계가 마련되지 않고 있다.

유통·소비·과학 영역의 경우 농수산물유통 및 가격안정에 관한 법률, 지역농산물 이용촉진 등 농산물 직거래 활성화에 관한 법률, 화훼산업 발전 및 화훼문화 진흥에 관한 법률, 종자산업법, 농업생명자원의 보존·관리 및 이용에 관한 법률, 도시농업의 육성 및 지원에 관한 법률, 농수산물 품질관리법, 농수산물의 원산지 표시에 관한 법률, 식물방역법, 그린바이오산업 육성에 관한 법률 등 20개의 법률을 통해 농수산물 유통 및 소비, 농업기술 연구개발을 규정하고 있다.

축산·동물 영역의 경우 축산법, 낙농진흥법, 가축전염병예방법, 동물보호법, 수의사법, 가축 및 축산물 이력관리에 관한 법률, 말산업 육성법 등 18개 법률을 통해 축산 및 동물 보호를 규정하고 있다.

이와 같이 여러 농산업 하위 영역들을 개별 법률을 통해 분절적으로 지원·규제함에 따라 농식품분야 정책체계의 정합성과 일관성은 다른 정책분야들에 비해 상대적으로 낮은 수준이다. 이로 인해 농식품 하위 영역 간 융합적 정책 추진과 유기적 연계가 제약됨으로써 정책의 균열이 야기되고 있다.

농식품부 부서별 소관 법률 현황(2025년 3월 기준)

부서	개수 (85)	소관 법률
기획 조정실	3	〈정책기획관 1개〉 ①농어촌구조개선 특별회계법 〈국제협력관 2개〉 ①해외농업·산림자원 개발협력법, ②식물방역법
농촌 정책국	18	〈농촌정책국 14개〉 ①농업·농촌 및 식품산업 기본법, ②농어업인 삶의 질 향상 및 농어촌지역 개발촉진에 관한 특별법, ③농어촌정비법, ④한국농어촌공사 및 농지관리기금법, ⑤농어업·농어촌특별위원회 설치 및 운영에 관한 법률, ⑥농어촌마을 주거환경 개선 및 리모델링 촉진을 위한 특별법, ⑦여성농어업인 육성법, ⑧도시와 농어촌 간의 교류촉진에 관한 법률, ⑨농업인등의 농외소득 활동 지원에 관한 법률, ⑩농촌융복합산업 육성 및 지원에 관한 법률, ⑪국립농업박물관법, ⑫지역농림어업 발전사업 협력 촉진에 관한 법률, ⑬농촌공간 재구조화 및 재생지원에 관한 법률 ⑭농촌 지역 공동체 기반 경제·사회 서비스 활성화에 관한 법률 〈동물복지환경정책관 4개〉 ①동물보호법, ②한국진도개 보호·육성법, ③수의사법, ④개식용종식특별법
농업 혁신 정책실	34	〈농식품혁신정책관 9개〉 ①농림식품과학기술 육성법, ②친환경농어업육성 및 유기식품 등의 관리·지원에 관한 법률, ③식물신품종 보호법, ④종자산업법, ⑤도시농업의 육성 및 지원에 관한 법률, ⑥농업기계화 촉진법, ⑦농약관리법, ⑧비료관리법, ⑨ 스마트농업 육성 및 지원에 관한 법률 〈농업정책관 15개〉 ①자유무역협정체결에 따른 농어업인 등의 지원에 관한 특별법, ②농지법, ③귀농어·귀촌 활성화 및 지원에 관한 법률, ④농어업경영체 육성 및 지원에 관한 법률, ⑤한국농수산대학설치법, ⑥후계농어업인 및 청년농어업인 육성·지원에 관한 법률, ⑦농업협동조합법, ⑧농업협동조합의 구조개선에 관한 법률, ⑨농어업인 부채경감에 관한 특별조치법, ⑩농림수산식품투자조합 결성 및 운용에 관한 법률, ⑪농어업재해대책법, ⑫농어업재해보험법, ⑬농어업인의 안전보험 및 안전재해예방에 관한 법률, ⑭농업·농촌공익기능 증진 직접지불제도 운영에 관한 법률, ⑮농어업고용인력 지원 특별법 〈식품산업정책관 10개〉 ①식품산업진흥법, ②김치산업 진흥법, ③전통주 등의 산업진흥에 관한 법률, ④외식산업 진흥법, ⑤한식진흥법, ⑥농업생명자원의 보존·관리 및 이용에 관한 법률, ⑦곤충산업의 육성 및 지원에 관한 법률, ⑧기능성 양잠산업 육성 및 지원에 관한 법률 ⑨그린바이오산업 육성에 관한 법률 ⑩푸드테크산업 육성에 곤한 법률('25.12월 시행)
방역 정책국	3	①가축전염병 예방법, ②동물위생시험소법, ③공중방역수의사에 관한 법률

부서	개수(85)	소관 법률
식량정책실	27	〈식량정책관 6개〉 ①양곡관리법, ②쌀 가공산업 육성 및 쌀 이용 촉진에 관한 법률, ③밀산업 육성법, ④농업생산기반시설 및 주변지역 활용에 관한 특별법, ⑤방조제 관리법, ⑥간척지의 농어업적 이용 및 관리에 관한 법률, 〈축산정책관 11개〉 ①축산법, ②전통 소싸움경기에 관한 법률, ③한국마사회법, ④말산업 육성법, ⑤가축 및 축산물 이력관리에 관한 법률, ⑥축산자조금의 조성 및 운용에 관한 법률, ⑦낙농진흥법, ⑧축산계열화사업에 관한 법률, ⑨양봉산업의 육성 및 지원에 관한 법률, ⑩초지법, ⑪사료관리법, 〈유통소비정책관 10개〉 ①한국농수산식품유통공사법, ②농수산물 유통 및 가격안정에 관한 법률, ③농수산자조금의 조성 및 운용에 관한 법률, ④지역농산물 이용촉진 등 농산물 직거래 활성화에 관한 법률, ⑤농수산물의 원산지 표시에 관한 법률, ⑥농수산물 품질관리법, ⑦식생활교육지원법, ⑧차산업 발전 및 차문화 진흥에 관한 법률, ⑨인삼산업법, ⑩화훼산업 발전 및 화훼문화 진흥에 관한 법률

농산업 연구개발 및 보급 영역의 경우 농촌진흥법, 농업과학기술정보서비스의 제공 및 이용 활성화에 관한 법률, 지역특화작목 연구개발 및 육성에 관한 법률, 치유농업 연구개발 및 육성에 관한 법률, 한국4에이치활동 지원법을 소관으로 하는 농촌진흥청이 중추적인 역할을 담당하고 있다. 다만 농촌진흥청은 농업·농촌 개발을 위한 연구개발 및 지도·보급 정책만을 수립·집행함으로써 농산업 영역 전반에 대한 정합적이고 유기적인 정책 수립이 제약되고 있다.

농촌진흥청 소관 법률 현황(2025년 3월 기준)

농촌진흥법
농업과학기술정보서비스의 제공 및 이용 활성화에 관한 법률
지역특화작목 연구개발 및 육성에 관한 법률
치유농업 연구개발 및 육성에 관한 법률
한국4에이치활동 지원법

제3장

재생농업의 비전과 전략

제1절 재생농업의 이해

1. 필요성

현재 농식품분야는 과거의 생산량 증대 중심에서 지속가능성과 다원성으로의 전환을 시도하고 있다. 그러나 현행 농정체계를 보면 여전히 생산성 중심의 관행으로 인해 근본적인 패러다임 변화가 제약되고 있다. 이로 인해 농산업 시장 활성화를 위한 대책이 부족하고, 농업·농촌의 다원적 가치에 대한 사회적 인센티브도 미약한 실정이다. 그 결과 지속가능하고 혁신적이며 다원적 농업·농촌 개발을 위한 부처 간 협력이 제한되고, 지역별·영역별·가치사슬 단계별 특성을 고려한 차별적인 농식품정책 설계가 제한되고 있다.

향후 지속가능하고 다원적인 농식품체계를 구축하기 위해서는 환경부하를 줄이는 생산방식에 대한 적극적 지원, 농업의 다원적 가치에 대한 명확한 인정과 보상, 그리고 농촌공동체의 활력 증진을 위한 포괄적인 접근이 필요하다. 또한 생산자, 소비자, 유통업자, 시민사회 등 다양한 주체들의 참여와 협력을 바탕으로 하는 유연하고 혁신적인 정책 설계가 요구된다.

즉, 농업·농촌의 지속가능성과 다원적 가치를 종합적으로 반영한 농업의 뉴노멀이라고 할 수 있는 재생농업 관점의 접근이 요구된다. 따라서 농업을 단순한 생산 산업이 아닌 복합적인 생태·사회·문화 시스템으로 전환하기 위한 정책패러다임의 전환이 필요하다. 이를 통해 농업경영인들이 각 작목·영역·지역별로 최적의 혁신기술들을 적용하여 다양한 방식의 농업을 영위하도록 유도할 수 있어야 한다. 또한 생산된 농산물에 대한 정당한 시장의 보상이 제공되도록 시스템을 정비하고, 다양한 혁신농업들에 대한 사회적 인센티브를 확대해야 한다.

무엇보다 정부주도적 정책이 아닌 소비자 선호가 다변화되는 등 다원규칙성이 강조되는 상황에서 정책 발상의 전환을 통해 농식품시장 주체들의 자율적 혁신노력들이 활성화될 수 있도록 선구적인 정책 설계가 강화되어야 한다.

2. 개요

농업과 농촌의 미래발전 모델로 재생농업(regenerative agriculture)에 대한 관심이 점차 증가하고 있다. 재생농업은 탄소중립 실현, 생물다양성 보전, 토양 건강 증진 등 다양한 측면에서 효과가 기대되며 기후변화에 적극적으로 대응할 지속가능한 농업 방식으로 주목받고 있다. 그러나 유기농업에 한정된 것이 아닌 생태농업, 유기농업, 정밀농업, 사회적 농업, 치유농업 등을 포괄하는 다면적인 개념으로 복잡한 환경, 경제, 사회적 측면을 아우르고 있다.

재생농업은 그동안 유기농업에 한정하여 좁게 정의되어 왔다. 이에 의하면 재생농업은 생물 다양성을 증가시키고, 토양을 비옥하게 하며,

각종 생태계 서비스의 질을 높이는 영농 원리들로 이루어진 영농체계이다. 토양과 지상의 생물량(biomass) 속에 탄소를 포집함으로써 재생농업은 기후변화에 대한 농업의 회복력(resilience)을 제고하고, 동시에 농업생산성을 높이며, 농촌사회에 높은 건강과 활력을 제고하는 것을 목표로 한다. 즉, 토양유기물을 증가시켜 토양 속에 탄소를 격리해 기후변화를 완화하는 데 기본 목적이 있다.

최근에는 동물복지, 농업인의 경제적 안정성 보장 등이 추가되면서 재생농업은 사회적 농업, 포용적 농업을 포괄하는 개념으로 확대되었다. 이에 국내에서도 일부 민간업체[34)]들이 2017년 이후 토양건강, 동물복지, 농업인 소득의 세 가지를 주요 기준으로 하는 재생유기농인증제도를 자체 개발 운영하는 등 시장에서 재생농업에 대한 관심이 점차 증가하고 있다.

그러나 재생농업을 이렇게 유기농업 중심으로 좁게 정의할 경우 소농 중심의 생태농업이나 최근 지속적으로 성장하고 있는 정밀농업, 치유농업 등 혁신적 농산업 영역들과 유기적인 연계가 제약될 수 있다. 정밀농업은 작물과 경작지 정보를 수집·분석하여 작물과 토양 특성에 맞는 물과 비료 등 투입자원을 최소화하여 환경오염을 줄이고, 농작물 생산량을 최대화하는 영농체계를 말한다. 그런데 비료, 농약 등의 자원 사용을 최소화하는 정밀농업 방식도 근본적으로 기후변화 대응 및 농업생상성 향상을 목표로 한다는 점에서 재생농업의 한 유형으로 구분하는 것이 바람직하다.

또한 농업, 농촌의 자원 또는 이와 관련한 활동 및 산출물을 활용한

---

34) https://korea.controlunion.com/

치유서비스를 통하여 국민의 심리적·사회적·신체적 건강을 도모하기 위한 치유농업도 재생농업을 통해 달성할 수 있는 다기화된 혁신 농산업의 유형이라고 할 수 있다. 또한 소농, 특히 제3세계 소농들에 의해 영위되는 생태농업 영역도 재생농업의 틀 내에서 유기적으로 관리될 필요가 있다.

따라서 재생농업은 유기농업뿐 아니라 정밀농업, 사회적 농업, 치유농업, 생태농업 등을 아우르는 복잡한 환경, 경제, 사회적 측면을 포괄한 다면적인 개념으로 이해할 필요가 있다. 결국 자연산업으로서 농산업의 지속가능한 혁신을 유도하고, 다기능적 농촌공동체를 발전시킬 수 있는 핵심 전략으로 재생농업의 발전에 주목해야 한다. 이를 위해 재생농업의 개념을 여러 관련 영농기법들과의 연계를 통해 체계화하고, 하위 요소들을 촘촘하게 구조화할 수 있어야 한다.

3. 최근 동향

산업 전반에 걸쳐 기후변화 대응을 위한 ESG 경영 규준이 비교적 보편적으로 적용되고 있다. 반면 농산업분야에서는 농업의 환경적, 사회적 책임 이행을 위한 방안이 재생농업, 유기농업, 생태농업, 정밀농업 등 백가쟁명식으로 논의되어 왔다. 그러나 최근 약 170개의 다국적 식품회사들로 구성된 범세계적 이니셔티브인 '지속가능한 농업 이니셔티브(SAI) 플랫폼'이 구축·운영되는 등 글로벌 시장에서 재생농업에 대한 투자와 관심이 증가하고 있다.

대표적 기업으로 미국의 의류기업 파타고니아(Patagonia)가 주로 거론된다. 파타고니아는 1996년부터 자체 생산품에 합성 살충제, 제초제 및 유전자조작종자를 사용하지 않는, 유기농 방식으로 생산한 면만 100% 사용하기로 약속했다. 또한 2017년 기후변화 해결을 표방하며 다국적 기업들과 함께 '재생유기농연대(ROA)'를 결성하고, '재생유기농인증'이라는 자체 유기농인증을 개발·운영해 왔다. 파타고니아 설립자 이본 쉬나드는 재생유기농업의 장점으로서 효율성을 강조한다.

스페인 의류기업 망고(Mango)도 재생농업 기반으로 재배한 면을 원료로 활용하기 위해 인도에서 운영 중인 영국계 기업 마테라와의 합작을 추진하고 있다.

영국에서 개업한 이후 스위스 기업에 매각된 다국적 식품기업 네슬레(Nestle)는 2022년에 '2030 네스카페 플랜'을 통해 네스카페 커피 주재료의 50% 이상을 2030년까지 재생농업으로 생산한 재료로 전환하는 계획을 발표하였다. 이를 위해 커피 생산 농가들의 재생농업 전환을 지원하기 위한 교육·기술전수·묘목 제공 사업을 전개하고 있다.

영국의 생활용품 기업 유니레버(Unilever)와 프랑스의 보험회사 악사(AXA)도 재생농업 투자를 위해 1억 유로 규모의 사모펀드를 조성했다. 이를 통해 양 기업은 토양 및 수자원 개선, 재생농법으로 재배된 농산물 시장의 확대, 재생농업 신기술 개발회사와의 합작 투자 등을 진행할 계획이다.

미국의 음료기업 펩시코와 대형 유통기업 월마트도 미국·캐나다의 재생농업을 지원하기 위해 지난 7년간 1억 2,000만 달러를 협력투자하는 등 다국적 기업 간 연합을 통한 재생농업 투자가 점차 확대되는 상황이다.

식품분야를 넘어 의류, 생활용품, 유통 등 다양한 분야의 글로벌 기업들이 주도하는 재생농업 확대 흐름이 확대되고 있어 국내 농산업도 이에 효과적으로 대응할 수 있는 전략 마련이 요구되는 상황이다.

제2절 재생농업의 비전: 모두를 위한 농업(Agriculture for All)

1. 재생농업의 세 가지 기대효과

농업·농촌이 갖는 공익적 기능들은 경제·사회 변화와 기술 발전에 따라 점차 다양화되고 있고, 그 의미도 혁신적 관점으로 점차 진화하고 있다. 농업·농촌이 갖는 전통적 의미의 공익적 기능들은 여전히 중요한 가치이지만 재생농업 관점의 혁신적 농산업 발전을 통해 미래 농업·농촌의 지속가능한 발전을 모색해야 한다.

그럼에도 농업·농촌의 다원적·공익적 기능에 대해 일반 국민들은 여전히 제한적으로 인식하고 있다. 농협경제연구소(2024)가 발표한 '농업·농촌의 공익적 가치에 대한 국민인식' 조사에 의하면 도시민의 농업·농촌에 대해 긍정적 인식(85.3%)은 부정적 인식(13.5%)보다 월등히 높게 나타났다. 농업·농촌에 대한 치유, 힐링 등의 제한적 기대가 긍정적 이미지 형성에 영향을 미치고 있기 때문이다.

혁신지향경제가 진화함에 따라 농업·농촌의 다원적 가치 및 공익적 기능들은 재생농업 관점의 농식품정책을 통해 보다 강화될 수 있다. 재생농업은 현재 다양한 관점에서 논의되고 있다. 그러나 농산업 및 농촌의 미래 전략방향으로 재생농업의 위상은 보다 공고해질 것으로 예상된다. 따라서 관련 정책들을 유기적으로 통합함으로써 국가 차원에서 재생농업 육성전략을 본격적으로 구축할 필요가 있다. 지속가능농업으로서 재생농업은 3대 가치축에 있어 다음과 같은 효과가 기대된다.

1) 환경적 지속가능성

농업·농촌의 환경적 가치에 대해 「농업·농촌 및 식품산업 기본법」이 제시하는 공익적 기능으로 우선 자연생태계 보전 기능이 있다. 정부는 농촌의 자연환경을 보전하고, 농촌 경관 및 농업 생태계 보전 등에 필요한 정책을 추진하고 있다(제44조). 다음 지구온난화 방지 등 탄소중립 기능이 있다. 정부는 농업·농촌이 지구온난화 방지 및 기후변화 완화 등에 기여할 수 있도록 탄소중립정책을 추진하며, 농작물 및 산림자원의 바이오에너지 활용을 위한 정책을 추진한다(제47조). 또한 지구온난화 등 기후변화가 농업·농촌에 미치는 영향과 기후변화에 따른 취약성을 5년마다 조사·평가하여 정책수립의 기초자료로 활용한다(제47조의2).

이러한 농업·농촌의 기후변화 대응 및 탄소 흡수기능은 재생농업을 통해 보다 강화될 수 있다. 재생농업은 토양 건강을 증진하여 토양의 탄소 저장량을 확대함으로써 대기 중 이산화탄소를 줄여 기후변화 완화에 중요한 역할을 할 수 있다. 관행농업에 비해 유기농업, 정밀농업 등 재생농업을 통한 토양의 탄소 포집 잠재력을 높일 수 있다. 가령 피복 작물 사용 등 재생농업이 탄소 배출 감소에 효과적이라는 연구 결과도 발표되고 있다(AI넷, 2024년).

또한 재생농업은 토양 건강 및 생물 다양성 증진에 기여할 수 있다. 화학비료 및 농약 사용을 줄이고 유기물 함량을 높여 토양 비옥도를 향상시키고 미생물 다양성을 증대시킬 수 있기에 이는 장기적인 농업 생산성 확보에도 중요하다. 이를 통해 토양 유실 방지 및 수질 개선에도 긍정적인 영향을 미칠 수 있다. 따라서 농업·농촌의 탄소중립 기능을 활성화하기 위해 재생농업 관점에서 다양한 정책 설계가 요구된다.

2) 사회적 지속가능성

농업·농촌의 사회적 영향과 관련하여 「기본법」이 제시하는 핵심 기능은 전통 유지기능으로, 이는 전통 농경문화가 갖는 민속학적 의의와 포용적 사회공동체 유지 기능을 의미한다. 이에 정부는 전통 농경문화, 농경유물, 전통 농법, 재래종의 가축·농작물 및 농촌 공동체를 유지·계승에 노력하고 있다. 이를 위해 농업 박물관·관람 시설물 등의 전시, 교육, 홍보 등에 필요한 정책을 추진한다(「기본법」 제45조).

그러나 농업·농촌의 사회적 가치를 전통유지기능에 한정하는 것은 협소한 접근이다. 우선 농경문화가 갖는 민속학적 의미도 확장적으로 접근해야 한다. 정보통신기술의 발전으로 소셜미디어가 확산되고, 휘발성 높은 대중문화가 빠르게 전파되는 상황에서 전통 농경문화가 사회공동체에 대해 갖는 의미는 심미적, 정서적 가치를 넘어 건강한 사회생태계 형성에 필요한 포용적 가치를 포괄한다.

문화는 예술과 콘텐츠뿐 아니라 관광, 체육, 종교 등 인간생활의 모든 산품(産品)을 토양 삼아 발전하며, 이러한 제반 문화 영역들은 여가(leisure) 서비스를 비료 삼아 협력적으로 공진화한다. 따라서 민속학적 측면에서 전통 농경문화를 유지·보전하는 것을 넘어 이를 토대로 사회공동체의 문화를 포용적으로 계승·발전시키는 것이 중요하다. 이는 단순히 농촌의 사회·경제적 개발을 통한 귀촌인구 혹은 농촌 생활인구의 확대 등 지역소멸에 대응하는 차원을 넘어 도시와 농촌의 협력적 발전에도 기여할 수 있기 때문이다.

이에 농업 박물관도 단지 농경유물, 전통 농법, 재래종의 가축·농작물의 유지·계승에 머물러서는 안 되며, 첨단 농자재와 고도화된 농법, 개량종의 가축·농작물 등 현대 농업·농촌에 대한 관람·체험 기회를 강화해야 한다.

이러한 관점에서 재생농업은 농업·농촌의 사회적 가치를 다양화함으로써 농산업의 지속가능성을 혁신적으로 제고할 수 있다. 사회적 지속가능성은 포용성과 공존을 주축으로 일정 수준의 사회적 자본이 축적된 상황에서 사회혁신, 디지털전환, 플랫폼경제, 초연결 등의 기술 발전을 토대로 확대될 수 있기 때문이다. 이는 비단 사회적 농업, 치유농업, 도시농업에 국한된 것이 아니며 정밀농업, 유기농업, 생태농업 등 다른 차원에서 촉발된 혁신적 영농방식들도 농업·농촌의 사회적 가치를 다양화하는 데 기여할 수 있다.

3) 경제적 지속가능성

농업·농촌의 발전은 결국 경제적 지속가능성을 통해 뒷받침되어야 한다. ESG의 G(거버넌스)가 표방하는 가치도 궁극적으로 주주 혹은 이해관계자들의 재무적 수익이라는 점에서 경제성 기반의 세 번째 가치축을 통해 궁극적으로 농업·농촌의 지속가능한 발전이 보장될 수 있다.

이러한 관점에서 재생농업은 영세 농가들의 소득 증대는 물론 여러 농업법인들의 경제적 기회를 증대시킬 수 있다. 이에 따라 재생농업으로의 전환을 위해 탄소시장과 연계하여 농업인들에게 경제적 인센티브를 제공하는 모델이 도입되어야 한다. 또한 재생농업의 사회적 가치를 측정하여 시장적 인센티브를 제공하기 위한 노력도 추진되어야 한다. 이를 통해 재생농업이 농업경영체들의 경영성과로 이어지도록 다양한 시장을 형성하기 위한 정책 지원이 요구된다.

특히 유기농업과의 연계에 있어 경제적 성과를 고려한 시스템 설계가 필요하다. 재생농업은 기본적으로 유기농업을 핵심 경로로 발전하고 있으며, 이에 국제유기농업운동연맹(IFOAM)은 유기농업이 가장 신뢰할 수 있는 재생농업 모델임을 강조하고 있다. 관건은 유기농업의 경제적 효용을 강화하는 것이다. 이를 통해 토양 건강을 증진하여 작물의 회복력을 높이고, 기후변화로 인한 생산량 감소에 대응할 수 있는 재생유기농업이 성장할 수 있기 때문이다.

다만 재생농업은 농촌의 자연환경 및 경관 보전, 농업생태계 보전에만 한정되지 않는다. 오히려 농촌의 생태친화적 환경, 자연경관 등을 활용한 치유농업, 체험농장, 여가농업 등 농업의 6차 산업화를 확산할 수 있어야 한다. 이외에도 재무적 지속가능성 관점에서 다양한 혁신기술들이 접목된 재생농업의 하위 영역들이 발전함으로써 농업·농촌의 지속가능성을 제고하고, 지역사회 발전에도 기여할 수 있다.

농협경제연구소(2024) 조사에 의하면 현행 농업·농촌의 공익적 가치를 정기 구독할 경우 국민들은 매월 6,659~6,945원을 지불할 의향이 있어 전 국민이 유료 구독할 경우 농업·농촌의 공익적 가치 연간 구독료가 4조 원에 이르는 것으로 조사되었다. 이에 재생농업이 활성화된다면 농업·농촌의 경제적 가치는 획기적으로 증가할 것으로 예상할 수 있다. 따라서 재생농업시장 자체를 활성화하는 것은 물론 농업·농촌의 환경적 가치와 사회적 가치에 대한 시장 거래를 강화할 필요가 있다.

2. 재생농업 관점에서 농식품정책의 목표

국내 농업·농촌이 처한 현실을 고려할 때 재생농업 관점에서 바라본 농식품정책의 주요 전략목표로 식량주권 확보, 농업인·농업법인 등 농업경영체 경영안정 강화, 미래성장산업으로서 농산업 육성, 농촌공간

개혁 및 농촌지원 강화를 들 수 있다.

첫째, 식량주권 강화를 위해 쌀 산업 구조개혁, 식량 자급률 제고 등을 통한 식량안보 체계 구축, 농업수리시설 등 농업생산기반 관리 강화, 전략적 국제협력을 통한 농업분야의 글로벌 경쟁력 강화가 요구된다.

둘째, 농업경영체 경영안정 강화를 위해 농가 수입변동성 개선, 공익직불제 확충, 농업재해지원 강화 등 소득·경영 안전망 구축, 농업경영체 경영혁신 지원이 요구된다. 또한 데이터기반 농축산물의 과학적 수급관리와 농축산물 유통 효율화를 통해 농업인 소득 및 소비자 편익 제고가 요구된다. 가축전염병 예방 및 피해 최소화를 위해 가축전염병에 방역체계를 고도화해야 한다.

셋째, 농업의 미래 성장산업화를 위해 스마트 온실·축사, 수직농장 등 농업의 디지털 전환 및 농업기술 연구개발체계 혁신, 영농기술·자금·농지 등 청년층 농산업 창업 지원 확대 및 청년 농업인 육성, 친환경·저탄소 영농 등 환경친화적 농축산업 육성이 요구된다.

넷째, 식품산업 발전을 위해 푸드테크·그린바이오 등을 활용한 식품산업 육성 및 농식품 전후방산업의 수출 확대, 농축산물 품질·안전관리 강화를 통한 안전하고 건강한 먹거리 선순환 체계 구축이 요구된다.

다섯째, 농촌공간 개혁 및 농촌지원 강화를 위해 정주여건 개선 등 농촌공간의 재구조화 및 재생 지원, 농촌 사회서비스 확대를 통한 농촌주민의 복지 증진, 농촌관광 등 농촌융복합산 육성 및 농촌 경제 다각화를 통한 농촌경제 활성화가 요구된다.

여섯째, 축산 및 동물복지 증진을 위해 선진국 수준의 동물복지체계 구축을 위한 제도 및 인프라 정비, 펫푸드, 동물의료 등 축산여가산업 육성이 요구된다.

3. 재생농업의 발전과제

재생농업이 다양한 영농형태 전부를 대체하는 것은 아니다. 초점은 농산업을 혁신적 부가가치가 창출되는 미래산업으로 발전시키기 위한 포용적 기제로 작동하는 데 있다. 따라서 농산업·농촌의 지속가능한 성장을 위해 각 영역별 농식품정책을 추진하는 과정에서 재생농업 관점을 확대 적용해야 할 시점이다. 또한 농식품정책에 대한 관점의 확장과 전환을 넘어 사업 구상에 있어 정교한 접근이 요구된다. 이를 위해 파편화된 법률체계를 정비하고, 농산업의 체계적 육성을 위한 통합적 정부조직체계 설계가 필요할 것이다.

구체적으로 재생농업 육성을 위해 해결해야 할 정책과제들이 산재해 있다. 첫째, 측정의 어려움 및 비용 문제를 극복해야 한다. 토양에 포집된 탄소량을 정확하게 측정하는 것이 어렵고, 측정 비용이 과다할 수 있다. 따라서 자발적 탄소시장의 투명성과 인증서 품질에 대한 신뢰성을 제고할 수 있도록 탄소 포집량 측정 등 지속적인 농업연구개발 투자가 필요하다.

둘째, 높은 전환 비용 및 단기적 수확량 손실에 대처할 수 있는 합리적 해법을 모색해야 한다. 재생농업은 지역별 및 작목별 특성, 각 농업경영체의 여건 등에 따라 다양한 전략이 적용될 수 있는 다차원적 개념이다. 개별 농업경영체들이 자신의 여건에 맞는 재생농업으로 효과적으로 전환할 수 있도록 기자재 구입이나 초기 투자비용에 대한 지원이 요구되며, 단기적으로는 수확량 감소가 발생할 수 있기에 농가 소득 안정망을 마련할 수 있어야 한다.

셋째, 재생농업의 탄소 저장능력이나 기후변화 대응 효과를 정확히

평가해야 한다. 이미 많은 탄소를 저장하고 있는 초지의 경우, 추가적인 탄소 저장량 증가가 어려울 수 있다. 또한 자연림 조성은 수백 년의 시간이 걸리며 막대한 경제적, 환경적 자원이 투입되어야 하므로, 기존 천연림 보존에 더 집중하는 것이 바람직할 수 있다.

넷째, 농업정책과의 연계 및 제도적 정합성을 제고해야 한다. 기후변화 시대 식량안보를 위한 농업생산기반 정비가 요구되는데, 재생농업이 이에 대한 효과적인 해법이 될 수 있도록 발전시켜 나가야 한다. 구체적으로 농가 참여를 유도하기 위한 효율적인 인센티브 시스템을 구축해야 하고, 농지 보전과 활용 사이의 균형을 고려한 이용규제 완화 등의 정책과제들도 해결되어야 한다.

다섯째, 그린워싱에 악용되지 않도록 명확한 기준 수립과 체계적 관리·운영이 요구된다. '재생'이라는 용어가 무분별하게 사용되어 기업들의 녹색위선(green-washing)에 악용될 수 있다는 경계의 목소리도 제기되기 때문이다.

4. 재생농업 관점의 농식품 국제협력

재생농업의 성장은 지구적 차원에서의 농업·농촌 발전 및 위기 극복에도 기여할 수 있다. 농식품분야 저개발국 혹은 개발도상국들의 경우 농촌빈곤 극복은 물론 기후환경변화에 따른 영농기법 고도화 및 식량안보 확보가 중대한 국가발전목표가 되고 있다. 이에 재생농업 기반의 혁신정책들은 글로벌 농식품 위기가 심화되는 상황에서 농업·농촌의 구조적 취약성을 지닌 저개발국들의 농업·농촌 발전에 기여할 수 있다. 또한 한반도의 안정적 관리와 평화적인 교류협력 기반 조성을 위한 지속가능한 농식품분야 남북교류협력을 촉진할 수 있다.

기술 발전으로 인해 국가 간 상호의존성은 꾸준히 증가하고 있고, 코로나19 팬데믹 종식 이후 경제·사회 교류도 점차 회복되고 있다. 하지만 다른 한편으로 외교·군사, 산업·무역에 있어 자국 이익 중심의 보호주의가 확대되는 모순적 상황이 확대되고 있다. 이에 농식품분야 국제협력도 단기적으로는 글로벌 외교·안보, 무역 상황에 따라 부문별 혹은 영역별로 일시적 충격을 받을 수도 있다.

그러나 자국의 식량안보 확보, 글로벌 기후·농업 위기 공동 대응 등을 목표로 장기적으로 농식품분야 국제교류협력 및 남북협력은 지속해서 증가할 것으로 예상된다. 이 과정에서 재생농업은 미래 농식품교류에 있어 핵심적 이정표가 될 수 있다.

특히 농업 선진국 중심의 기후변화대응 스마트농업(climate smart agriculture)을 넘어 최근 농업 개도국을 대상으로 하는 취약농가대응 스마트농업(Vulnerable Smart Agriculture)[35]이 확산되고 있음을 고려할 때 개도국들의 실정에 맞는 농업개발정책을 설계한다면 재생농업전략은 글로벌 농식품 위기 극복에도 효과적으로 기여할 수 있다.

1) 농식품분야 통상 및 해외투자

농식품분야 통상 및 해외투자의 경우 농업·농촌 및 식품산업의 피해를 최소화하기 위해 식량안보, 미래 농산업 육성, 지속가능한 농촌 개발 등 농산업·농촌분야의 특수성을 고려한 정교한 정책 수립이 요구된다.

---

35) Sauk-Hee Park. 2024. Four Tales of International Development Cooperation toward Vulnerable-Smart Agriculture. *Journal of Korean Society for International Agriculture (JKSIA)*, 36(2): 121~130.

이를 위해 정부는 국익을 토대로 농식품산업에 대한 종합적 통상정책을 수립하며, 주요 통상여건의 변화에 따라 농업·농촌의 공익기능을 유지하기 위한 보완대책을 수립·시행한다(「기본법」 제13조 및 제56조). 특히 농산물 및 식품 수입의 경우 국내 농업·농촌 및 식품산업에 미치는 영향을 최소화하도록 농산물 및 식품 수입의 제한 등 수입관리 대책을 추진한다(제60조).

한편 농산업 부문의 해외투자와 수출을 강화하기 위해 정부는 해외투자에 관한 조사·연구를 포함하여 농업경영체 등의 해외투자를 지원하기 위한 정책을 시행하고 있다(제58조). 특히 농업 해외투자는 글로벌 식량기지 확보 차원에서 최근 정책적 관심이 높다는 점에서 기업 이익목표와 국가 식량안보 목표를 조화시키기 위한 방안들을 추진하고 있다. 이와 함께 농산물 및 식품의 수출 진흥, 전통 식생활 문화 전파를 위해 해외시장 개척, 무역정보 수집·제공 등의 정책도 시행하고 있다(제59조).

2) 농식품분야 국제협력

농식품분야 국제협력의 경우 상호주의와 국민경제의 발전 수준에 맞게 사업을 추진해야 한다(제13조). 이에 따라 정부는 농업·농촌분야의 국제협력 증진을 위해 농업·농촌 및 식품산업 정책에 관한 정보의 교류, 인력·기술 교류, 농업 관련 국제기구 참여 등에 필요한 정책을 추진하고 있다. 또한 수입 의존도가 높은 식량, 식품과 사료 원료에 대한 안정적인 공급기반을 확대하기 위한 국제협력을 강화하고, 세계의 농업·농촌이 균형적으로 발전할 수 있도록 개발도상국 농업·농촌 및 식품산업의 발전에 필요한 국제개발협력을 확대하고 있다(제57조).

3) 농식품분야 남북교류협력

통일을 대비한 한반도의 안정적 관리를 위해 농식품분야 남북교류협력도 지속적으로 관리되어야 한다. 다만 북한의 농업·농촌 발전에 있어서도 전통적인 재배농업 중심의 교류·협력으로는 한계가 있다. 한반도 농업의 지속가능한 발전을 위해 재생농업 관점에서 북한과의 농업분야 교류협력 전략을 강화할 필요가 있다.

이를 위해 정부는 남북 간 농산물과 식품의 거래를 활성화하고, 통일을 대비한 농식품정책을 수립해야 한다(제12조). 구체적으로 정부는 통일에 대비하여 북한의 농업생산체제, 농지제도, 농산물유통제도, 농업생산기반, 농업 과학기술, 농업 경영지도, 농업인 교육 등을 조사·연구하고, 남북한의 농산업·농촌의 보완적인 발전 방안을 마련해야 한다(제55조). 이 과정에서 지속가능한 재생농업 관점에서 북한 농업·농촌 개발 전략이 단계적으로 보완되어야 할 것이다.

국가지식포털 '북한지역정보넷'이 제공하는 북한 기업소 현황을 보면 전체 조사대상 1,766개 기업소 중 농축수산업에 895개로 가장 많지만 대부분 소규모 저수지 운영·관리에 집중하고 있다.[36] 더욱이 북한의 농업기술 수준은 매우 열악한 상황이기에 관행농업을 넘어선 재생농업 관점의 교류협력은 당장은 매우 제한적일 수밖에 없다. 하지만 궁극적으로 재생농업 관점에서 북한 농업의 지속가능한 개발을 위해 농식품분야 남북교류협력도 점차 확대되어야 할 것이다.

---

36) 박석희·조강주·장익현·전인석(2018). 한반도 통일 이후 북한 국영기업의 개혁 전략. 「한국사회와 행정연구」, 28(4), pp.210~211.

제3절 농식품정책의 삼각 전략

1. 경제적 접근

재생농업 기반 농식품정책의 효과성을 제고하기 위해서는 무엇보다 경제적 접근(economic approach)을 통해 재생농업의 혁신성과 생산성을 높일 수 있는 제도와 인프라를 구축해야 한다. 탄소중립을 포함한 지속가능한 농업은 비효율적이고 불편하다는 인식을 불식하기 위해 탄소중립적이고 사회지향적 재생농업의 비용은 낮추고, 이에 따른 편익은 극대화할 수 있는 경제적 접근이 필요한 것이다.

이를 위해 재생농업 발전 과정에서 궁극적 목표는 농업경영체 및 관련 경제주체들의 효용을 제고하는 데 두어야 하고, 온실가스 감축, 취약계층 보호 등 다양한 환경·사회적 가치들이 이를 선도하는 병행적 접근이 요구된다. 결국 재생농업이 지향하는 여러 환경·사회적 가치들이 시장논리에 따라 자연스럽게 추구될 수 있는 경제구조를 구축하는 것이 관건이다. 경제적 관점에서 재생농업은 농업생산성 향상, 비용 절감, 무엇보다 새로운 시장 창출을 통한 소득 증대에 초점이 있기 때문이다.

농업경영체를 포함한 시장의 유인체계를 왜곡하지 않으면서 재생농업의 가치를 높이는 최우선 전략은 친환경 농식품 등 새로운 시장과 가치를 창출하는 것이다. 우선 환경 보호 및 건강에 대한 인식이 높아짐에 따라 유기농·친환경뿐 아닌 저농약·저비료, 사회적 농장 인증 등 다양한 환경·사회적 가치를 담은 차별화된 농식품 시장이 형성될 수 있어야 한다.

이에 따라 재생농업에 대한 연구개발을 시작으로 해당 농식품의 적정 공급체계와 효율적 유통구조 구축, 소비자 보호체계 등 다양한 정책 지원이 요구된다. 또한 생태관광 및 치유여가 서비스 개발 등 새로운 수익 모델을 창출할 수도 있다. 재생농업은 다양한 농업·생태 자원을 직접 체험할 수 있는 농촌공간을 제공하기 때문이다.

경제적 접근의 두 번째 방법은 재생농업 영농 자체의 효율성 및 생산성을 증대하는 것이다. 우선 토양 건강 개선이다. 유기물 함량 증대, 미생물 다양성 확보 등 토양 비옥도를 높여 안정적인 수확량을 확보하고, 장기적으로 작물 스트레스 저항력 및 영양 밀도를 개선하여 품질을 향상할 수 있다. 물 사용 효율성 증대도 대안이다. 토양의 보수력을 높여 관개용수 사용을 줄이고 가뭄에 대한 회복력을 강화함으로써 물 부족 상황에서도 효율적 영농이 가능하다. 퇴비, 피복작물 등을 활용한 자원 순환과 결부하여 화학 비료, 농약, 제초제 등 적정 수준의 농자재 사용을 통해 영농비용을 절감할 수도 있을 것이다.

세 번째 방법은 종전에 구축·운영되는 정책시장에 승차하는 것이다. 대표적으로 탄소 크레딧 시장을 들 수 있다. 아직 기술력이 충분히 축적되지는 않았지만 탄소 크레딧 시장과 연계하여 재생농업을 통한 탄소 격리량을 측정·판매한다면 추가적 수입원이 마련될 수 있다. 또한 제5장에서 설명하는 공익직불제 운영에 있어 친환경직불을 다양한 방식의 재생직불로 확대할 필요가 있다. 농업 시스템의 대응력 강화를 통한 극단적 기상 현상에 대한 생태계 회복력 향상은 중요한 농업의 공익적 기능이기에 이에 대한 정부의 직접지불금을 확대할 필요가 있다.

2. 사회적 접근

재생농업에 대한 사회적 접근(social approach)은 농산업·농촌의 사회적 영향을 강화하고, 다원적 가치 확산을 위한 공동체적이고 사회윤리적인 접근을 의미한다. 견고한 민주주의 회복력, 자발적 사회적 거리두기 실천을 통한 신속한 코로나19 팬데믹 극복, IMF국난 극복을 위한 금모으기 운동 등에서 나타난 공동체 가치 실현을 위한 한국의 사회자본 축적은 세계가 주목할 정도로 높은 수준이다.

재생농업의 사회적 확산을 위해서는 근본적으로 다양성, 포용성, 혁신성의 가치를 주축으로 공동체 내에 지속가능한 사회적 자본이 충분히 축적되어 있어야 한다. 이를 토대로 재생농업에 대한 공동체의 수용성이 점진적으로 확산되고, 재생농업이 창출하는 다양한 사회적 영향이 공동체 내에 쉽게 체화될 수 있다. 특히 생태환경, 문화여가 등 타 분야들과의 유기적 연계를 통해 사회 전반에 걸쳐 재생농업에 대한 공동체적 가치를 제고하고 사회규범을 확산시킬 수 있어야 한다.

재생농업의 사회적 영향은 다양하지만 대표적으로 농촌활력 제고 및 경제·사회 개발을 통한 도농의 균형발전을 들 수 있다. 재생농업은 관행농업에 비해 퇴비 생산, 토양 관리, 생태 관광 등 여러 영역에서 혁신형 일자리를 창출할 수 있다. 또한 청장년 세대의 농업 참여를 유도하여 생활인구 확대 등 농촌활력을 증진하며, 다양한 사회서비스 개발을 통한 농촌의 경제·사회 개발을 촉진할 수 있다. 이러한 성과들은 궁극적으로 도농 상생에도 기여할 수 있다.

재생농업이 갖는 사회적 영향의 두 번째 범주는 소통을 통한 세대 간 및 분야 간 공존과 협력이라는 사회자본 축적에 기여하는 것이다.

즉, 전통과 미래 간 협력을 통한 세대 간 지식 전승과 소통에 기여할 수 있다. 또한 전통적 농업 지식과 첨단과학 접근을 결합하여 농업기술을 발전시키고, 공동체 내에서 지식 공유와 협력을 촉진한다. 이러한 소통은 장기적으로 농산업·농촌 분야를 넘어 사회 전반에 걸쳐 세대 간 및 분야 간 소통 내실화를 위한 사회자본 형성을 촉진할 수 있다.

세 번째 사회적 영향은 환경생태에 대한 인식 개선을 들 수 있다. 재생농업 농장은 소비자들이 농업과 환경을 직접 체험할 수 있는 교육의 장으로 소비자의 인식 전환을 유도한다. 또한 물 순환, 탄소 격리, 생물다양성 보존 등 농업을 통한 다양한 생태계 서비스에 대한 인식을 확산시킨다.

이러한 사회·환경적 가치를 고려할 때 재생농업에 대한 정부 정책 지원을 강화하고, 사회적 인식 확산을 위한 인프라와 인센티브를 확충해야 할 것이다.

3. 선구적 접근[37)]

삼각 전략의 세 번째는 선구적 접근(heuristic approach)으로 이는 특히 환경적 지속가능성 확보를 위해 필요하다. 즉, 재생농업의 다양한 실현방안들을 수용하여 정책에 반영할 수 있어야 한다. 이에 따라 '모두를 위한 농산업(Agriculture for All)'을 기치로 지속가능성 확보를 위한 재생농업 실현방법을 다양하게 인정하여 자율실천부문 지원을

37) 휴리스틱(heuristic)의 사전적 의미는 제한된 시간이나 정보 속에서 불완전하지만, 경험이나 직관에 기반하여 문제를 해결하거나 의사결정을 내리는 방법 또는 사고방식을 의미한다. 발견법, 어림짐작, 주먹구구식 접근 등으로 번역되기도 하는데, 공통적인 개념은 발상의 전환에 있다는 점에서 여기서는 '선구적 접근'으로 번역한다.

강화할 필요가 있다.

횡적으로는 재생농업의 범위를 정밀농업, 생태농업, 유기농업, 사회적 농업, 치유농업 등을 포괄하는 다면적 개념으로 확장해야 한다. 또한 종적으로는 재생농업이 연구개발, 재배·생산, 유통, 소비의 농업 가치사슬 전 단계에 걸쳐 편익과 효용을 향상시킬 수 있어야 한다. 요컨대 농식품정책을 바라보는 기존 발상과 상식을 뛰어넘어 다양한 표준이 공존하는 선구적 접근이 요구된다.

이를 위해 다양한 기술 및 시스템 실험이 허용되어야 한다. 특정 지역이나 조건에 맞는 재생농업 방식을 찾기 위해 다양한 피복작물 조합, 윤작 방식, 퇴비화 기술, 가축 통합 방식 등을 시도하고, 모니터링 및 데이터 수집을 통해 그 결과를 면밀히 분석할 수 있어야 한다.

네트워크 구축을 통한 협력적 지식 창출 및 공유도 필요하다. 재생농업을 실천하는 농업경영인들 간 네트워크를 통해 경험과 지식을 공유하고, 지역 특성에 맞는 해결책을 함께 모색해야 한다. 이 과정에서 실질적인 지원을 위해 연구기관, 정부와 긴밀한 협력체계를 구축할 수 있어야 한다. 이를 위해 종국적으로 개방형 혁신 플랫폼을 구축하는 것이 필요하다.

선구적 접근을 위한 두 번째 방식은 적응형 관리 및 유연성을 제고하는 것이다. 우선 현장 상황, 기후변화, 시장 동향 등에 따라 유연하게 전략을 수정하고 조정하는 유연시스템이 요구된다. 또한 재생농업은 다양한 변수와 불확실성을 내포하고 있으므로, 이에 대한 유연한 대처 능력과 위기관리체계가 필요하다. 이는 궁극적으로 공진화를 중심으로 하는 복잡계적 사고를 요구한다. 즉, 재생농업 시스템을 단순히 개별 요소의 합이 아닌, 토양-작물-가축-인간이 상호작용하는 복잡한 생태계로 이해하고 접근하는 것이다.

4. 재생농업을 위한 농정체계 혁신방안

1) 농정체계 혁신 필요성

농업·농촌의 발전을 위한 핵심전략으로 법정책적으로 농산업 개념을 정립하고, 신성장산업으로서 농산업을 적극 육성해야 한다. 신석기 혁명부터 1차 산업혁명까지 인류는 농업 발전을 통해 인구의 급격한 증가에 따른 생존 및 식량 부족의 문제를 효과적으로 해결해 왔다. 즉, 삽과 쟁기 같은 농기구는 물론, 화학비료, 트랙터로 대표되는 농기계, 초정밀 품종 개량 등 인류 역상의 주요 시기마다 최고의 기술과 시스템이 농업을 위해 발명되거나 농업에 적극 활용되었다.

현재에도 농업은 첨단혁신산업으로 발전하고 있다. 노동집약적인 전통적 재배농업을 넘어 첨단기술을 접목함으로써 농산업은 미래산업 동력으로서 지속가능한 발전이 기대된다. 즉, 정밀농업, 스마트농업, 디지털농업 등 4차 산업혁명 기술(ICBAM: IoT, Cloud, Big data, AI, Mobile)이 접목된 디지털화를 통해 농업은 첨단산업으로 도약되고 있다. 또한 여가·치유·생태 등 혁신적 사회서비스 기술을 도입함으로써 농업은 혁신산업으로 외연을 확장하고 있다.

이처럼 신기술을 기반으로 하는 농산업 발전을 위해 '농산업청(Rural and Agricultural Service, RAS)' 신설을 중심으로 하는 농정체계 혁신이 신속하게 추진되어야 한다. 또한 여러 농산업 관련 기관들을 신설 농산업청 산하에 통합하여 전통농업과 혁신적 농산업 발전을 위해 유관 기관들이 유기적으로 사업을 추진할 수 있는 정책체계를 구축해야 한다.

이를 통해 농산업을 자연산업이자 미래산업으로 육성하기 위해 재생농업 패러다임 기반의 농식품정책을 강화할 수 있어야 한다. 이 경우 농림축산식품부는 식량정책, 농식품 유통·소비, 동식물 방역·검역, 축산·동물복지 등의 업무를 주관하고, 또한 농촌개발 및 농촌 서비스를 통한 농촌공동체의 다원적 역할 확대에 집중할 수 있을 것이다.

2) 주요 기능 및 조직 구성

농산업청의 주요기능은 첫째, 농산업 연구개발 기능이다. 기존 농촌진흥청이 수행하던 농업과학연구사업은 물론 작목별 식량과학연구사업, 축산과학연구사업, 원예특작연구사업에서도 재생농업 패러다임의 기술개발 및 연구지원을 확대할 필요가 있다. 토양 건강관리, 물 절약기술, 생물적 방제, 자원순환 기술은 물론 농업 빅데이터 및 AI를 활용한 정밀농업, 치유농업, 사회적 농업 등 재생농업 전반에 대한 현장 중심의 연구 개발 및 보급이 확대되어야 한다.

둘째, 농업기술 보급 및 실용화 기능을 강화해야 한다. 현재 농업기술진흥원이 수행하는 기능은 유지하면서, 농업연구개발 성과 기반의 농축산물 품질관리사업체계를 구축해야 한다. 또한 대표적인 농업 후방산업인 종자산업과 전방산업인 식품산업에 대한 지원·관리체계를 강화해야 한다. 이를 통해 전통 재배농업의 생산성을 제고하면서 동시에 농업의 고부가가치화를 촉진해야 한다.

셋째, 농산업 연구개발, 보급 및 실용화를 기반으로 여러 관련사업들에 대한 유기적 연계체계를 구축해야 한다. 우선 농산업인력개발의 통합시행체계를 구축해야 한다. 이를 통해 재생농업 기반의 농산업 전문가 양성, 농업인 및 예비농업인 대상 재생농업 교육을 유기적으로 추진해야 한다. 또한 농산업 국제협력을 강화해야 한다. 글로벌 선도국가 및 국제기구와의 기술 및 정책 교류, 개발협력을 포함한 다양한 해외 농업개발 사업을 통한 글로벌 재생농업 확산에 기여해야 한다. 농업기술 기획·평가기능도 강화해야 한다. 초연결 시대에 개발기능과 평가기능 통합의 시너지가 더욱 기대되기에 평가와 모니터링을 통한 연구개발 고도화가 요구된다.

총괄기능으로 재생농업 관련 국가 중장기 로드맵 수립, 핵심정책 개발, 관련 법규 및 제도 개선을 위한 업무 재배치 등이 요구된다. 특히 재생농업 기반 농산업 발전을 위해 다양한 재정사업을 확대해야 한다. 재생농업 전환을 위한 투·융자 지원 및 사업개발, 관련 인증제도 및 보조금 지원, 맞춤형 인센티브 운영 등 공백 영역에 대한 재정지원을 통해 실질적인 농산업 지원체계를 구축할 필요가 있다.

농산업청 설립 방안

농산업청의 조직 편제는 다음과 같이 구상할 수 있다. 기획조정실은 재생농업 정책 기획, 예산, 법규, 대외협력을 한다. 기술혁신국은 재생농업 기반 첨단 농산업기술 개발 정책을 담당하되 구체적 연구개발기능은 현행 농촌진흥청 체계대로 4개 소속기관으로 편제한다. 농업기술협력국은 기존 농촌진흥청의 농업기술 보급사업을 승계하되, 농업기술 실용화, 농산업 인력 양성, 농산업 국제협력기능을 담당할 산하기관들을 신설하거나 통합한다. 무엇보다 신설된 농산업정책실이 첨단 농산업 육성, 다양한 농산업 서비스 개발 지원, 종자·비료·농약·농기계 개발·유통 지원, 농축산물 품질관리 기능을 담당한다. 이와 함께 농산업정책실 소속으로 식품정책심의관을 설치하여 식품 개발 농산물 브랜드화, 유통 혁신, 소비자 인식 개선 및 홍보 등의 기능을 담당한다.

제2부

재생농업 관점의 농식품정책

제4장
재생농업의 공간적 확장
: 농촌개발과 농지

제1절 재생농업의 기반으로서 농촌지역 개발

재생농업은 토양 건강 증진, 생물 다양성 보존, 탄소 격리 등 환경적 지속가능성을 넘어 경제적, 사회적 지속가능성을 아우르는 포괄적인 접근 방식이다. 전통농업, 관행농업뿐 아니라 재생농업의 공간적 기초는 농촌이며, 농촌지역의 지속가능한 개발, 농지의 체계적 관리와 보전은 재생농업의 시작이라고 할 수 있다. 따라서 지속가능성을 강조하는 재생농업 활성화를 위한 농촌 개발은 경제적 관점, 사회적 관점, 선구적 관점의 세 가지 축에서 균형적으로 추진되어야 한다.

우선 농촌지역의 경제적 지속가능성을 강화해야 한다. 이를 위해 기초작물을 넘어 친환경 농산물, 기능성 식품소재 등 고부가가치 농산물 생산을 확대하고, 이를 활용한 가공식품 개발을 통해 농가 소득을 증대해야 한다. 산지와 소비지를 직접 연결하는 직거래 활성화 및 로컬푸드 시스템 구축을 활성화하여 농축산물 유통과정을 효율화할 수 있어야 한다.

다만 농축산물 도매시장 등 기존 유통체계를 고도화하는 노력도 지속되어야 할 것이다. 농촌의 자연경관, 농업유산, 농업 체험 등을 활용한 관광 상품 개발, 치유농장 확대, 농가 외식업 등 다양한 농촌융복합산업을 개발·확대하여 지역 경제를 활성화해야 한다. 청년들이 농업·농촌에 유입될 수 있도록 교육, 창업 지원, 주거환경 개선 등 다각적인 지원을 통한 농촌의 활력을 증진할 수 있어야 한다.

다음 농촌의 사회적 가치를 기반으로 다기능 공동체 활성화에 기여할 수 있어야 한다. 식량 생산을 넘어선 농촌의 다원적 가치, 즉 생태적, 경관적, 문화적, 치유적 가치를 발굴하고 이를 공유·확산할 수 있도록 사회적 자본 축적을 지원해야 한다. 기존 전통농업은 주로 지역사회로부터 지원을 받아 왔다.

그러나 재생농업의 개발로 취약 계층 대상 일자리, 교육, 돌봄 등을 제공하는 사회적 농업의 확산을 통해 농촌의 포용성을 제고하고, 지역사회에 기여할 수 있는 시스템을 구축해야 한다. 보건과 힐링에 대한 관심이 증가하여 각종 치유산업, 여가산업이 확대되고 있다. 이에 다양한 농촌자원이나 농업유산을 활용한 치유농업을 개발하여 농촌을 국민들의 힐링과 행복, 건강 증진을 도모하는 거점 공간으로 육성해야 한다. 귀농·귀촌인의 안정적인 정착을 지원하고, 주민 간 교류를 활성화하여 전통적 뿌리공동체로서의 역할을 복원해야 한다.

마지막으로 혁신적 방향에서의 농촌개발을 위해 선구적 접근이 요구된다. 토양 건강 회복 및 증진, 생물 다양성 보존, 물 관리 효율성 제고, 탄소 격리 및 기후변화 대응 등 환경친화적 농업 시스템 구축에 있어 작물, 지역, 환경에 맞는 다양한 재생농업 기법들이 적용될 수 있도록 유연한 지원체계를 구축해야 한다. 이뿐만 아니라 생태, 유기농업에 한정할 것이 아니라 정밀농업 개발, 농업 자동화 및 로봇 기술 적용, 데이터 기반 농업 등 다양한 스마트 기술을 활용한 농업·농촌의 효율성을 증대하고, 투입자원과 생산 농산물의 적절한 배합을 유도해야 한다.

제2절 농촌공간개발

1. 농어촌지역개발

농어촌지역개발을 통해 농어촌의 정주여건을 개선하고, 경제·사회 활성화를 지원하여 농어업인이 살고 싶고, 도시민이 찾아오는 농어촌 공간을 조성하고 있다. 실무적으로는 농림축산식품부가 총괄하고, 한국농어촌공사가 농어촌지역개발사업을 수탁 시행하는데 세부적으로 ①일반농어촌지역개발사업, ②농촌공간 정비사업, ③농촌新활력(플러스)사업이 추진되고 있다(농산어촌지역개발 공간정보시스템).

'일반농어촌지역개발사업'은 농어촌지역의 소득과 생활수준을 높이고, 농어촌의 어메니티(amenity) 증진 및 계획적인 개발을 통해 농어촌 인구감소 대응 및 지역별 특화발전을 목적으로 한다. 지역 균형발전을 위해 지역 간 생활인프라 시설의 공급 격차를 해소하고, 주민생활과 밀접한 기초생활서비스 조성을 추진하며, 일부 사업들은 농식품부와 지자체 간 '농촌협약'을 통해 패키지사업으로 추진되기도 한다. 농촌중심지활성화사업, 기초생활거점조성사업, 시·군역량 강화사업으로 구분된다.

일반농어촌지역개발사업 주요 내용

사업유형	주요 내용	지원요건	지원한도 (억 원)	사업기간 (년)
농촌 중심지 활성화 사업	농촌중심지인 읍·면 소재지에 서비스 거점지구를 조성하기 위해 농촌형 생활 SOC 복합 센터를 조성하고, 서비스 공급기능 시설 확충뿐 아니라 배후마을로의 서비스 전달 기능을 확대함으로써 농촌지역 주민 전체의 삶의 질을 개선	일반형: 일반 농산어촌지역 1·2계층 읍·면	150+α 이하	5 이내
		테마형: 일반 농산어촌지역 전체 읍·면 지역	50이하	2 이내
기초생활 거점조성 사업	상동	일반농산어촌 지역 1·2계층 외 읍·면	40 이하	5 이내
시군역량 강화사업	시군역량 강화사업을 통해 주민, 중간지원조직, 지자체 담당자의 역량 강화 및 완료지구 사후 관리, 활성화 프로그램운영 등을 위한 S/W 사업을 지원	일반농산 어촌지역 전체 시·군	3+α 이하	1 이내

* 출처: 농산어촌지역개발 공간정보시스템. https://www.raise.go.kr/raise/geoInfoSystem/goMenu.json

농촌협약

농촌의 정주여건 개선, 지역공동체 활력 제고 등 관계자 공동의 정책 목표 달성을 위해 농림축산식품부와 지방자치단체들이 협력적 거버넌스를 구축하고, 이에 필요한 사업을 패키지로 지원하는 방식이다.

'농촌공간정비사업'은 농촌공간을 쾌적하고 안전한 공간으로 재구조화하기 위해 농촌지역에 난립해 있는 위해시설들을 철거·이전하여 정주환경을 개선하는 사업이다. 농촌의 무분별한 난개발로 마을 인근에 공장 등 위해시설들이 난립하여 악취, 소음, 오·폐수, 화학물질 등 환경오염이 심각해짐에 따라 농촌지역의 삶의 질을 위협하고, 인구 유입도 방해하고 있기 때문이다. 대상지역은 「기본법」 제3조에 따른 농촌지역 시·군이며, 대상지역별로 50~180억 원(국비 50%, 지방비 50%)의 보조금을 최대 5년 동안 지원하고 있다.

농촌공간정비사업 전후 비교

* 출처: 농산어촌지역개발 공간정보시스템. https://www.raise.go.kr

'농촌신활력(플러스)사업'은 지역에 산재한 여러 농촌자원을 활용하여 특화산업을 육성하고, 공동체 활성화를 통해 농촌의 자립적 성장기반을 구축하는 데 목적이 있다. 특히, 대학, 연구소, 전문가 등으로 '신활력추진단'[38]을 구성하여 사업 수혜자들과의 합의를 통해 사업을 계획·추진하도록 민간조직과 협업체계를 운영하고 있다. 가령 도농교류를 통해 농촌관광 방문객 유치를 확대하고, 농업의 고부가가치화를 통한 농촌지역경제 활성화를 위해 농촌융복합산업을 지원한다.

또한 농촌지역공동체 활성화 및 농촌주민 삶의 질 제고를 위해 농촌재능나눔을 지원하고, 돌봄·교육·고용 등을 제공하는 사회적 농장 등 사회적 농업조직에 대한 지원도 강화하고 있다. 구체적으로 시·군 당 4년간 총 70억 원(국비 49, 지방비 21)[39]을 지원하여 지역의 유·무형 농촌자원을 활용한 신상품 개발 및 상품화, 가공 시설·장비 개선, 창업 및 지역커뮤니티 공간조성 등을 지원한다.

---

38) 해당 시군 신활력플러스사업의 핵심주체로, 사업기획 및 관리, 액션그룹 발굴(주민조직화 등) 및 지원 등 사업을 총괄하며, 추진단장 및 사무국(사무국장, 사무원, 코디네이터)으로 구성된다.

39) 사업비의 30% 이상은 민간 활동가 양성 및 조직화, 네트워크 구축을 위한 교육에 활용한다.

2. 농촌자원으로서 농업유산

'농업유산(agricultural heritage)'이란 지역의 환경에 적응하면서 오랜 동안 형성되고 발달해 온 농업기술, 환경생태, 농업문화, 공동체 활동, 농촌경관을 포함한 유·무형 자원을 말한다. 농촌자원과 농업유산은 유사한 개념이지만 일반 농촌자원에 비해 농업유산은 다음 측면들에서 지속가능성을 위한 다양성의 포용을 핵심가치로 하고 있다.

첫째, 농업 다양성으로 농업경영체에 의한 작물 선택의 다양성을 의미한다. 다양한 농업유산을 활용하기에 재배 작물은 토양, 수자원, 생물자원 등에 적응하여 다양하게 선택된다. 둘째, 생물·물리적 다양성으로 지역별 특색 있는 토양, 수자원, 생물자원, 지형, 기후변화 등에 대한 적응을 통해 자연환경 이용·관리에 있어 다양성이 나타난다. 셋째, 농업문화 다양성으로 이는 농업 기반 관습·축제·풍속 등 문화의 다양성뿐 아니라 농업기술, 지역사회 조직과 제도의 다양성까지 포괄한다.

농업유산은 지역에 산재한 여러 농촌자원을 활용하여 지역 특성에 부합한 다양한 농촌융복합산업 육성에 필수라고 할 수 있다. 2002년에 UN 식량농업기구(FAO)에 의해 세계중요농업유산이 지정된 후 국내에서는 2012년에 국가중요농업유산제도가 도입되었으며 2015년에는 농업유산의 보전·활용을 위한 법적 근거가 마련되었다(「농어업인의 삶의 질 향상 및 지역 개발 촉진에 관한 특별법」 제30조의2, 제30조의3).

세계중요농업유산제도는 2002년 지속가능개발에 관한 세계정상회의(WSSD)에서 전통적 농업시스템의 보전을 목적으로 하는 'GIAHS

이니셔티브'를 발족하면서 FAO(유엔식량농업기구)가 도입했다. 세계중요농업유산 등재를 위한 5대 기준으로 식량 및 생계의 안정성(food and livelihood security), 농업생물 다양성(agro-biodiversity), 지역 및 전통적 지식시스템(local and traditional knowledge systems), 문화·가치체계·사회조직(culture, value systems and social organizations), 육지·해양경관의 특징(landscape and seascape features)이 규정되어 있다. 2019년 11월 기준 21개국 58지역에 세계중요농업유산이 등재되어 있다.

아프리카(3)는 탄자니아 2, 케냐 1, 아시아·태평양(37)은 중국 15, 일본 11, 한국 5, 인도 3, 필리핀 1, 방글라데시 1, 스리랑카 1, 중남미·카리브해(3)는 페루 1, 칠레 1, 멕시코 1, 중동·북아프리카(9)는 알제리 1, 이란 3, 모로코 2, 튀니지 1, 아랍에미리트 1, 이집트 1, 유럽(6)은 스페인 3, 포르투갈 1, 이탈리아 2개 지역이 지정되었다.

국가중요농업유산은 지역의 환경·사회·풍습 등에 적응하면서 오랫동안 형성되었고, 보전할 가치가 있는 유형·무형의 농업자원을 말한다. 국가중요농업유산 지정기준으로 역사성과 지속성을 가진 농업활동, 농산물의 생산 및 지역주민의 생계유지에 이용, 고유의 농업기술 또는 기법 보유, 농업활동과 연계된 전통농업문화의 보유, 농업활동과 관련된 특별한 경관의 형성, 생물 다양성의 보존 및 증진에 기여 등이 제시되고 있다.

국가중요농업유산 지정 현황 (2025년 현재)

1호 완도 구들장 논*	2호 제주 밭담*	3호 구례 산수유 농업

4호 담양 대나무밭*	5호 금산 인삼농업*	6호 하동 전통차농업*

7호 울진 금강송 산지농업	8호 부안 유유동 양잠농업	9호 울릉 화산섬 밭농업

10호 의성 전통수리농업	11호 보성 전통차농업	12호 장흥 발효차청태전 농업

13호 완주 생강전통농업	14호 고성 둠벙관개시스템	15호 상주 전통곶감농업
	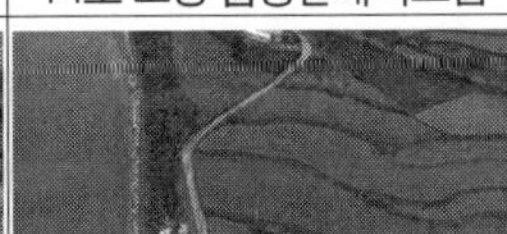	
16호 강진 생태수로농업	17호 창원 독뫼 감농업	18호 서산 한산모시농업

* 주: *는 세계중요농업유산에도 등재

* 출처: 농산어촌지역개발 공간정보시스템. https://www.raise.go.kr

3. 농촌공간 재구조화 및 재생

1) 개관

2023년에 「농촌공간 재구조화 및 재생지원에 관한 법률(이하 농촌공간재구조화법)」이 제정되어 2024년 3월에 시행되었다.

'농촌공간 재구조화'란 농촌공간의 난개발과 경제적, 사회적, 환경적 불균형 문제를 해소하여 농촌이 삶터·일터·쉼터로서의 기능을 회복할 수 있도록 농촌공간을 계획적으로 개발·이용·보전하는 활동을 말한다.

'농촌공간 재생'이란 농촌공간의 정비와 함께 일자리·경제기반 창출, 주거·정주 환경정비, 교통·교육·문화·복지 등 농촌의 경제·사회 서비스 확충을 통하여 농촌의 삶터, 일터, 쉼터로서의 기능을 회복·증진시키는 것을 말한다.

'농촌특화지구'는 농촌공간을 효율적으로 개발·이용·보전하거나 공간을 정비하여 삶터, 일터, 쉼터로서의 농촌 기능을 재생·증진하기 위해 지정하는 지구로 일곱 가지 유형으로 구분하여 관리되고 있다. ①농촌마을보호지구는 농촌다운 정주 여건을 살리기 위해 쾌적한 마을 주거 환경을 유지하고 마을 입지시설을 관리하기 위한 지구이다. ②농촌산업지구, ③축산지구, ④농촌융복합산업지구, ⑤재생에너지지구는 관련된 토지이용을 재배치·집적화하고, 농촌경제를 활성화하기 위한 지구이다. ⑥경관농업지구, ⑦농업유산지구는 농촌의 특징적인 경관, 생태자원, 전통적 농업자원 등 농촌다운 토지이용 특성을 보전·육성·관리하기 위한 지구이다.

'농촌재생활성화지역'은 국가와 지방정부의 자원과 역량을 전략적으로 투입함으로써 농촌재생사업의 효과를 극대화하기 위해 기본계획으로 결정하는 전략적 지역이다. 일반적으로는 시·군 전체를 단일 농촌재생활성화지역으로 지정하는 것이 아니라 각 시·군 내에서 여러 농촌재생활성화지역을 나누어 구획한다. 획일적인 사업 추진이 아닌 각 지역별 특성을 고려한 농촌재생이 요구되기 때문이다. 따라서 농촌재생활성화지역의 지정에 있어 자연환경과 경관의 보전, 주민 정주 및 농업생산 등 농촌공간구조의 특징을 고려하고, 농촌공간을 조화롭게 개발·이용·보전하기 위해 재구조화 및 재생 전략을 구체화 및 종합할 수 있도록 공간적 범위를 정하게 된다. 이를 위해 농촌재생활성화지역 지정 시 일상생활 연계, 기능적 연계, 지역 간 동질성과 분리 등의 특징을 종합적으로 고려하여 결정한다.

농촌특화지구 유형

유형	특징
농촌마을보호지구	농촌주민 등의 거주 환경을 보호하고 생활서비스시설의 입지를 촉진하는 등 정주기능을 강화할 필요가 있는 지구
농촌산업지구	농촌지역 내 공장, 창고, 제조업소 등 산업시설의 이전·집적화를 유도하거나 계획적으로 개발할 필요가 있는 지구
축산지구	가축사육 시설, 축산가공 관련 시설 등을 집단화함으로써 축산업을 계획적으로 육성할 필요가 있는 지구
농촌융복합산업지구	농촌융복합산업 육성을 위하여 농업생산·제조·가공시설 및 사무 공간 등 서비스 시설을 집약할 필요가 있는 지구
재생에너지지구	에너지원의 환경친화적 전환 등 탄소중립정책에 대응하기 위하여 태양광 등 재생에너지 시설을 집단화할 필요가 있는 지구
경관농업지구	동종·유사 작물의 집단화 등 경관형성을 통하여 농촌관광자원 등으로 육성할 필요가 있는 지구
농업유산지구	세계중요농업유산, 국가중요농업유산 등 오랫동안 형성시켜 온 유무형의 농촌 자원을 체계적으로 보전하거나 관리·정비할 필요가 있는 지구

* 출처: 「농촌공간재구조화법」 제12조

2) 농촌공간 재구조화 및 재생 사업 유형

농촌공간 재구조화 및 재생 사업으로 농촌특화지구의 지정을 통한 공간 정비, 농촌지역 주거 및 정주여건 개선, 농촌생활서비스[40]시설 확충, 농촌생활서비스 및 공동체 활성화, 농촌지역 일자리·경제 기반 구축, 농촌 환경·경관의 보존 및 관리, 농촌환경관리시설 및 농촌위해시설의 이전·철거·집단화 또는 정비·관리 사업 등이 추진된다.

첫째, 농촌 주거·정주여건 개선사업은 농촌의 쾌적한 주거환경을 훼손하는 시설들을 정비하고, 부족한 기반시설을 확충하여 정주여건을 향상시키는 사업이다. 귀농·귀촌, 생활인구 확대 등으로 농촌공간의 역할이 확대됨에 따라 기존 주민뿐 아니라 귀농·귀촌인, 생활인구 등의 주거·정주 여건 개선 대상에 포함한다.

둘째, 농촌 생활서비스시설 확충 사업은 보건·복지, 교육, 돌봄, 문화 등 경제·사회서비스 시설을 확충하고, 생활권의 중심지-기초생활거점-배후마을로 이어지는 서비스 연계 체계를 구축하여 농촌 주민이 생활서비스를 편리하게 이용할 수 있는 공간을 조성하는 사업이다. 행정, 보건, 의료, 교육, 복지, 문화 등 다양한 영역에서 추진되는 관계부처 및 지자체의 인프라 조성 사업과 연계하여 농촌 생활서비스를 가장 효율적이고, 효과적으로 제공하는 것을 목적으로 한다.

셋째, 농촌생활서비스 및 공동체 활성화 사업은 농촌의 정주 특성(저밀도 분산 거주)을 고려하여 다양한 생활서비스 영역에서 시설 방문을 통한 서비스 전달의 한계를 보완하고, 혁신적인 서비스 전달 모델을 발굴·보급함으로써 농촌 주민들의 생활서비스 접근성을 높이는 사업이

40) 농촌 지역 공동체 기반 경제·사회 서비스 활성화에 관한 법률에 따른 농촌 경제·사회서비스.

다. 특히 인구감소지역을 중심으로 마을들을 연계한 확대된 지역공동체 조직 형성 및 참여주체 다변화를 고려한다.

넷째, 농촌지역 일자리·경제 기반 구축 사업의 경우 농업의 고도화(스마트농업)를 위한 환경을 조성하고, 고유의 농업유산 및 농촌자원을 활용하는 창의적 산업 생태계를 조성하는 데 목적이 있다. 이를 통해 지역 경제를 활성화하고, 일자리를 창출하며 주민소득을 증대시킬 것으로 기대되고 있다. 농업의 미래성장 산업화와 기술혁신에 따른 새로운 형태의 농업 육성, 유·무형 자원(생태·문화·경관)을 활용한 농촌형 비즈니스 창업 활성화와 농촌융복합산업의 고도화 등을 추진한다.

다섯째, 농촌 환경·경관의 보존 및 관리 사업은 농촌다움 창출을 위한 유·무형 자원의 발굴·보전과 지역사회 구성원들의 활동을 포함한 체계적인 보전방안, 공익직불제 등 관련 정책 연계방안을 마련하는 것이다. 기존 농촌 주민, 귀농·귀촌 희망 도시민, 농촌생활인구가 확대됨에 따라 농촌다움을 회복·보전함으로써 농촌을 삶터, 일터, 쉼터로 조성하는 데 목적이 있다.

여섯째, 농촌환경관리시설 및 농촌위해시설의 정비·관리 사업은 농촌정주여건, 경관 및 환경의 개선·관리를 위해 농촌환경관리시설과 농촌위해시설 관련 정보를 수집·축적하고, 정비·관리하는 사업이다. 농촌환경관리시설 및 농촌위해시설의 정비·관리는 현황 조사, 주민의견 수렴, 계획수립, 시설개선 지원, 시설의 이전 및 집단화 등 전 과정을 지원하고 있다.

3) 농촌공간 재구조화 및 재생사업 추진체계

농촌공간에 관한 정책을 종합적이고 효율적으로 추진하기 위한 심의기구로 농촌공간정책 중앙심의회의, 광역심의회의, 기초심의회의를 설치·운영한다(「농촌공간재구조화법」 제32조 및 제33조). 또한 농촌공간 재구조화 및 재생 사업을 효과적으로 추진하기 위해 농촌공간정책지원기관(농촌공간 중앙지원기관, 광역지원기관, 기초지원기관)을 지정할 수 있다(제35조).

중앙지원기관은 농촌공간정책의 발전을 위한 시책 발굴, 농촌공간정책 관련 조사·연구, 농촌공간 재구조화 및 재생 계획의 수립, 농촌공간 재구조화 및 재생 사업의 시행·운영·점검·평가, 농촌공간 재구조화 및 재생 통합지침 작성·운영, 농촌공간종합정보체계 구축·운영, 전문인력 양성, 농촌협약 체결·운영 등을 지원한다. 광역지원기관은 농촌공간 재구조화 및 재생 관련 현황 및 주요 지표 조사·관리, 농촌공간기초지원기관 관리, 지역협의체의 구축·운영, 현장 전문가 육성을 위한 교육프로그램 운영 등을 지원한다. 기초지원기관은 농촌공간 재구조화 및 재생 관련 현황 및 주요 지표 조사·관리, 해당 지역의 농촌공간 정책 관련 조사·연구, 기본계획 및 시행계획 수립, 사업계획 수립, 주민협정 체결 및 주민협의회 구성·운영, 주민제안, 농촌공간 재구조화 및 재생 사업 점검·평가 등을 지원한다.

지역별 농촌공간 재구조화 및 재생계획 수립 대상 시·군 개수

지역	경기	강원	충북	충남	전북	전남	경북	경남	세종	제주	부산	대구	울산	인천
대상 시군 개수	15	15	11	15	13	21	22	18	1	2	1	2	1	2

* 출처: 농산어촌지역개발 공간정보시스템. https://www.raise.go.kr

제3절 농촌 경제·사회 개발

1. 귀농·귀촌 지원

1) 귀농·귀촌 현황

2019년 이후 최근 5년간 귀농·귀촌 현황을 보면 매년 소폭 변동되고 있지만 귀촌인구는 40~49만 명 수준이며, 귀농인은 1~1.4만 명, 귀어인은 7백~1천 2백 명을 나타내고 있다. 23년 기준 귀농인구는 10,307가구(귀농인 10,540명, 총 가구원 13,680명), 귀어인구는 716가구(귀어인 750명, 총 가구원 904명)였고, 귀촌인구는 귀농·어인구의 약 30배인 306,441가구(400,093명)였다(국가통계포털).

귀농·귀촌과 관련한 몇 가지 흥미로운 조사결과들을 소개하고자 한다.[41] 첫째, 주된 귀농 사유로는 자연환경 선호(31.9%), 가업 승계(20.0%), 농업의 발전가능성에 대한 기대(19.8%), 가족·친지 근처 거주(15.4%), 본인이나 가족의 건강 유지·회복(6.6%) 등이며, 기타 귀농 사유로 자녀 교육, 생활비 절감, 도시생활에 대한 회의감(삶의 여유 추구), 실직이나 사업 실패 등도 제시되고 있다. 한편 귀촌 사유로는 여기에 더해 농업 영위, 타 농산업 영역 취·창업, 농산업 외 분야 취·창업, 주거비 절감 혹은 신규 주거지 마련 등이 추가적으로 제시되고 있다. 둘째, 귀농·귀촌 형태는 '농촌에서 태어나 도시생활 후 연고지로 이주'가 가장 많고, 이어서 '농촌에서 태어나 도시생활 후 비연고지로 이주', '도시에서 태어나 비연고지로 이주', '도시에서 태어나 연고지로 이주'

41) 귀농·귀촌인 대상(표본수 3,000명) 2024년 혹은 2023년 조사결과를 요약한 것이다(국가통계포털, 주제별통계, 귀농귀촌실태).

등의 순으로 나타났다.

셋째, 귀농 이후 주된 재배 작물은 노지채소 30.6%, 논벼 25.5%, 과수 16.8%, 서류(감자, 고구마, 토란, 마 등) 6.7%, 두류 6.4%, 시설채소 4.9%, 특·약용작물 4.8%, 축산 1.4%, 맥류(보리, 귀리, 밀 등) 0.9%, 화훼 0.7%, 기타 작물 1.3%로 나타났다. 넷째, 귀촌인의 경제활동 유형은 일반직장 취업이 52.3%로 압도적이며, 이어서 자영업 18.0%, 임시직 4.8%, 재배농업 4.0%, 비농업분야 일용직 1.5% 등으로 나타났고, 이 외에도 농산물 가공업, 농산물·식품 판매업, 농촌관광사업(주말농장, 체험마을), 농업임금노동, 사업외소득(금융, 임대, 연금소득 등) 등이 제시되었다.

다섯째, 귀농인이 농외소득이 있는 경우 소득 원천으로 근로소득이 72.8%가 압도적이고, 농업 이외 사업소득 21.2%, 재산소득 10.0% 등으로 나타났다. 여섯째, 귀농인의 영농 형태는 농지 승계 혹은 부모와 함께 경영이 53.8%, 농지 구매 28.3%, 농지 임차 8.7%, 텃밭 가꾸는 정도 7.9%이며, 기타 형태로 다른 농가나 농업법인에 실습 보조자로 취업, 현지인 또는 귀농인과 동업, 다른 농가 대상 일용 노동자 등으로 나타났다.

연도별·성별 귀농가구원 및 귀농인 현황(2020~2023)

(단위: 명)

성별 \ 연도		2020		2021		2022		2023	
		총가구원	귀농어인	총가구원	귀농어인	총가구원	귀농어인	총가구원	귀농어인
귀농	계	17,447	12,570	19,776	14,461	16,906	12,660	13,680	10,540
	남자	10,455	8,496	11,829	9,715	10,206	8,382	8,231	6,899
	여자	6,992	4,074	7,947	4,746	6,700	4,278	5,449	3,641
귀어	계	1,197	967	1,497	1,216	1,256	1,023	904	750
	남자	721	625	894	773	782	672	572	507
	여자	476	342	603	443	474	351	332	243
귀촌		귀촌인	귀촌가구	귀촌인	귀촌가구	귀촌인	귀촌가구	귀촌인	귀촌가구
	계	477,122	345,205	495,658	363,397	421,106	318,769	400,093	306,441
	남자	253,474	210,373	264,625	220,850	226,313	192,108	215,390	183,930
	여자	223,648	134,832	231,033	142,547	194,793	126,661	184,703	122,511

* 출처: 국가통계포털. 주제별통계, 귀농어·귀촌인 통계. https://kosis.kr/

2023년도 연령대별 귀농어·귀촌인 비율

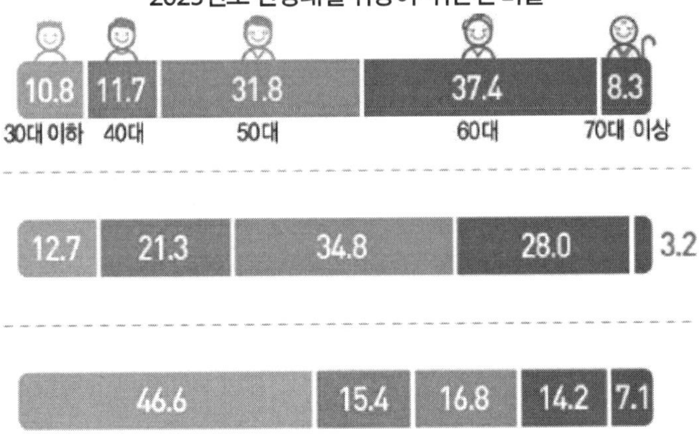

* 주: 위부터 귀농인, 귀어인, 귀촌인의 연령대별 분포임

* 출처: 그린대로(귀농귀촌포털). https://www.greendaero.go.kr/svc/rfph/front/menuView.do

2) 귀농·귀촌 지원정책

통상 성공적인 귀농을 위해서는 단계적인 준비와 계획적 실행이 필요하다. 우선 귀농 정보를 충분히 수집한 후 귀농 결심에 관하여 가족들과 충분히 의논하여 동의를 얻어야 한다. 농식품부 산하 농림수산식품교육문화정보원이 운영하는 귀농귀촌종합센터(서울 양재동), 지방 농촌진흥기관(시군 농업기술센터) 및 귀농귀촌지원센터 등이 제공하는 귀농 박람회 및 교육과정 등을 통해 필요한 정보를 수집할 수 있다.

귀농·귀촌 결정에 있어 자녀 교육, 주택 형태 등 생활여건, 농지 임차·매입을 포함한 영농여건 등을 고려하여 정착지를 결정하는 것이 좋다. 농업에 종사하는 경우 자신의 여건과 적성, 기술수준, 자본능력 등에 적합한 작목을 신중하게 선택하되 초기에는 가격 변동이 적고, 영농기술과 자본이 적게 드는 작목 중심으로 영농계획을 수립하는 것이 좋다. 이를 위해 귀농 교육·체험 프로그램 참여, 우수농가 견학, 타 귀농인 방문 등을 통해 귀농 역량을 강화할 필요가 있다.

귀농인의 성공적인 정착과 경영기반 조성, 귀농·귀촌인구 확대를 위해 정부는 농지임대, 농업창업자금 지원, 교육·정보 제공 등의 사업을 운영하고 있다(「기본법」 제29조의2). 이러한 귀농·귀촌 지원정책의 목표는 신규 농업인력 육성을 통한 농업인력구조 개선, 지역활성화를 목표로 한다.

정책자금 지원의 경우 ①'귀농창업자금'은 초기 귀농인들의 농업창업자금(영농기반, 농식품 제조·가공시설 신축·수리 또는 구입 비용) 및 주택마련 자금(구입·신축 및 증·개축비용)을 융자 지원한다(「귀농어·귀촌 활성화 및 지원에 관한 법률」 제15조). ②후계농업경영인 육성지원은 유망한 예비농업인 및 농업경영인을 발굴하여 정예 농업인력으로 육성하는 사업이다. 농지 구입·임차비, 시설(재배, 사육, 저장, 가공·제조 등) 설치·임차비, 기타 영농자금 지원[42] 및 교육프로그램을 지원하고 있다. 또한 후계농업경영인 선정 후 5년간 영농업에 종사하여 우수후계농업경영인으로 선발될 경우 정책자금 추가 지원도 가능하다(「후계농어업인 및 청년농어업인 육성·지원에 관한 법률」 제8조 및 제13조).

한편 청년농업인 지원으로 '청년농업인 영농정착 지원'의 경우 18~39세의 창업 초기 농업인 혹은 예비농업인 대상 영농정착지원금을 차등 지급하고 있다. 또한 농지은행을 통해 농지 임차임대·매매·선임대후매도, 지역특화 임대형 스마트팜 사업, 청년농 창업·투자 컨설팅, 청년 스마트팜 창업보육센터 운영 등의 여러 지원사업들이 운영되고 있다.[43] 또한 귀농인을 대상으로 유관 기관 및 지방정부들이 다양한 귀농·귀촌 교육·체험 프로그램 및 정보 제공·상담서비스를 제공하고 있다.

2. 농촌 경제·사회 개발

1) 농어촌 보건복지

농가 평균소득은 이전소득 증가 등으로 2020년에 4,500만 원 수준이지만 도농 간 소득 격차는 심화될 것으로 예상된다(농촌경제연구원). 급속한 인구유출 흐름으로 농어촌 지역은 상대적으로 더 빠른 고령화를 겪고 있다.[44] 농어촌지역 보건복지 정책은 보건복지부 소관의 「농어

---

42) 비료·사료, 종자·종묘, 농기계 및 농업용 화물자동차 구입비, 정보서비스 개발비 등을 지원한다. 세대당 최대 5억 원, 연 1.5% 고정금리를 적용하며, 20년간 원금 균등분할 상환(5년간 거치 가능) 조건으로 융자한다.

43) 청년농통합플랫폼 탄탄대로. https://youngfarmer.greendaero.go.kr/

44) 65세 이상 노인인구비율은 2018년 기준 전국 14.8%이나 읍 15.9%, 면 29.5%에 이르고 있다.

촌주민의 보건복지 증진을 위한 특별법」을 근간으로 하되 농식품부 소관의 「농어업인 삶의 질 향상 및 농어촌지역 개발촉진에 관한 특별법」과 병행해서 추진되고 있다. 농어촌 인구 및 가족 구조의 급속한 변화에 따라 보건복지서비스 수요가 꾸준히 증가하고 있으나 도농 간 격차가 확대되어 왔다. 이에 지역별·생애주기별 수요에 맞는 소득·돌봄·건강보장 서비스의 내실화 요구가 증가하고 있다.

농어촌 보건복지는 보건복지부가 총괄하고 있다. 제4차 기본계획에 따라 농어촌 보건복지는 소득보장, 돌봄보장, 의료보장의 3개 부문, 총 30개 과제에 걸쳐서 다양한 사업들이 추진되고 있다. ①소득보장 부문은 농어촌지역 소득보장 강화, 일자리, 사회보험 지원을 위한 과제들이 추진되고 있다. ②돌봄보장은 영유아 보육지원, 아동 육성, 노인돌봄 강화, 장애인 맞춤지원, 다문화가족 사회통합 지원, 돌봄기반 강화를 중심으로 관련 부처들에서 여러 사업들이 추진되고 있다. ③의료보장의 경우 보건의료 공급체계 강화, 건강기반 마련, 응급의료 강화를 중심으로 농어촌 보건의료기반을 확충하기 위한 과제들이 추진되고 있다.

농어촌 보건복지 기본계획의 3대 추진 부문

제2차('10-'14, 34개)	제3차('15-'19, 21개)	제4차('20-'24, 30개)
▲ 기본생활보장 강화: 기초생활보장, 자활, 건강보험/국민연금 특례 ▲ 연령·세대별 사회통합: 노인, 보육, 아동·청소년, 장애인, 다문화, 민간사회복지 활성화 ▲ 보건의료기반 개선/건강증진: 공공의료, 민간병원 지원 육성, 응급의료, 구강건강	▲ 생애주기별 안전망 강화: - 아동·청소년(권리인식, 보육·교육 개선, 건강) - 청년기(일자리, 여가) - 중년기(일자리, 사회보험) - 노년기(생활환경, 건강) ▲ 취약인구: 기초생활보장, 장애인 & 다문화인구 지원 ▲ 취약지역 지원: 의료 및 복지취약지 지원, 마을단위 복지공동체 구축	▲ 소득보장: 소득보장 강화, 일자리, 사회보험 지원 ▲ 돌봄보장: 영유아 보육지원, 아동 육성, 노인돌봄 강화, 장애인 맞춤지원, 다문화가족 사회통합 지원, 돌봄기반 강화 ▲ 의료보장: 보건의료 공급체계 강화, 건강기반 마련, 응급의료 강화

* 출처: 보건복지부. 2020. 제4차 농어촌 보건복지 기본계획

2) 농촌 서비스 및 사회적 농업

2023년 8월에 「농촌지역 공동체 기반 경제·사회 서비스 활성화에 관한 법률(이하 농촌경제·사회서비스법)」이 제정되어 2024년 8월 시행되었다. 이에 따라 정부는 농촌지역 공동체 기반 경제·사회 서비스 활성화 계획을 3년마다 수립하고, 농촌 주민 및 관련 기관·단체의 역량 강화를 지원하며, 농촌 경제·사회 서비스를 제공하는 '농촌 서비스 공동체(지역 공동체, 특화 공동체)' 및 '사회적 농장'의 설립·운영을 지원한다. 농촌 경제·사회 서비스 활성화를 지원하기 위해 국가는 전국지원기관을 지정하여 관련 사업들의 시행을 위탁할 수 있고, 지방정부(시·군·구)도 관련 사업을 효율적으로 시행하기 위해 지역지원기관을 지정·운영할 수 있다.

귀농·귀촌을 활성화하고, 다양한 농촌자원을 활용한 농촌 지역의 성장 동력을 확대하기 위해서는 경제·사회적 기반이 강화되어야 한다. 이

에 따라 농촌의 경제·사회 개발을 위해 최근 고용, 소득, 주거, 교통, 복지, 보건의료, 환경, 문화, 정보통신 등을 포함한 농촌 경제·사회 서비스 확대가 강조되고 있다(「농촌경제·사회서비스법」 제2조). 농촌 지역 공동체의 재생과 지속가능한 발전을 위해서는 농촌 경제·사회 서비스 확대가 필요하기 때문이다. 또한 농촌자원을 활용해서 농촌 주민 및 사회적 약자[45]에게 돌봄, 교육, 일자리, 치유 등의 서비스를 제공하는 사회적 농업이 주목받고 있다. 사회적 농업은 공익적 영농 활동을 통해 농촌 지역에 부족한 경제·사회 서비스를 제공하고, 포용적 농촌 공동체를 활성화하는 데 목적이 있다.

농촌 서비스 활성화는 농식품부가 주관하며, 한국농어촌공사 농어촌자원개발원이 농촌서비스활성화지원센터를 통해 농촌 서비스 공동체 및 사회적 농장 지원 업무를 시행하고 있다.[46] '거점농장' 및 '농촌돌봄농장'은 사회적 약자를 대상으로 농산물 생산·가공·유통 등 영농활동을 통해 돌봄, 교육, 고용, 치유 등의 사회서비스를 제공한다. '농촌주민생활돌봄공동체'는 농촌 주민이 일상생활을 영위하는 데 필요한 경제·사회 서비스[47] 전반을 연대와 협력의 방식으로 제공한다. 2025년 현재 9개의 거점농장, 97개의 농촌돌봄농장, 40개의 농촌주민생활돌봄공동체가 지정·운영되고 있다.[48]

45) 장애인, 고령자, 저소득층, 범죄피해가족, 다문화가족 등을 말한다.

46) https://www.socialfarm.kr/web/index.do

47) 고용, 주거, 교통, 교육, 보건·의료, 복지, 환경, 문화, 정보통신 등의 서비스를 포함한다.

48) 농업회사법인, 영농조합법인, 협동조합, 사회적 협동조합, 비영리법인·단체 이외에 일부 영리기업들도 사회적 농장을 운영한다.

사회적 농업 사례

▶ (돌봄) ○○법인은 복지관과 협력하여 정신질환 장애인들과 함께 밭작물을 재배하고 있음. 장애인들은 농장 활동 과정에서 비장애인들(농장·인근 농장 사람들 등)과 어울리며 사회성을 높이고 농작업을 통해 운동효과를 내고 있으며, 약 복용을 줄일 정도로 건강을 회복함. ○○법인은 시설 거주 장애인들이 농업 활동을 익힘으로써 장기적으로는 마을에 정착하여 어울려 살 수 있도록 지원함.

▶ (교육) △△법인은 농업기반이 없는 청년들의 창농 및 농촌정착을 목표로 과수작물 재배기술·유통·판매 교육 프로그램을 통해, 청년 창농 정보 플랫폼을 구축·운영하고 있음. 인근농가 및 지역협동조합과 연계하여 농업회사의 경영교육 및 판매실습을 통해 청년들의 귀농·창농·농촌정착을 지원하고 있음.

▶ (고용) □□법인은 다양한 밭작물을 재배하면서 장애인복지관과 협력하여 장애인들을 대상으로 농작업 등의 직업훈련을 실시하고, 아동·청소년 장애인을 대상으로 농업 체험프로그램을 운영함. 직업훈련을 거친 장애인들을 대상으로 장기적으로 △△법인과 지역의 농업관련 법인으로의 취업을 목표로 하고 있음.

▶ (치유) ◇◇법인은 정원형 텃밭 농장을 조성하여 인근 소외계층 장애인, 어린이, 노인 등 누구나 참여할 수 있는 농업프로그램을 운영하고 있음. 농장은 아이들의 쉼터이자 주변 노인들의 작업장이기도 함.

* 주: 농촌관광, 단순 체험행사는 사회적 농업에 해당하지 않음
* 출처: 농촌돌봄활동지원 시행지침. https://uni.agrix.go.kr

제4절 농지개발

1. 농지 이용과 보전

1) 농지 이용·보전의 원칙

농지의 이용·보전의 원칙으로 첫째, 농지는 미래세대를 포함하는 국민에 대한 식량과 주요 식품의 안정적인 공급 및 환경보전을 위한 기반이며 농업과 국민경제의 조화로운 발전에 기여하는 자원으로서 소중히 이용·보전되어야 한다(「기본법」 제30조). 둘째, 농지의 소유와 이용에 있어 헌법 상 경자유전(耕者有田)의 원칙이 달성될 수 있도록 정부는 농지의 소유 등에 관한 정책을 수립하고, 농지가 농업 및 국민경제의 균형 있는 발전과 식량안보의 확보를 위하여 효율적으로 이용될 수 있도록 농지 이용 증진정책을 수립·시행하여야 한다(제31조). 셋째, 국가와 지방자치단체는 식량 자급률의 달성 등을 위해 농지가 적절한 규모로 유지될 수 있도록 농지 보전정책을 수립·시행하며, 이를 위해 농업용수·농로 등 농업생산기반이 정비되어 있거나, 집단화(2만㎡ 이상)되어 있는 우량농지를 우선적으로 보전해야 한다(제32조).

따라서 유휴농지가 계속 증가하고 있는 상황에서 식량안보 확보를 위해 이에 대한 효과적인 대응방안을 마련하고, 한계농지에 대한 체계적인 정비를 통해 식량안보를 강화하고 농촌지역 개발을 촉진해야 한다. 「농지법」에 따른 유휴농지는 농작물 경작이나 다년생식물 재배에 이용되지 아니하는 농지로 일정 기간 휴경하는 농지, 타 용도로 전용허가를 받거나 신고한 농지 등을 말한다.

1990년대 이후 유휴농지 면적은 매년 평균 7,890㏊씩 발생하였으며, 1975~2011년 기간 발생한 유휴농지의 총 누계면적은 약 20만 ㏊로 추정되고 있다.[49] 유휴농지 증가를 방지하기 위해 정부는 농지은행을 통해 농지매매사업, 농지임대차사업, 농지임대수탁사업 등을 시행하고 있다. 이 밖에 개간사업, 경지정리사업, 배수개선사업, 농촌용수개발사업, 수리시설개보수사업 등 농업생산기반정비사업, 기존의 쌀 소득보전 직접지불제도 등도 농지의 휴경화 및 유휴농지화 방지를 목표로 추진되었다.

2) 농지 현황

우리나라 경작지의 면적은 1965년 232만 ㏊로 최대였으며, 그 후 지속적으로 감소하여 1990년에는 211만 ㏊, 2012년에는 173만 ㏊로 조사되었다. 경작지 감소추세는 지속되어 2019년 158만 ㏊, 2020년 157만 ㏊, 2021년 155만 ㏊, 2022년 153만 ㏊, 2023년 151만 ㏊를 거쳐 2024년에는 150만 ㏊를 기록하였다.

이 중 논은 수리답 비율이 2019년 82.8%에서 2024년 84.9%로 소폭 상승했지만 면적 자체는 같은 기간 83만 ㏊에서 76만 ㏊로 감소했다. 밭의 경우도 2019년에 75만 ㏊에서 2024년에 74만 ㏊로 감소했다. 경지면적 감소는 쌀 소비 감소 및 고부가 특용작물 소비 증가 등에 따른 영향일 수도 있지만 식량안보 차원에서 정책적 관심과 주의가 필요한 부분이다.

---

49) 김경찬·박창원·조석호·전영미·구승모(2014). 유휴농지 활용을 위한 정책사업 모델개발, 농촌계획, 20(1): 91-104

전국 경지면적 현황(2019~2024년)

(단위: ha)

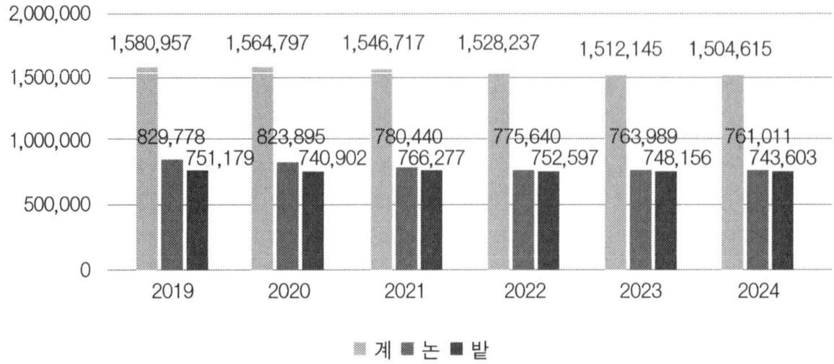

* 출처: 국가통계포털. 주제별통계, 농업면적조사. https://kosis.kr/

경지면적 및 수리답률 추이

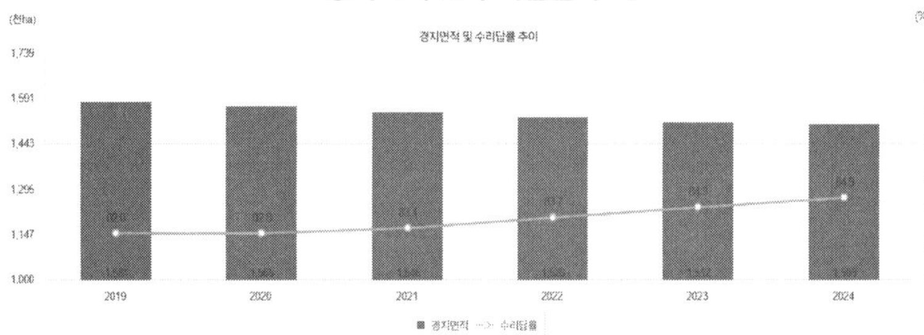

* 출처: 통계청 e-나라지표. 농업면적조사, 농업생산기반정비사업통계연보 인용. https://www.index.go.kr/

2024년 기준 총 경지면적 150만 ㏊ 중 식량작물 노지(露地)[50] 재배 면적이 89.3만 ㏊(논 75.5만 ㏊, 밭 13.8만 ㏊)로 59.3%를 차지하고 있다. 이어서 채소 재배면적이 18.7만 ㏊(12.4%), 과수 재배면적이 14.3만 ㏊(9.5%), 특·약용작물 재배면적이 7.1만 ㏊(4.7%), 기타 작물 재배면적이 16.6만 ㏊(11%)이며, 기타 수원지가 4.7만 ㏊(3.11%)를 차지하고 있다.

---

50) 특수한 가온시설이나 보온시설 등이 없는 자연상태의 농경지를 말한다.

한편 농업진흥지역 밖의 농지 중에서 영농 조건이 불리하여 생산성이 낮은 농지들은 일정한 요건에 따라 「농어촌정비법」에 따른 '한계농지' 혹은 「농지법」에 따른 '영농여건 불리농지'로 지정·관리되고 있다.

작물별 경작지 재배면적(2024년)

(단위: ha)

구분＼작목	식량작물					
	소계	벼	맥류	잡곡	두류	서류
합계	892,857	697,713	32,834	38,210	84,749	39,351
논	754,969	692,943	24,665	12,191	22,978	2,193
밭	137,888	4,770	8,169	26,019	61,772	37,159

구분＼작목	채소				
	소계	과채류	근채류	엽채류	조미채소
합계	186,882	11,484	21,000	37,770	87,764
논	26,456	371	906	1,764	20,231
밭	160,425	11,113	20,094	36,005	67,532

구분＼작목	과수	특용작물	약용작물	기타 작물	기타 수원지
합계	143,286	63,893	7,386	165,602	46,914
논	921	2,179	313	94,067	1,608
밭	142,365	61,714	7,073	71,534	45,305

* 주1: 벼-논벼와 밭벼; 맥류-겉보리, 쌀보리, 맥주보리 및 밀; 잡곡-옥수수, 메밀 및 기타잡곡; 두류-콩, 팥, 녹두, 및기타두류; 서류-고구마, 봄감자, 고랭지감자 및 가을감자

주2: 과채류-수박, 참외, 딸기, 오이, 호박; 근채류-무(봄무, 고랭지무, 가을무, 총각무, 겨울무 등), 당근; 엽채류-배추(봄배추, 고랭지배추, 겨울배추 등), 시금치, 상추, 양배추; 조미채소-고추, 마늘, 파, 대파, 쪽파, 양파, 생강 등

주3: 과수-사과, 배, 복숭아, 포도, 감귤, 감, 떫은감, 단감, 자두, 매실, 유자, 기타과수

주4: 특용작물-참깨, 들깨, 땅콩 등; 기타 작물-사료작물(귀리, 옥수수, 유채, 호밀 등), 인삼, 담배, 화훼, 녹비작물, 잔디 등; 기타수원지-묘포(모밭), 관상수 등

* 출처: 국가통계포털(https://kosis.kr/). 주제별통계, 식량작물, 채소, 과수, 특·약용작물, 기타 작물 노지재배면적

농지가격은 2025년 3월 기준 전국 평균이 ㎡당 5만 3천 원으로 유형별로는 논이 5만 9천 원, 밭이 4만 6천 원, 과수원이 15만 3천 원이다. 지역별 평균 가격을 보면 경기 19만 7천 원, 세종 16만 8천 원, 제주 15만 7천 원, 6대 특·광역시 15만 4천 원이며, 전남이 2만 3천 원으로 가장 낮은 수준을 보이고 있다. 3월 전국 거래량은 10만 8천 필지로 나타났다.

농지가격(2025년 3월 기준)

(단위: 원/㎡, 필지(건))

구분	전체지역		전		답		과수원	
	평균가격	거래량	평균가격	거래량	평균가격	거래량	평균가격	거래량
전국	53,945	10,784	59,343	4,392	45,838	6,120	153,460	272
특·광역시	153,587	40	124,011	20	117,351	15	-	-
세종	167,844	32	137,709	13	117,351	15	-	-
경기도	197,162	1,486	208,681	708	159,978	739	456,405	39
강원	41,506	866	39,482	545	44,753	321	-	-
충북	57,552	807	63,496	400	53,012	384	59,428	23
충남	40,385	1,491	52,983	523	34,322	935	126,108	33
전북	29,249	1,154	24,841	376	30,358	774	-	-
전남	23,172	2,054	21,543	787	23,377	1,247	48,333	20
경북	35,608	1,716	27,765	616	37,981	1,006	48,515	94
경남	48,964	1,022	43,269	311	51,073	698	43,354	13
제주	157,379	148	128,558	106	-	-	252,047	41

* 출처: 한국농어촌공사 농지은행포털. www.fbo.or.kr

2. 농지관리사업(농지은행)

농지조성·관리 등을 목적으로 하는 농지은행사업을 체계적으로 추진하기 위해 정부는 '농지관리기금'을 조성하여 영농규모 적정화, 농지의 집단화, 농지의 조성 및 관리, 해외농업개발을 추진하고 있다.

농지은행사업은 45년간 운영되면서 농지지원을 통해 청년농을 육성하고, 위기농·은퇴농 소득 지원을 통해 농업경쟁력을 강화하며, 농가경영 개선을 지원해 왔다. 맞춤형 농지지원사업, 경영위기 농가에 회생기회를 부여하는 경영회생지원 농지매입사업, 고령농업인에게 연금을 지급하여 농촌지역 사회안전망 확충에 기여하는 농지연금사업 등으로 구성되어 있다.

'맞춤형 농지지원'을 통해 고령 은퇴농업인, 이농·전업 농업인의 농지를 농지은행이 매입·임차하여 청년후계농, 청년농업인, 전업농 등에게 매도 또는 임대하고 있다. 동 사업은 농업생산구조를 개선하고 영농규모의 확대와 안정적인 영농 보장으로 후계 농업인의 농촌 정착을 지원·육성하는 데 목적이 있다. 맞춤형 농지지원사업을 통해 청년창업농 등 5,774명에 1조 9,230억 52백만 원, 5,279㏊ 지원으로 농업구조 개선 및 신규 진입농 정착을 지원하였다.

'농가 소득지원'은 농지은행이 자연재해, 부채 증가 등으로 일시적 경영위기에 처한 농가의 농지 등을 매입하여, 농지 매각대금으로 농가의 부채를 상환하고 경영 정상화를 유도하는 사업이다. 경영회생지원농지매입사업을 통해 23년까지 14,054농가들의 1조 955억 원(농가당 78백만 원)의 자산 손실 방지 및 4,196억 원(농가당 30백만 원)의 이자비용 절감을 지원했다.

‘농지연금’은 농업인이 소유한 농지를 담보로 생활자금을 매월 연금처럼 지급하여 농업인의 노후생활 안정 지원과 농촌사회안전망 확충을 도모하는 사업이다.[51] 2023년 기준 가입인원이 24,590명에 이르며 누적 1조 3,533억 원을 지원하여 고령농가 소보전에 기여해 왔다.

농지상시관리조사를 통해 농지은행은 농지소유, 이용현황 등에 대한 조사 및 분석을 실시하여 지자체 농지관리 및 정부 농지정책 수립에 필요한 정보를 제공하고 있다. 또한 농지의 효율적 보존·관리를 위한 필지별 농지관리정보체계를 구축하여 농지관련 다양한 정보서비스를 제공하고 있다. 농지종합정보화를 통한 필지별 농지관리정보체계 구축으로 2023년 기준 319만 필지에 이르는 농지대장 정비를 완료했다.

농지관리기금은 ‘농지조성사업’, ‘농식품 해외진출지원사업’도 시행하고 있다. 우선 대규모 간척지 조성, 농업생산기반(농업용수, 농로 등) 정비 등 농지조성사업을 통해 규모화·집단화된 우량농지를 확보해 왔다. 조성 실적은 2023년까지 누적 32개 지구 228,818㏊에 이르고 있다.

농식품산업 해외진출지원사업의 경우 국내 농식품업체들의 해외진출을 지원하면서 간접적으로 식량안보문제 해결을 목표로 추진되고 있다. 이러한 목표 달성이 아직은 제한적이지만 동 사업을 통해 21년 2,155톤, 22년 2,187톤, 23년 1,678톤의 곡물을 확보하는 등 일정 부분 성과를 달성하고 있다.

기타 농업인의 농지제도에 대한 전문성 강화를 위해 농지관리제도 교육, 노후설계 컨설팅, 경영회생 환매제도 등에 대한 교육과정을 운영하고 있다.

---

51) 한국농어촌공사 농지은행·농지연금 포털. www.fbo.or.kr

농지관리기금의 설치 목적 및 사업별 목표

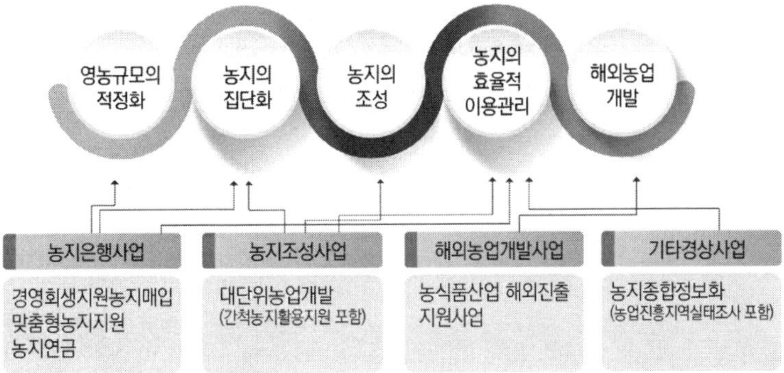

제5장
재생농업의 기초
: 재배농업의 안정과 식량안보

제1절 재생농업을 통한 재배농업 안정과 식량안보

재생농업은 단순히 환경 보호를 넘어, 기후변화와 인구 증가에 따른 식량안보 위협에 대응하고, 재배농업의 안정성 확보에도 핵심적인 역할을 담당한다. 즉, 재생농업은 전통적 재배농업과 상충적 관계에 있는 것이 아니며 오히려 재생농업은 재배농업의 안정과 식량안보를 기반으로 발전할 수 있다. 식량안보가 불확실한 상황에서는 혁신산업으로서 재생농업이 지속가능한 성장이 불가능하다. 반대로 재생농업은 국내 생산기반을 강화함으로써 외부 환경 변화에 따른 식량 수급 불안정성을 줄이는 데 중요한 토대가 된다. 또한 재배농업을 기반으로 전후방에 걸쳐 다양한 파생적 농산업들이 성장할 수 있는 것이다. 이러한 차원에서 볼 때 재생농업 관점에서 재배농업의 안정과 식량안보 확보 방향을 다음과 같이 논의할 수 있다.

첫째, 경제적 차원에서 재배농업의 생산성 및 자원 효율성을 증대해야 한다. ①농업용수 관리 등 농업생산기반시설의 효율성을 제고해야 한다. 가령 빗물 활용, 덮개작물 재배, 정밀 관개시스템 도입 등을 통해 농업용수 사용량을 최적화해야 한다. ②농업경영체 역량 강화와 구조 개선, 경영안정 지원을 통한 재배농업의 생산구조를 고도화해야 한다. 대표적으로 자연 순환시스템을 활용하여 농업투입재를 감소시킬 수 있다. 화학 비료, 농약 등 투입재 의존도를 낮춰 생산비용을 절감하고, 자원 효율화를 통해 농업경영체 생산성을 제고할 수 있다. ③스마트농업 기술과의 시너지를 확보해야 한다. 재생농업은 스마트농업 기술을 활용함으로써 보다 높은 효과를 발휘할 수 있다. 드론, 센서, 빅데이터 등을 활용하여 토양 상태, 작물 생육 정보를 정밀하게 분석하고, 물, 양분 등을 최적화하여 자원 낭비를 줄이고 생산성을 극대화할 수 있다.

둘째, 재배농업의 사회적 가치 확산 차원에서 기후변화 적응(adaptation) 및 완화(mitigation) 역량을 강화해야 한다. ①토양의 회복력 제고가 요구된다. 건강한 토양은 물 보유력을 높여 가뭄 저항력을 증대시키고, 폭우 시 농경지 피해를 최소화할 수 있다. 또한 유기물 함량이 높은 토양은 급격한 환경 변화에도 작물 스트레스를 줄여 작물 생산의 안정성을 높여주기 때문이다. ②다품종 소량 생산을 통한 작물 다양성 증대 및 유전자원 보존이 요구된다. 단일 작물 재배는 병해충과 기후변화에 취약하므로 다양한 작물을 재배하고 토착 품종 등 유전자원 보존을 통한 작물의 기후변화 적응력을 제고해야 한다. 지역의 기후와 토양을 고려하여 다양한 특화작물을 재배함으로써 외부충격에 대한 회복력도 높여야 한다. 이를 통해 식량 공급원의 다양성을 확보하여 식량안보에 기여해야 할 것이다. ③탄소중립을 통한 기후변화 완화에 기여해야 한다. 재생농업을 통해 토양에 탄소를 격리하거나 탄소 배출을 최소화함으로써 장기적으로 기후변화를 완화하여 재배농업의 안정성을 높일 수 있다.

셋째, 건강한 농업 생태계 회복을 위해 농업생물 다양성 증진 등 선구적 접근이 요구된다. ①천적 활용 및 병해충 관리가 요구된다. 건강한 농업 생태계는 다양한 생물종의 공존을 가능하게 하며 자연적 방어 시스템을 통해 병해충의 발생을 억제한다. 이를 통해 농업 환경을 건강하게 유지하여 작물 생산의 안정성을 높일 수 있다. ②유기물 분해 및 양분 순환에 중요한 역할을 하는 토양 미생물을 활성화해야 한다. 이에 재생농업을 통해 토양 미생물 환경을 개선하여 양분의 자연적 공급기반을 강화하고, 외부 양분 공급 의존도를 낮춰 농업생산의 안정성을 제고해야 한다. ③자연 수분 매개자 보호·증진이 필요하다. 벌과 같은 수분 매개 곤충은 작물 생산성 향상에 기여할 수 있다. 재생농업은 이들의 서식지를 보호하고 수분 매개자 개체수를 증대시킴으로써 안정적인 작물 생산에 기여할 수 있다.

제2절 농업생산구조 고도화

농산업 발전의 토대인 농업 경영비용 절감 및 생산성 유지·제고, 친환경농업의 발전을 위해서는 농업생산구조의 고도화가 필요하다. 이를 위해 농업생산기반시설의 지속적인 정비·보강·보전이 요구되며(「기본법」 제33조), 농업인력 육성(제25조~제28조), 농업경영체 구조개선(제39조) 등이 필요하다. 또한 농업기계, 농업자재, 농업시설, 농약·비료·사료·동물약품 등 재배농업의 후방산업인 농업투입재(農業投入材) 산업 발전을 위한 농업 기계화 및 시설현대화가 요구된다(제34조).

1. 농업생산기반시설(수리시설, 농로, 영농시설) 정비

농업생산기반시설이란 농지 보전이나 농업생산에 이용되는 저수지, 양수장(揚水場), 관정(管井: 우물) 등 지하수 이용시설, 배수장, 취입보(取入洑), 용수로, 배수로, 유지(溜池: 웅덩이), 농로 등 도로, 방조제, 제방 등 및 그 부대시설, 농수산물의 생산·가공·저장·유통시설 등 영농시설을 말한다(「농어촌정비법」 제2조 제6호). 이 중 여기서는 수리시설을 중심으로 살펴보자.

농업인의 안전영농 및 농업생산성 제고를 위해서는 수원공, 용·배수로, 수리답 등 현대적 농업생산기반시설을 구축할 수 있어야 한다. 즉, 농업생산기반에 있어 가장 중요한 것이 친환경 농촌용수 관리라고 할 수 있다. 최근에는 깨끗한 농업용수를 안정적으로 공급하여 재해에 안전한 농업환경을 조성하고, 수리시설을 활용한 재생에너지 개발을 통해 농어촌 탄소중립도 실현하고 있다.

농촌용수는 협의로는 관개용수, 수로유지용수, 영농용수 등 농업에 이용되는 농업용수를 의미하며, 광의로는 농업용수 외에 농어촌지역에 필요한 생활용수, 레크리에이션용수, 환경용수 등 지역용수까지 포함한다. 따라서 농촌용수는 식량생산기반으로서의 역할뿐만 아니라 환경보전, 전통문화 및 지역사회 등과 밀접한 관련이 있어 사회자본으로서의 큰 역할을 하고 있다. 농촌용수의 다목적 기능은 크게 농업생산과 관련된 기본기능 및 파생적 편익기능으로 구분된다. 기본기능은 생산자원으로서 식량안보 기능을 의미하며, 편익기능은 수자원, 어메니티

자원, 환경보전자원, 사회문화자원, 방재자원, 에너지자원의 여섯 가지로 이는 13개 세부기능으로 구분된다.

현재 농촌용수 관리체계는 한국농어촌공사와 지방자치단체로 이원화되어 있다. 전체 수리답[52] 면적 732천 ㏊(2018년 기준) 중 대규모 수혜지역에 조성된 우량농지를 중심으로 527천 ㏊(68%)는 한국농어촌공사가 관리하고, 그 외 지역은 지방자치단체가 관리한다. 농촌용수는 그 특성상 소규모 지역별로 분산되어 있고, 대다수가 농업용수로 이용되고 있어서 농업인의 수리권 보전의식이 강하다.

농촌용수의 구분

구분	종류	용도
농업용수 (협의)	관개용수	논, 밭관개, 하우스 등
	수로유지용수	취수위 유지, 잡초방지 등
	영농용수	토양침투, 냉해 및 풍해방지, 방재, 시비용수 등
지역용수 (광의)	지역사회 활동용수	생활용수, 소방, 양어, 수차 및 소수력 발전 등
	레크리에이션용수	경관보전, 공원용수, 친수, 수영, 물놀이 등
	환경용수	생물 및 수질 보전, 지하수 함양 등

* 출처: 농촌용수종합정보시스템, https://rawris.ekr.or.kr/farmwater.do?page=farmwater_introduce

수리시설물은 일정 구역에 농업용수를 공급하기 위해 인위적으로 물을 집수, 도수 또는 배수하는 시설로 저수지(reservoir), 양·배수장(pumping station), 집수암거(infiltration gallery), 취입보(diversion weir), 관정, 방조제(담수호) 등이 있다.

52) 농경지는 관개 방식에 따라 저수지, 양배수장 등 수리시설물 관개의 혜택을 받는 수리답과 수리불안전답(천수답 등 주로 자연에 의존하여 관개하는 논)으로 구분된다.

농업생산기반시설(수리시설물) 유형

저수지	하천의 계곡에 댐을 축조하여 저수하는 시설로서, 주위에 흙을 이용하여 만든 규모가 작은 소류지도 이에 포함
양수장	강이나 하천의 수면이 관개지역보다 낮아 자연 관개를 할 수 없을 경우 강이나 하천의 물을 이용하기 위해 물을 양수하여 관개하는 시설
배수장	배수가 불량하거나 홍수 시 물이 하천이나 강으로 빠지지 못하여 농경지 등이 침수되지 않도록 물을 배수하는 시설
보	하천에서 관개용수를 농경지에 공급하기 위하여 하천의 일부 또는 전부를 가로막는 시설
집수암거	지하수 등을 채수하기 위하여 하천의 바닥을 굴착하여 유공관을 매설하여 관개급수하는 시설
관정	지하에 일정한 관(철관, 콘크리트관, PVC관 등)을 매설하여 지하수를 양수하여 이용하는 시설
방조제	해면간척지에서 밀려드는 조수의 피해로부터 농지를 보호하기 위한 제방
용수로	용수원으로부터 물을 농경지까지 보내기 위한 수로,
배수로	잉여수나 불요수를 저지 또는 강, 호수, 바다로 배출하는 수로

* 출처: 농촌용수종합정보시스템. https://rawris.ekr.or.kr/facilities.do?page=facilities_terms

농업용수시설의 안전성 강화 및 영농 편의 제공을 위해서는 정기적인 수리시설 점검을 통한 노후 시설물 개·보수 등 체계적 관리가 요구된다. 최근에는 지진에 대비한 내진설계 강화, 집중호우 등 기후변화에 대비한 관리가 요구된다. 한편 농어촌 탄소중립을 위해 수리시설 유휴부지를 활용한 재생에너지 개발도 확대할 필요가 있다.

농업생산기반시설(수리시설물) 현황 (2019년 기준)

구분		계		농어촌공사 관리		시·군 관리	
		시설 수	면적(ha)	시설 수	면적(ha)	시설 수	면적(ha)
합계		73,461	682,728	14,170	476,035	59,291	206,693
	저수지	17,147	424,045	3,400	324,213	13,747	99,833
	양수장	7,620	149,916	3,765	121,976	3,855	27,940
	양배수장	125	24,663	106	24,290	19	373
	배수장	1,157	-	859	-	298	-
	취입보	17,958	51,985	4,169	5,306	13,789	46,678
	집수암거	2,614	6,412	305	244	2,309	6,168
	관정	26,840	25,707	1,566	6	25,274	25,701
방조제		1,699	-	144	-	1,555	-

* 출처: 농촌용수종합정보시스템. https://rawris.ekr.or.kr/facilities_present.do

2. 농업경영체(농업인 및 농업법인) 육성

1) 농업인력 육성

농업은 노동집약적 산업으로 농업생산기반의 두 번째 핵심요소로 농업인을 들 수 있다. 특히 농업인구가 지속적으로 감소하고 있어, 정부는 후계농업경영인 육성 등 미래의 농업인력을 육성·확보에 노력하고 있다(「기본법」 제25조). 구체적으로 정부는 전문농업기술 및 경영능력을 갖추고 농업 발전에 중추적이고 선도적인 역할을 할 수 있는 전업농업인을 육성하고(제26조), 여성농업인의 지위 향상, 참여 확대, 전문인력화를 위한 정책을 수립·시행하고 있다(제27조). 또한 농업의 생산성 향상과 농산물의 출하·유통·가공 등의 효율화를 위해 혁신적이고 생산성 높은 농업법인(영농조합법인 및 농업회사법인)의 육성 정책도 추진하고 있다(제28조).

국내 농업인력의 전반적 규모는 농업경영체 등록 현황을 통해 대략적으로 파악할 수 있다. 2024년 기준 전국에 농업경영체[53]로 등록한 농업인 경영주는 182만여 명이며, 경영주 외(가족 및 피고용인) 농업인까지 합친 총 농업인은 254만여 명으로 조사되었다. 전업농업인이 191만 명, 겸업농업인이 63만 명이며, 성별로는 남성이 138만 명, 여성이 116만 명으로 나타났다. 농업경영체로 등록한 농업법인은 영농조합법인 7,459개, 농업회사법인 10,497개로 총 17,956개의 농업법인이 농업을 영위하고 있다.

지역별 농업인(농업경영체) 현황(2024년)

	농업인 수	성별		종사 형태		경영주와 관계		
		남	여	전업	겸업	본인	가족	피고용인
서울	28,347	17,551	10,796	13,638	14,709	24,512	3,828	7
부산	27,019	15,233	11,786	16,348	10,671	21,120	5,893	6
대구	60,235	34,070	26,165	38,500	21,735	44,640	15,593	2
인천	33,970	19,171	14,799	23,472	10,498	25,553	8,402	15
광주	37,570	21,182	16,388	22,546	15,024	30,718	6,851	1
대전	29,507	17,598	11,909	16,779	12,728	23,506	5,992	9
울산	37,024	20,154	16,870	23,854	13,170	27,242	9,782	0
세종	18,227	10,156	8,071	12,611	5,616	13,351	4,867	9
경기	313,246	179,937	133,309	213,907	99,339	226,240	86,866	140
충북	165,133	91,802	73,331	126,764	38,369	117,392	47,678	63
충남	288,900	153,824	135,076	228,362	60,538	200,689	87,964	247
전남	333,340	171,874	161,466	262,013	71,327	245,127	88,132	81
경북	391,823	212,437	179,386	313,565	78,258	277,654	114,111	58
경남	309,187	156,656	152,531	237,417	71,770	213,979	94,713	495
제주	78,640	43,922	34,718	54,185	24,455	54,724	23,904	12
강원	159,000	89,423	69,577	117,873	41,127	110,806	46,855	1,339
전북	228,090	121,665	106,425	183,309	44,781	166,153	61,719	218
총계	2,539,258	1,376,655	1,162,603	1,905,143	634,115	1,823,406	713,150	2,702

* 주: 농업경영체로 등록한 농업인 경영주인 농업인(본인) + 경영주 외 농업인의 합

* 출처: 농림사업정보시스템. https://uni.agrix.go.kr/docs7/biOlap/fixType.do?reportId=report02

53) 농업경영체는 "농어업경영체 육성 및 지원에 관한 법률"에 따라 농업·농촌에 관련된 융자·보조금 등을 지원받기 위하여 농업경영 관련 정보를 등록한 농업인 및 농업법인을 말한다.

지역별 농업법인(농업경영체) 현황(2024년)

	경영체 수	법인 형태	
		영농조합법인	농업회사법인
서울특별시	119	2	117
부산광역시	113	17	96
대구광역시	180	48	132
인천광역시	173	27	146
광주광역시	188	34	154
대전광역시	115	13	102
울산광역시	110	25	85
세종특별자치시	117	29	88
경기도	2,172	372	1,800
충청북도	1,129	432	697
충청남도	2,069	943	1,126
전라남도	3,378	1,858	1,520
경상북도	2,030	784	1,246
경상남도	1,608	715	893
제주특별자치도	827	344	483
강원특별자치도	976	451	525
전북특별자치도	2,652	1,365	1,287
총계	17,956	7,459	10,497

* 출처: 농림사업정보시스템. https://uni.agrix.go.kr/docs7/biOlap/fixType.do?reportId=corp

2) 농업경영체 구조개선 및 경영안정 지원

농업경영체가 지속적인 경영 혁신을 통해 소득이나 매출을 높일 수 있도록 농업 경영의 상담, 교육훈련 및 정보 제공 등 농업경영체의 경영안정 및 구조개선을 촉진해야 한다. 이를 위해 정부는 농업경영체들에 대해 다음과 같이 필요한 행·재정적인 지원을 제공한다(「기본법」 제39조 제1항 내지 제3항).

법에 규정된 항목은 ①토양 등 환경의 보전과 지구온실가스 감축을 위한 지원, ②농업 재해 및 농업 활동에 따른 인적 재해 등에 대한 지원, ③농업 경영의 규모화, 고령 농업인의 농업 경영 이양 및 농업생산 자원의 폐기·감축 등을 위한 지원, ④농업 여건이 낙후된 지역에 대한 지원, ⑤농업생산과 직접 연계되지 아니하는 소득 보조 및 농업투입재의 비용절감을 위한 지원, ⑥특정 품목과 직접 연계되지 아니하는 농가 단위 소득 보조를 들 수 있다.

농업인 중 다른 산업으로 직업을 전환하거나 농업에 재취업하려는 경우 농업인 구조개선 촉진 차원에서 직업훈련의 실시 및 취업의 알선, 직업전환 및 재취업 장려금의 지원, 실직 농업인의 생활안정지원 등의 지원을 제공할 수 있다(제39조 제4항 내지 제5항). 농업의 부가가치 향상을 위해 농업분야의 첨단과학기술 및 영농·경영기법의 개발 지원 등을 통해 벤처농업을 지원·육성하고 있다(제29조).

지역별 및 연령별 농업인 현황(2024년)

	~29	30~39	40~49	50~59	60~69	70~79	80~	합계
서울	181	804	2,065	5,426	10,744	6,945	2,182	28,347
부산	69	420	1,438	4,419	10,458	7,859	2,356	27,019
대구	159	847	3,347	11,226	22,404	15,737	6,515	60,235
인천	124	542	1,687	5,440	12,306	8,799	5,072	33,970
광주	167	871	3,101	8,419	12,919	8,674	3,419	37,570
대전	93	482	1,745	6,020	11,577	7,128	2,462	29,507
울산	78	431	1,829	7,348	14,770	9,130	3,438	37,024
세종	80	441	1,414	3,368	6,671	4,082	2,171	18,227
경기	2,160	6,749	18,720	57,309	116,844	74,750	36,714	313,246
충북	763	2,728	7,788	27,762	63,126	41,025	21,941	165,133
충남	1,033	5,133	14,755	43,087	96,835	76,457	51,000	288,900
전남	2,329	6,634	18,958	53,937	104,003	87,461	60,018	333,340
경북	1,850	6,666	21,003	64,039	135,895	103,196	59,174	391,823
경남	1,523	4,922	15,835	51,930	108,336	80,187	46,454	309,187
제주	667	2,523	9,002	19,345	23,777	15,417	7,909	78,640
강원	721	3,295	8,064	27,337	62,182	37,714	19,687	159,000
전북	1,903	5,306	14,496	38,738	73,075	59,268	35,304	228,090
총계	14,500	48,794	145,247	435,150	885,922	643,829	365,816	2,539,258

* 출처: 농림사업정보시스템. https://uni.agrix.go.kr/docs7/biOlap/fixType.do?reportId=report02

제3절 농업인 소득 지원

1. 농업·농촌 공익기능 증진 직접지불제도 확대

정부수립 이후 추곡수매제를 통해 쌀 생산가격을 지지해 왔으나, 세계무역기구(WTO)와 협상 결과에 따라 추곡수매제와 논농업직불제 등으로는 쌀 생산 농가의 소득보전에 한계가 발생했다. 추곡수매제도만으로는 쌀 생산 농가의 소득보전이 어렵게 되자 2002년 12월에 「쌀소득보전기금의 설치 및 운영에 관한 법률」이 제정되어 2003년에 '쌀소득보전기금'이 설치되었다. 쌀소득보전기금은 재원의 안정적인 확보를 위해 농업인 납부금과 정부출연금으로 조성·운용되는데, 당해 연도 수확기 쌀값이 보전기준 가격보다 하락할 경우에 쌀소득보전기금을 통해 그 차액의 80%를 쌀소득보전금 약정을 체결한 농업인에게 지급하였다.

이후 추곡수매제도의 경우 쌀 농가의 소득안정, 식량안보 목적의 비축, 수급조절 기능을 수행해 왔는데 2005년도에 폐지되고, 쌀 생산 농가의 소득보전을 위한 '직접지불제', 식량안보 목적의 비축을 위한 '공공비축제', 수급조절은 민간수급조절 기능 활성화로 '양정제도'로 개편되었다. 이에 따라 2005년 7월부터 「쌀소득 등의 보전에 관한 법률」이 시행되어 쌀소득보전직불제는 기존의 농업인 납부금 제도를 폐지하고, 고정직불금과 변동직불금을 지급하는 제도로 개편되었다. 직불금 재원은 「양곡관리법」 제13조의2에 따른 수입이익금으로 조성되며 1998~2000년까지 논농업에 이용된 농지에 한하여 고정직불금(㏊당 600,000원, 9,836원/80㎏)과 변동직불금(목표가격과 산지쌀가격과의 차액의 85%에서 고정직불금을 차감한 금액)을 지급하도록 했다.

이후 논농업과 함께 밭농업 종사자의 소득안정을 위해 2015년 1월부터 「농업소득의 보전에 관한 법률」이 시행되고 「쌀소득 등의 보전에 관한 법률」이 폐지되었다. 그러나 쌀·밭 직불제 사업추진과정에서 쌀 직불금이 타 작물보다 높은 단가로 지급됨에 따라 쌀직불에 편중[54]되는 문제가 발생했다. 이로 인해 타 작물과의 형평성 문제가 제기되고, 연도별 수확기 쌀값 변동에 따른 집행률 편차가 커지자 사업구조 개편 필요성이 제기되었다. 아울러 농산물의 적기·적정 공급 외에 품질, 안전성 등 질적 공급에 대한 소비자 요구가 증가하고, 농촌의 환경, 경관, 수질·토양 등 지속가능한 농업농촌의 공익가치에 대한 요구가 증가하였다.

이에 2019년 12월에 기존 「농업소득의 보전에 관한 법률」이 「농업·농촌 공익기능 증진 직접지불제도 운영에 관한 법률」로 전부 개정되었다. 이에 따라 2020년부터 직접지불사업은 품목에 관계없이 농촌거주, 농업외소득, 경지면적 등을 고려한 '소농직불'과 면적단위로 역진적 단가로 구성된 '면적직불'로 구성된 〈기본직불사업〉과 친환경농업, 경관보전 등 〈선택직불사업〉으로 개편되고, 기금 명칭도 '농업소득보전직접지불기금'에서 '농업농촌공익기능증진직접지불기금'으로 변경되었다.

---

54) 최근 10년간 전체 직불금의 80.7%를 차지하고 있다.

2019년 농업농촌 공익기능 증진 직접지불사업 개편 내용

개편 전
경관보전직불, 친환경직불
조건불리지역직불
쌀소득보전직불: 고정, 변동
밭농업직불: 고정, 논이모작

⇨

<table>
<tr><th colspan="3">개편 후</th></tr>
<tr><td rowspan="3">공익직불제</td><td>선택형 공익직불</td><td>경관보전직불, 친환경직불(농산, 축산), 논활용직불 등</td></tr>
<tr><td rowspan="2">기본형 공익직불</td><td>면적직불금(역진적 단가)</td></tr>
<tr><td>소농직불금(정액)</td></tr>
</table>

종전의 쌀직불금은 목표가격 대비 98.1%가 지급되어 쌀값 하락에 대응하여 쌀변동직불금을 지원함으로써 쌀 생산농가의 소득보전에 기여해 왔다. 2020년 5월에 '공익직불제'가 시행되어 농가·농업인 평균 지급액은 당초 109만 원에서 203만 원으로 1.9배 증가하였다. 소농직불금은 431천 농가 대상 5,162억 원, 면적직불금은 690천 명 대상 17,607억 원이 지급되어 소규모 농가의 소득안정에 기여했다. 아울러 쌀 직불금은 1.6배(2019년 129만 원에서 2020년 211만 원) 증가했으나, 밭작물 대상은 3.3배(2019년 56만 원에서 2020년에 182만 원) 증가하여 품목별 형평성을 제고했다.

쌀소득보전직불금(쌀고정 + 쌀변동)

연산별	예산액(억 원)	지급 총액(억 원)	ha당 지급액(원)	80kg당 지급액(원)	수확기 쌀값(원/80kg)	80kg당 조수입(원)	목표가격 대비(%)
'19	10,412	10,394	1,367,160	20,405	189,994	210,399	98.3
'18	10,623	9,172	1,170,448	17,469	193,448	210,917	98.6
'17	18,960	13,708	1,788,382	28,387	154,603	182,990	97.3

* 목표가격: ('13~'17년산) 188,000원, ('18년산~) 214,000원, ('19년 12월) 목표가격 폐지
* 출처: 농림축산식품부. 2024년 기금존치평가 보고서(농업농촌공익기능증진직접지불기금

연도별 공익직불금 지급액(기본직불금)

(천 건, 천 호, 천 명, 천 ha, 억 원)

기본직불금		'19년*	'20년	'21년	'22년	'23년
지급액(억 원)		12,356	22,769	22,268	21,943	23,018
	소농직불	1,306	5,162	5,399	5,405	5,875
	면적직불	11,050	17,607	16,869	16,538	17,143
대상자(천 건)		1,135	1,121	1,122	1,129	1,285
	소농직불(천 호)	538	431	450	450	490
	면적직불(천 명)	597	690	672	679	795

* 출처: 농림축산식품부. 2024년 기금존치평가 보고서(농업농촌공익기능증진직접지불기금

연도별 공익직불금 지급액(선택직불금)

(천 건, 건(친환경축산), 억 원)

선택직불금	'20년		'21년		'22년		'23년	
	건수	금액	건수	금액	건수	금액	건수	금액
친환경농업	35	232	36	244	35	222	35	210
경관보전	10	89	11	91	11	86	11	85
친환경축산(건)	32	7	29	7	26	6	21	4
전략작물	53	466	47	473	50	427	73	1,080
합 계	98	794	94	815	96	741	140	1,379

* 출처: 농림축산식품부. 2024년 기금존치평가 보고서(농업농촌공익기능증진직접지불기금

코로나19, 자연재해 등으로 영농 여건이 계속 악화되고 있기에 공익직불제가 농가 소득 안정과 지역경제 활성화에 기여하고 있다. 한국농촌경제연구원(KREI, 2023)에 의하면 공익직불금 지급 이후 십분위수 및 지니계수가 감소하여[55] 농가소득의 불평등도가 완화된 것으로 분석되었다. 기본직불금은 2020년부터 2023년도까지 2조 2천억 원 이상을 의무적으로 지급하였으며, 선택직불금 지급액은 2020년 794억 원

55) 십분위수(P90/P10)는 19년 22.722, 20년 8.546, 21년 8.42, 22년 8.929로 개선되었고, 지니계수도 19년 0.623, 20년 0.463, 21년 0.459, 22년 0.462로 감소하여 불평등도가 개선되었다.

을 시작으로 2023년 1,379억 원으로 74%로 상승했다.

기존 농업소득직불제와 비교한 공익직불제의 성과는 다음과 같다. 첫째, 쌀 중심의 농정 패러다임을 전환하고 작물 간의 형평성을 제고하였다. 현재 쌀 수취가격의 안정적 유지 및 쌀 생산을 조건으로 직불금이 지급되어 쌀 생산 유발 및 수급 불균형을 심화[56]시켜 왔다. 모든 작물을 대상으로 동일 금액을 지급함으로써 논·밭 농가 간 형평성 제고, 콩·사료작물 등의 재배면적 확대 및 자급률 향상에 기여하고 있다.

둘째, 생태·환경 관련 의무를 강화하여 국민 눈높이에 맞는 농업 발전에 기여하고 있다. 기존 쌀안전 농산물의 안정적 공급, 쉼터로서의 농촌, 환경·생태·문화보전 등에 대한 국민의 높아지는 요구 수준에 부응하지 못했다.[57] 공익직불제로의 개편을 통해 식품안전·환경보호·공동체유지 등 농업·농촌의 공익적 기능 증진을 위한 공익증진 활동을 확대 추진하고 있다.

셋째, 중·소규모 농가에 대한 소득안정기능 강화로 농가 간 형평성을 제고하고 있다. 소규모 농가에게는 면적에 관계없이 일정금액을 지급하고, 그 외 농가에게는 역진적 단가 체계의 면적 직불금을 지급한다.

넷째, WTO 허용보조(Green Box)로의 변화를 통해 대외환경 변화에 대응력을 강화해 왔다. 쌀 변동직불제는 WTO 농업협정상 감축

---

56) 2017년 기준 전체 농가의 55%를 차지하는 쌀 농가에 직불금의 80.7%가 지급되었다.

57) 2016년 기준 비료 사용량이 한국은 268kg/ha로 미국 136kg/ha, 캐나다 79kg/ha보다 많고, 2011~2015년 동안 연평균 농약 사용량도 한국은 10.9kg/ha로 미국 1.0kg/ha, 영국 1.2kg/ha에 비해 월등히 많다.

대상보조이기 때문에 보조총액측정치(Aggregate Measurement of Support, AMS)인 1조 4,900억 원 이상은 지급이 불가한 반면 공익직불제는 생산·가격에 연계되지 않는 '생산 비연계 허용보조'로 AMS 한도에 상관없이 지급할 수 있어 제도의 지속적인 운영이 가능하다.

2. WTO협정 및 자유무역협정(FTA) 이행 보장

WTO 다자협정 및 FTA 양자협정에 따른 농수산물 수입개방 확대로 인한 중소 농업인들의 피해를 최소화하기 위해 농산물 혹은 양곡수입이익금을 재원으로 하는 기금을 조성하여 다양한 농가 지원사업을 추진하고 있다.

이에 대한 상세한 내용은 제9장에서 설명한다.

3. 농어업재해보험

1) 개관 및 도입 경과

농업인이 직면하는 경영위험은 기후변화로 인한 생산위험, 농산물 및 농자재 가격변동에 따른 가격위험, 재무위험, 제도적 위험 등 다양한 위험에 노출되어 있다. 그중에서 농업은 특성상 다른 산업에 비해 기후나 자연조건에 영향을 많이 받는 산업으로 이상기후 등으로 인한 자연재해에 취약하다. 농업재해는 불예측성, 광역성, 대규모성, 동시성·복합성, 계절성, 불가항력성 등을 특징으로 하기에 자연재해로부터 농업을 보호하기 위해 여러 보호장치로서 농어업재해보험을 도입·운영하고 있다.[58] 전 세계적으로 농가 경영안정 및 소득안정 장치로서 농업재해보험 제도가 강화되는 추세에 있다. 국내에서도 농가의 지속적인 영농활동을 위한 농업경영위험 관리 장치로서 농업재해보험의 중요성이 강조되고 있다.

1997년에 가축재해보험이 최초로 도입·시행되었다. 이후 1999년 태풍 '올가'의 피해 등으로 농작물재해보험 도입에 대한 사회적 요구가 급증하자, 정부는 제도 도입을 검토하였다. 이에 재해 피해가 크고 전업농 비중이 높은 과수품목 중 생산량 규모가 큰 사과와 배를 대상으로 2001년에 최초로 농작물재해보험 시범사업을 실시한 후 2003년에는 전국적으로 본사업을 실시하였다.

시범사업 당시에는 일본에서 운영하는 특정위험방식을 준용하여 자연재해의 90% 이상을 차지한 태풍(강풍)·우박·동상해를 기본 보장으로 설계하였다. 그러나 보험 대상 품목이 제한적이고 특정재해에 대해서만 보상하여 보장범위가 제한적이었다. 이에 복숭아·포도·감귤·단감 4개 품종을 대상으로 2002년에 시범사업을 거쳐 2004년에는 전국적 본사업을 실시하였다. 2010년에는 「舊농작물재해보험법」이 「농어업재해보험법」으로 전면 개정되어 보험목적물 범위에 농업용시설물이 포함됨에 따라 단동형 비닐하우스를 시작으로 농업용시설에 대한 보험이 시작되었다. 2015년에는 수입보장보험[59]이 도입되어 콩·포도·양파 대상 시범사업이 실시되었고, 2016년 마늘, 2017년 감자·고구마, 2018년 양배추가 추가되어 총 7개 품목을 대상으로 운영하고 있다.

---

58) 농업정책보험금융원(2025). 농업재해보험 손해평가의 이론과 실무.

59) 농작물재해보험이 수확량의 기준 이하 하락을 보상하는 보험이라면 수입보장보험은 수확량 감소나 시장가격 하락으로 농가 수입이 일정 수준 이하로 하락하지 않도록 보장하는 보험이다.

최근의 주요 제도 개선 내용으로 2015년에 「농어업재해보험법」 및 「축산법」 개정을 통해 수입(收入) 감소 농가 경영안정을 목적으로 하는 '농업수입보장보험'이, 2018년에는 가축 치료 및 예찰 지원을 위한 '가축질병치료보험'이 추가로 도입되었다. 한편 2015년에 「농어업인의 안전보험 및 안전재해예방에 관한 법률」이 제정되어 2016년부터 '농어업인안전보험'제도가 도입·운영되고 있다.

농어업재해보험 도입 경과

- 2001: 사과와 배 대상 최초로 농작물재해보험 시범사업 실시
- 2002: 복숭아·포도·감귤·단감 대상 시범사업 실시
- 2003: 사과와 배 대상 전국적 본사업 실시
- 2004: 복숭아·포도·감귤·단감 대상 전국적 본사업 실시
- 2006: 산림청의 품목 확대 요청에 따라 떫은감 대상 시범사업 실시
- 2007: 밤·참다래·자두 대상 시범사업 실시
- 2008: 고추·콩·감자·양파·시설 수박 대상 시범사업 실시, 떫은감 본사업 전환
- 2009: 벼·고구마·옥수수·마늘·매실 시범사업 실시
- 2010: 대추·농업용시설(단동하우스)·시설작물(오이·참외·토마토·딸기) 시범사업
- 2011: 시설작물(호박·풋고추·국화·장미)·복분자 시범사업 실시
- 2012: 시설작물(멜론·파프리카) 품목 추가, 오디·인삼·차 시범사업 실시
- 2013: 느타리버섯·표고버섯 시범사업 실시, 배 종합보장방식 시범사업 시행
- 2014: 시설작물(배추·가지·파) 시범사업 실시, 고추·농업용 시설물 본사업 시행, 원예시설 시범사업 100개 시군으로 확대, 배 적과전종합보험 시범사업 12개 시군으로 확대, 단감 적과전종합보장방식 시범사업 실시
- 2015: 수입보장보험(콩·양파·포도·마늘·감자·고구마) 시범사업 실시, 시설작물(파프리카·멜론) 전국사업 확대, 무·백합·카네이션 시범사업 실시, 사과 적과전 종합보장방식 시범사업 실시
- 2016: 수입보장보험(마늘) 시범사업 실시, 적과전종합보험에 떫은(대봉)감 추가, 인삼·표고버섯 전국사업 실시, 양배추·밀·오미자·시설작물(미나리) 시범사업 실시
- 2017: 수입보장보험(감자·고구마) 시범사업 실시, 무화과·유자·시설작물(쑥갓) 시범사업 실시
- 2018: 메밀·브로콜리·새송이버섯·양송이버섯 시범사업 실시, 수입보장보험(양배추) 실시
- 2019: 배추(고랭지·월동), 무(고랭지·월동), 단호박, 당근, 파(대파·쪽파·실파)
- 2020: 호두, 팥, 시금치, 보리, 살구 시범사업 실시

2) 주요내용

농어업재해보험[60] 중 농업재해보험은 농작물재해보험, 가축재해보험, 농업수입보장보험 및 가축질병치료보험을 통칭하는 개념이다. 「농어업재해보험법」 및 「축산법」에 근거하여 자연재해 등으로 인한 농작물·임산물·수산물·가축 및 농어업용 시설물 피해를 실손 보상함으로써 농가 경영안정 및 농업 재생산 활동 보장 등을 목적으로 1997년 이후 순차적으로 도입되었다. 일반적으로 정부가 순보험료의 50%를 지원하고 있으며(제19조) 재원은 주로 농어촌구조개선특별회계를 통해 충당하고 있다.

농업재해보험은 정책보험으로서 농업인이 대응하기 어렵거나 시장기구에 의존하여 해결하기 어려운 위험을 정부가 주도하여 관리하고 기반을 마련한다.

농업재해보험의 특징으로 첫째, 주요 담보위험이 자연재해라는 점이다. 민영보험사들이 판매하는 일반보험은 통상 자연재해로 인한 피해를 보상하지 않는다. 반면, 농작물재해보험은 자연재해로 인한 피해를 대상으로 하는 특수한 보험이기에 주로 정책보험으로 운영된다. 둘째, 손해평가가 상대적으로 매우 복잡하고 어렵다. 농작물·가축과 같은 생물(生物)의 특성상 손해액을 정확하게 평가하기 어렵고, 평가 시점에 따라 피해 정도가 달라지기도 하며, 단기간에 평가를 집중해야 하므로 손해평가에 큰 비용 및 인력이 소요된다. 셋째, 피보험자의 위험도를 차별화하기 곤란하다. 이로 인해 가령 농작물재해보험의 보험료율은

60) 농어업재해보험은 기본적으로 농작물재해보험, 가축재해보험, 임산물재해보험 및 양식수산물재해보험으로 구분하여 운영되고 있다(농어업재해보험버 제4조).

농가단위가 아닌 시·군단위로 책정하고 있다. 넷째, 농가의 영세성을 고려하여 농업인의 경제력에 따라 보험료 일부를 차등 지원한다. 농업인의 경제적 부담을 줄이기 위해 정부가 순보험료의 50%를 지원하고, 지자체도 도비와 시군비를 통해 보험료를 지원하기도 한다. 다섯째, 농작물재해보험은 통상 농작물의 생육이 확인되는 시기부터 농작물을 수확할 때까지의 기간에 발생하는 재해를 대상으로 하며 따라서 보험기간이 통상 1년 미만인 단기보험이다. 여섯째, 대규모 농업재해가 발생할 경우 발생하는 위험을 분산하기 위해 대다수 국가들은 재해보험사업자가 인수한 책임의 일부를 분담하는 국가재보험을 실시한다.

농업재해보험의 기대효과는 다음과 같다. 첫째, 농업재해보험은 재해농가의 손실 회복을 통해 농가 소득의 변동성을 감소시켜 농가의 생존 기간 및 생존율 증가에 기여한다. 둘째, 농가의 신용력을 증대해 준다. 보험금을 통한 손실 회복은 물론 농업재해보험 가입 자체로 농가의 신용을 높일 수 있다. 셋째, 농촌지역 경제 및 사회 안정화에 기여한다. 농업재해보험을 통해 농업재해에 따른 생산감소, 이로 인한 경제적 손실을 복구함으로써 농촌지역경제에 미칠 충격을 완화할 수 있다. 넷째, 농업경영체들의 생산위험을 감소시킴으로써 농업 투자를 확대할 수 있다. 소득 불안정성은 농가 경영의 불확실성을 유발하여 농업 투자를 억제하는 요인으로 작용하기 때문이다. 물론 제도의 불완전성으로 인해 운영 과정에서 일부 부작용이 발생할 수도 있지만 지속적인 제도 개선을 통해 농업재해보험은 궁극적으로 지속가능한 농업발전과 안정적 식량공급에 기여하고 있다.

3) 농어업재해재보험제도

농작물재해보험은 2001년에 도입됐으나, 운영의 어려움으로 인해 2003년부터는 농협손해보험이 유일하게 보험사업을 운용하고 있다. 다른 보험사들은 농협손해보험의 농작물손해보험에 대한 재보험을 운영했는데 높은 손해율로 인해 다른 보험회사와의 재보험 계약에도 어려움을 겪게 되어 정부는 농작물재해보험의 안정적 운영을 위해 2005년 국가재보험제도를 도입했고, 재보험사업의 재원 충당을 위해 '농어업재해재보험기금'을 설치·운용하고 있다. 농어업재해재보험기금[61]을 활용한 농어업재해재보험은 농작물재해보험 손해율이 180%를 초과한 부분에 적용된다.

농림축산식품부장관은 해양수산부장관과 공동으로 재보험사업에 필요한 재원에 충당하기 위하여 농어업재해재보험기금을 설치·운용한다(「농어업재해보험법」 제21조7). 농어업재해재보험기금의 재원은 민간보험사업자로부터 받은 재보험료, 정부 및 다른 기금으로부터 받은 출연금, 재보험금의 회수 자금, 기금의 운영수익금과 그 밖의 수입금, 차입금 등이며, 재보험금의 지급, 차입금의 원리금 상환, 기금의 관리·운용에 필요한 경비 등에 지출된다. 농어업재해재보험기금은 농작물재해보험, 농업수입보장보험, 양식수산물재해보험에 대한 재보험을 제공하고 있다.

2005년 기금설치 이후 2024년 12월 말 현재 누적 총 1조 4,003억 원을 조성하여, 재보험금 등으로 총 1조 1,511억 원을 지출하였다. 주요 재원을 기금 조성 내역을 보면 2022년 기준으로 정부출연금 750

---

61) 기금의 재원은 재해보험사업자가 정부에 납입하여야 할 재보험료, 정부출연금, 정부 이외의 자 및 다른 기금으로부터의 출연금, 재보험금의 회수 자금, 금융기관 등으로부터의 차입금 등이다.

억 원, 재보험료수입 1,100억 원, 이자수입 11억 원, 여유자금 회수 2,118억 원으로 총 운용규모는 4,002억 원이었다. 연간 재보험금 지급액은 편차가 매우 큰데 적게는 2023년 1.2억 원부터 많게는 2019년 3,514억 원에 이르고 있다.

재보험기금은 책임분담 방식에 따라 '초과손해율 방식'과 '손익분담 방식'으로 구분된다. 초과손해율 방식이란 보험사가 국가에 재보험료를 납부하고 국가는 위험군별 기준손해율을 초과하는 손해액 전부를 부담하는 방식인 반면, 손익분담 방식은 국가-보험사업자-재보험사가 약정된 비율로 보험사업의 이익 분배와 손실을 분담하는 방식을 의미한다. 2023년 기준 양식수산물재해보험은 초과손해율 방식, 농작물재해보험과 농업수입보장보험은 손익분담 방식을 채택하고 있다.[62]

제4절 식량 인프라 개선

1. 식량정책의 중요성

혁신적 농산업의 발전에도 불구하고 농식품정책의 기본 목표는 양질의 식량을 안정적으로 확보하는 데 있다. 최근 전 세계적으로 극심한 기후변화로 인해 식량 생산량이 급감하고, 이로 인해 여러 국가들은 자국의 식량인보를 위해 식량 수출을 제한하는 등 식량안보는 국가 및 인류 존립에 있어 매우 중요한 과제이다. 농업바이오기술 등의 발달

62) 농업정책보험금융원(2022). 〈2022년 농어업재해재보험제도의 안정적 운영을 위한 해외사례 조사〉, p.13.

로 다양한 대체작물들이 개발되고 있지만 모든 국가에서 농식품정책의 기본 목표는 인간의 생존에 필수불가결한 식량을 안정적으로 확보하는 데 있다.

식량안보를 위해 정부는 5년마다 식량 및 주요 식품의 적정한 자급 목표를 설정하여 식량정책을 추진하고 있다. 이때 ①전체 식량(식용 곡물에 한함) 자급률 및 주요 곡물의 식량 자급률, ②전체 곡물 자급률 및 주요 곡물의 곡물 자급률, ③쇠고기, 돼지고기, 닭고기, 우유의 자급률 및 조사료(粗飼料)의 자급률, ④열량 자급률을 고려하여 자급목표를 수립한다.

식량 자급률과 곡물 자급률

식량은 인간의 생존에 필수적인 음식물의 재료를 의미하며, 인간의 생존과 직결되어 있으므로 식량의 안정적 생산과 공급이 중요하다. 곡물은 식물로부터 얻을 수 있는 사람의 식량 등이 되는 물질을 두루 일컫는데, 식량용 곡물 외에 사료용 곡물, 가공용 곡물 등을 포괄한다. 쌀, 밀, 옥수수를 세계 3대 곡물이라고 한다. 식량 자급률은 한 국가가 필요로 하는 식량의 전체 양에서 자국에서 생산할 수 있는 양의 비율이며, 곡물 자급률은 식량용 곡물, 사료용 곡물, 가공용 곡물 등을 포함한 자급 비율로 국내생산량 대비 소비량으로 계산된다.

* 곡물 = 식량용 곡물 + 사료용 곡물 + 가공용 곡물 등

주요식품별 국내 자급률[63]

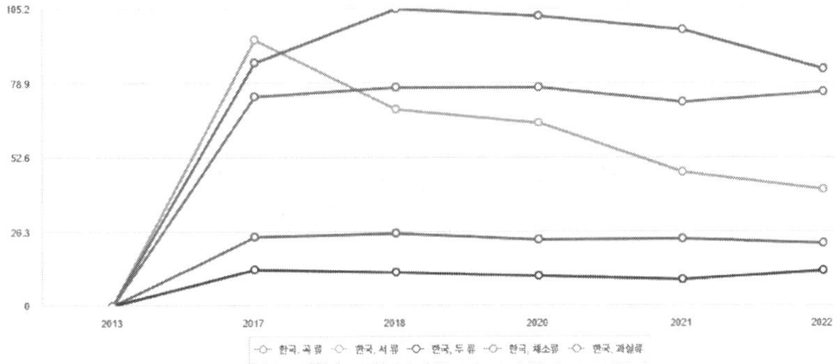

* 출처: 국가농식품통계서비스 https://kass.mafra.go.kr/

주요 곡물별 국내 식량 자급률(사료용 제외)

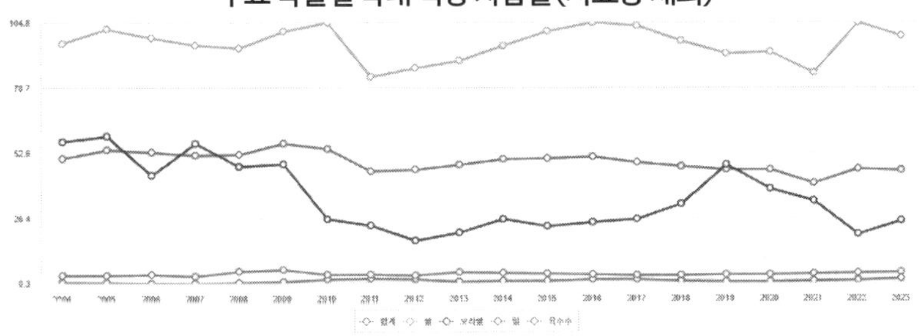

* 출처: 국가농식품통계서비스 https://kass.mafra.go.kr/

사료용 곡물을 제외한 식량 자급률은 1980년 69.6%, 1990년 70.3%에서 2000년 55.6%, 2010년 53.5%를 거쳐 2022년 49.3%로 감소했다. 사료용을 포함한 곡물 자급률은 같은 해 56.0%, 43.1%, 29.7%, 26.3%를 거쳐 2022년에 22.3%까지 하락했다.

---

63) 서류(薯類 root and tuber crop)란 땅 속 줄기 또는 뿌리 일부가 전분이나 기타 다당류의 저장으로 비대해진 괴경 및 구근을 말하며, 감자, 고구마, 토란, 돼지감자, 카사바, 마, 구약감자 등이 이에 속한다. 서류는 수분 함량이 70~80%로 높아 곡류에 비해 저장성이 낮은 편이지만 전분 함량이 많아 주식이나 주식 대용으로 이용될 뿐만 아니라 전분의 원료로 중요한 자원이 된다.

국내 식량 자급률 및 곡물 자급률 현황

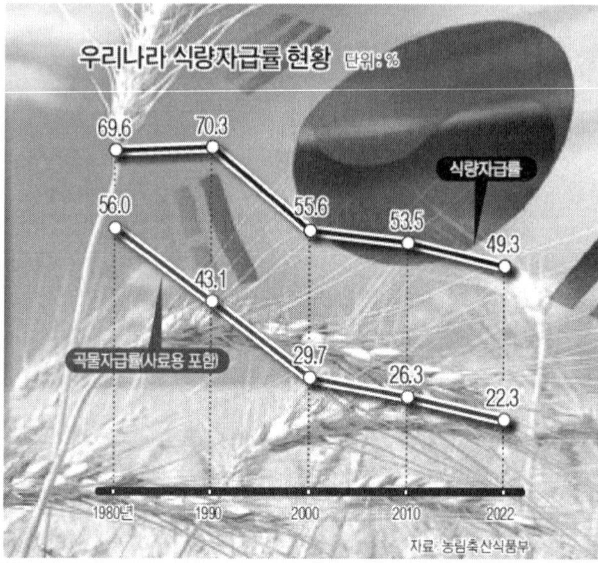

* 출처: 농림축산식품부

2. 농업생산기반 확충

식량작물의 안정적 생산을 통한 국가 식량안보를 위해서는 농업용수 및 농지 개발 등 농업기반시설 확충, 해외 식량공급망 확보를 위한 해외농업개발, 양질의 종자산업 발전을 중심으로 식량 인프라 개선이 요구된다.

다목적농촌용수개발은 논과 밭농사, 생활·환경용수 등 다양한 용도의 농촌용수를 개발하여 안전한 복합영농기반을 구축하기 위한 기본이다. 최근에는 농업·농촌분야 기후변화에 대응하고 농촌지역의 다양한 용수 수요에 대처하기 위하여, 여유 수자원을 효율적으로 배분·활용하고 기존 시설물의 리모델링 등 소규모 수리시설을 통합·재편하는 등 농촌용수 이용체계를 개편하고 있다.

두 번째 농업생산기반인 농지의 경우 대단위농업종합개발을 통해 경지를 정리하고, 간척농지를 확충하고 있다. 국내에서는 그동안 화옹, 시화, 영산강, 금강 등 간척지를 조성하여 농지를 확충해 왔다. 최근에 조성된 간척지의 경우 논 위주에서 벗어나 간척지 범용화로 개발방향을 전환하여 간척농지의 다각적 활용방안을 모색하고 있는데 첨단수출원예단지 조성 등 고부가가치 농업단지 개발도 추진되고 있다. 또한 극심한 기후변화에 대응하여 농지 침수피해, 가뭄피해 예방을 위한 농경지 배수 개선이 추진되고 있다.

농업생산기반시설(수리시설물)

* 주: (좌상) 한국농어촌공사 괴산·증평지사 칠성저수지, (우상) 진도 의신지구 배수개선사업
(좌하) 농업용수 공급·배수를 담당하는 양배수장, (우하) 전남 해남 금호방조제

* 출처: 국제뉴스. 2025. 3. 26. 한국농어촌공사 충북본부, 영농기 대비 농업생산기반시설 관리 총력. https://www.gukjenews.com; 불교방송. 2025. 2. 2. 전남도, 배수개선 등 농업기반시설 정비. https://news.bbsi.co.kr; 한국농어촌공사. 2024. 흙사람 물사랑(웹진). 8월호. 농업용수 공급 안정화를 위한 기반 시설 지킴이 KRC. https://www.ekr.or.kr

3. 해외농업개발

1) 해외농업개발사업

해외농업자원개발은 해외 농업자원을 안정적으로 확보하여 국제 식량위기 등 유사시 다른 나라에서 곡물 등을 들여올 수 있도록 해외 농업생산·유통 자원을 개발하는 사업이다. 주로 민간의 개발사업을 정부가 융자·보조해 주는 방식으로 추진되며, 이를 위해 곡물 등을 확보하고, 현지 적응성이 우수한 품종을 보급하며 영농기술 개발을 지원한다.

해외농업개발을 위해 정부는 글로벌 농업투자환경 조사 지원, 유통시설 구축 등 다양한 방법으로 민간기업들의 해외농업개발을 지원하고 있다. 특히 식량안보 강화, 농산물 수입 의존도 감소 외에 개발도상국 경제 지원 등의 복합적인 목적하에서 해외농업생산기지 개발을 지원하고 있다.

해외농업자원개발 성과를 보면 개발면적은 2010년 27천 ㏊, 2018년 89천 ㏊, 2021년 294천 ㏊로 증가했다. 최근 대기업의 진출 등으로 같은 연도 기준 해외농업자원 확보량도 108천 톤, 622천 톤, 2,155천 톤, 국내반입량도 0.4천 톤, 47천 톤, 634천 톤으로 증가하여 해외농업자원 확보량 대비 반입량 비중도 2010년 0.4%에서 2021년 29.4%로 증가하였다.

다만 연간 양곡 수입량 약 1,700만 톤 대비 해외곡물자원 확보량[64] 및 반입량은 여전히 저조한 상황이다. 2021년 기준 연간 양곡수입량 대비 해외곡물자원 확보량은 7%, 반입량은 4%에 불과하다(제4차 해

---

64) 해외 곡물 확보량은 2010년 78천 톤, 2016년 343천 톤, 2018년 148천 톤, 2021년 1,252천 톤, 곡물 반입량은 같은 연도 기준 0.4천 톤, 27천 톤, 46천 톤, 632천 톤을 차지하고 있다.

외농업자원개발 종합계획). 국내 반입량 확대를 위해서는 국내 수요 품목 개발, 기업의 조기 정착, 실수요기업과 연계 등 전략적 진출과 지원이 요구된다.

해외농업 개발면적 확보량 반입량 추이

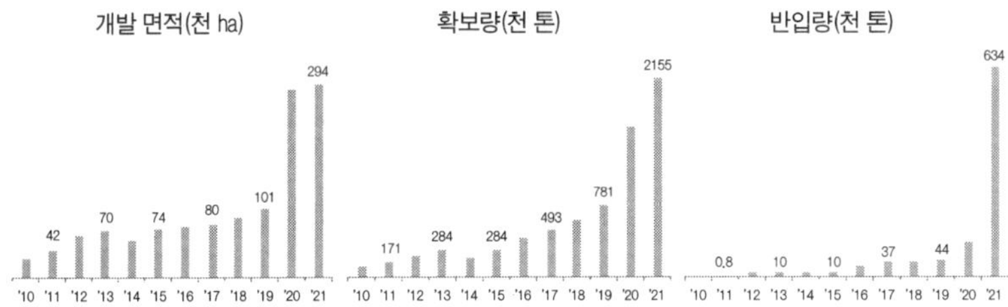

* 출처: 제4차 해외농업자원개발 종합계획

유통, 가공, 저장 부문 및 스마트팜 등 연관 산업과 동반진출 사례가 증가하고 있다. 기존 영농형에서 첨단기술 개발형(스마트팜), 유통형(곡물터미널, 수매+가공), 복합형(생산+수매+가공) 등 다양한 공급기반 형태의 해외 진출이 증가하고 있다. 이에 따라 곡물 외 열대과일, 채소, 오일팜, 카사바 등 비곡물 부문 농업자원 확보량은 사업 초기 대비 30배 증가했으나 여전히 비곡물 부문 개발 전략이 미흡하고, 해외에서 확보한 비곡물 자원의 국내 반입이 미약하다.

해외농업자원 반입량 현황(곡물과 비곡물)

(단위: 톤, %)

구분	곡물류					비곡물류	합계
	밀	콩	옥수수	기타곡물	소계		
2018	-	8,400	24,456	13,744	46,600 (99.2)	396 (0.8)	46,996
2019	-	9,300	15,181	19,432	43,913 (99.4)	249 (0.6)	44,162
2020	68,400	9,782	24,993	2,102	105,277 (96.7)	3,569 (3.3)	108,846
2021	131,000	7,876	489,940	3,766	632,582 (99.8)	1,393 (0.2)	633,975
2022	-	3,735	248,684	3,950	256,369 (99.9)	195 (0.1)	256,564

* 출처: 제4차 해외농업자원개발 종합계획

민간의 해외농업진출 실태를 보면 2021년 기준 32개 국가에 총 214개 법인이 해외농업개발 시행을 신고했고, 이 중 68개 법인이 실제 해외농업개발 활동 중이다. 국가별로 신고법인을 보면 러시아 17개, 중국 31개, 미얀마 6개, 캄보디아 38개, 인도네시아 21개, 우크라이나 3개, 미국 5개, 브라질 4개, 기타[65] 89개에 이르고 있다. 특히 2018년 이후 해외농업자원개발을 신고한 44개 기업 중 현재 해외농업자원개발사업을 진행 중인 기업은 37개로 84%가 활동 중이다.

그러나 해외진출기업 대부분이 소규모이고 직접 생산(농장) 형태로 진출하고 있다. 영농기준 1만 ㏊ 이상의 대규모 공급 기반을 갖춘 기업은 전체 운영법인 68개 중 7개(10%)에 불과하고, 1천 ㏊ 미만 법인이 52개(76%)를 차지하고 있다. 소규모·직접생산방식의 경우 진출국의 수출 제한 조치에 대한 대응 및 국내 반입 등에 한계가 있어 국내 반입

65) 몽골, 베트남, 필리핀, 라오스, 카자흐스탄, 칠레, 호주, 우간다 등이다.

량 증대를 위해서는 유통·가공 등 새로운 부문에 대한 투자 확대가 요구된다.

해외농업개발 추진 사례

* 주: (좌) 현대자원개발이 러시아 연해주에 조성한 콩 농장 전경, (우) 2011년 해외 재배 곡물(캄보디아 옥수수) 반입 1호 농업법인 충남해외농업자원개발
* 출처: 투데이에너지. 2012. 10. 24. 현대자원개발, 해외 식량기지 건설 확대. https://www.todayenergy.kr 중앙일보. 2011. 3. 2. 캄보디아 농장 개척 2년 만에…해외 식량기지서 처음 식용 옥수수 대량 반입. https://www.joongang.co.kr

이상의 성과와 한계를 토대로 2023년 5월에 '제4차 해외농업자원개발 종합계획'을 발표하고[66] 향후 5년간 전략품목의 안정적 확보, 진출 유형별 맞춤형 기업 지원, 해외 농업자원의 국내 반입 활성화, 장기·안정적 지원체계 구축을 중점 추진하여 해외농업자원개발을 지속적으로 확대할 계획이다.

구체적으로 해외농업자원 개발면적을 2021년 29만 ㏊에서 2027년에 50만 ㏊까지 확대할 계획이다. 특히 전쟁과 기후변화에 따른 특정 국가의 농산물 수출 제한 등 공급망 불안정 사태에 대응하기 위해 해외농어자원 개발지역을 기존에 러시아 연해주와 동남아 지역 중심에서

66) 농림축산식품부는 「해외농업·산림자원개발협력법」에 따라 2009년부터 5년마다 해외농업자원개발 종합계획을 수립하고 있다.

남미·오세아니아 등으로 다변화할 계획이다.

농식품산업 해외진출 지원도 확대하여 5대 전략품목인 밀·콩·옥수수·오일팜(식용유)·카사바(전분)의 해외 확보량을 동 기간 208만 톤에서 600만 톤으로 확대할 계획이다. 이를 통해 주요 곡물과 수입의존도가 높은 농산물의 안정적 해외 공급망을 확보하고, 이에 대한 국내 반입 역량을 강화하고 있다.

해외농업진출기업 지원 방식도 기존에 기업규모나 진출 유형과 무관한 일률적인 정책 지원을 벗어나 기업별 특성을 감안한 맞춤형 지원을 확대할 계획이다. 가령 해외 농장을 운영하며 농산물을 생산하는 기업에는 현지 적응성이 우수한 품종 보급과 영농기술 개발을 지원한다. 그리고 해외 농산물 유통·가공 부문으로 진출한 기업에는 국내 식품·사료업체와 연계해 안정적인 수요를 확보할 수 있도록 지원을 확대할 예정이다.

다만 해외에서 개발한 농산물을 국제 식량위기 등 비상시에 국내로 원활하게 반입할 수 있도록 제도 정비가 필요하다. 2021년 해외곡물자원의 확보량과 국내 반입량은 각각 125만 2,000톤과 63만 2,000톤으로 증가 추세이지만, 연간 양곡 수입량이 1,700만 톤에 이르는 점에 비춰보면 각각 7%와 4%의 비중에 불과한 실정이다. 따라서 해외농업진출기업과 국내 수요기업간 연계를 강화해 거래를 확대할 필요가 있고, 비상시 반입명령 이행 과정에서 발생하는 해외농업진출기업의 손실을 적정하게 보상할 수 있어야 한다. 정부가 민간의 개발을 융자·보조해 주는 방식에서 나아가 이차보전·펀드·기금 등 다양한 재정지원 방식도 검토할 필요가 있다.

또한 해외농업진출 기업의 안정적인 정착을 지원하기 위해 최근 확대되고 있는 농식품분야 공적개발원조(ODA)사업과 해외농업자원개발을 연계하는 방안을 마련할 필요가 있다. 최근 확대되고 있는 국제농업협력(ODA)사업과 연계하여 해외농업개발 기업의 진출·정착 지원을 강화할 필요가 있다. 현지 KOPIA센터, KOTRA무역관, KOICA사무소 등과 협력이 요구된다.

㈔해외농업자원개발협회

2012년 해외농업·산림자원개발협력법 제29조에 따라 해외농업개발사업의 건전한 발전과 해외농업개발사업자의 권익 신장 및 상호 협력 증진을 위해 2012년 5월 농림축산식품부의 인가를 받아 '해외농업개발협회'로 설립되었고, 2016년에 '㈔해외농업자원개발협회'로 변경되었다. 협회의 5대 경영목표는 규모화, 전문화, 현지화, 통합계열화, 네트워킹으로 2025년 현재 한국농어촌공사, 한국농수산식품유통공사, 농업정책보험금융원, 농림식품기술기획평가원, ㈜포스코인터내셔널, 롯데상사㈜를 비롯하여 46개 회원사가 등록되어 있다.

제6장
재생농업의 산업화 전략
: 농산업 육성

제1절 재생농업의 시작인 농산업 연구개발·보급

1. 재생농업을 향한 농산업정책

전통 농업은 주로 농촌을 기반으로 하지만 지역에 무관하게 농산업 영역이 급속히 성장함에 따라 글로벌 경쟁이 심화되고 있다. 따라서 이러한 산업환경 변화와 글로벌 경쟁에 발맞춰 농산업 개발을 위한 행정체계를 재정립해야 한다. 농산업은 자연산업으로서 농촌과 도시를 불문하고 발전하고 있고, 네트워크 시대에 뿌리공동체인 농촌 지역이 갖는 강점을 도시 지역에도 확산할 필요가 있기 때문이다.

현재 농림축산식품부는 농산업 육성, 농촌개발, 농지관리, 농업경영체(농업인 및 농업법인) 지원, 식량정책, 농식품 유통, 식품산업 지원 등 농식품·농촌 지원 기능을 포괄적으로 담당하고 있다. 이로 인해 농산업 육성에 필요한 기능들이 산재되어 있어 농산업을 미래성장산업으로 발전시키는 데 한계가 있다. 전통 농업은 농촌을 지리적 기반으로 영위되었지만, 최근 수직농장 등 스마트농업 발달, 치유농업 확산에 따라 자연산업으로서 농산업의 지리적 기반이 도시로 확대되고 있다. 따라서 지속가능한 재생농업 발전을 위해 통합적인 농산업정책 추진이 요구된다.

이를 이해 제3장에서 논의한 바와 같이 농산업정책을 총괄하는 '농산업청'을 신설하여 관련 기능들의 유기적 연계를 위해서 유관기관들을 농산업청으로 통합할 필요가 있다.[67] 즉, 여러 관련 소속기관 및 산하기관들을 통합한 농산업청을 중심으로 농산업정책을 효과적으로 추진할 수 있어야 한다.

2. 농산업 연구개발정책

농촌진흥청이 주도하는 농산업 연구개발정책은 농산업 발전의 토대라고 할 수 있다. 이는 농업기술 연구개발, 농업기술 지도보급[68]의 두 가지 축을 통해 기획·운영된다. 즉, 농업·농촌 개발을 위해서는 농업생산기술, 농업생산기반 정비기술, 농산물 생산 이후의 관리기술, 농업경영기법, 농업인 안전작업기술, 농산물 유통기술, 농산물 가공, 식품 제조·조리기술 등에 관한 연구개발 및 보급 강화가 요구된다(「기본법」 제35조, 제36조). 농산업 연구개발정책이 갖는 장기적이고, 공익적 특성으로 인해 농촌진흥청은 농업의 미래가치 창출, 농업·농촌의 지속가능한 성장을 목표로 대학, 출연연, 지방농촌진흥기관, 관련 공공기관들과의 협력체계를 통해 연구개발, 지도보급, 교육훈련을 중심으로 농산업 개발을 추진하고 있다.

---

67) 반면 농촌진흥청 기능들 중 농촌공간 재생지원, 농업인복지 등 농촌정책 관련 일부 기능들은 농림축산식품부로 이관을 검토할 수 있다.

68) 농촌인적자원(농업공무원, 농업인 등) 교육훈련은 지도·보급 사업으로 포괄할 수 있다.

첫째, 농업과학기술 연구개발활동은 농촌진흥청 연구정책국을 중심으로 4개 소속기관들이 중추적 역할을 담당하고 있다. 국립농업과학원은 농업공학, 농업유전자원 등 농업 기초부문 연구개발, 국립식량과학원은 주로 식용작물, 사료작물, 녹비작물 대상 연구개발, 국립원예특작과학원은 공예작물, 원예작물, 약용작물에 대상 연구개발, 국립축산과학원은 동물 및 축산물에 대한 연구개발을 담당하고 있다. 이 과정에서 농림축산식품부 산하 농업기술기획평가원(IPET), 대학, 정부출연연구기관, 국제연구기관과 협력체계를 구축·운영하고 있다.

농작물 유형

- ▶ 식용작물(food crops): 식량으로 활용되는 작물
- ▶ 사료작물(forage crops): 가축의 먹이(사료)로 재배되는 작물
- ▶ 녹비작물(green manure crops): 토질 향상 및 토양 개량을 위해 화학비료 대신 사용되는 작물
- ▶ 공예작물(工藝作物, industrial crops): 바로 이용하지 않고 다른 제품으로 가공되는 특용작물로 환금작물(cash crops)로도 불림. 세부적으로 유료작물(oil crops), 향료작물(spice crops), 염료작물(dye crops), 전분작물(starch and paste crops), 약용작물(medicinal crops), 기호작물(beverage and narcotic crops), 당료작물(sugar crops), 섬유작물(fiber crops) 등으로 분류
- ▶ 원예작물(horticultural crops): 화훼, 관목, 관상용 식물 등 관상(觀賞) 목적의 작물

최근 대표적 활동을 보면 ①정책지원 연구 프로젝트로 디지털 육종기술 혁신, 스마트농업기술 혁신, 탄소감축 실천기술, 밭농업 기계화, 가루쌀 산업 활성화 등이 추진되고 있다. ②농업 현안해결을 위한 연

구 프로젝트로는 기상재해·병해충 서비스 고도화, 여름철 배추 수급 안정, 기능성 식의약 소재 국산화, 축산농가 생산비 절감, 치유농업 활성화 등이 시행되고 있다. ③미래 농업혁신을 위한 연구 프로젝트로 위성·AI·로봇, 마이크로바이옴, 농생명공학, 푸드테크 개발 등이 추진되고 있다.

둘째, 농업기술 지도보급은 농촌지원국을 중심으로 농업기술진흥원, 9개 도 농업기술원 및 156개 시·군 농업기술센터를 통해 추진하고 있다. 최근에는 디지털 농업기술정보의 활용, 실증기술 대상 스마트 상용화 모델 구축 등 디지털 전환을 통한 기술보급체계 혁신·실용화를 추진하고 있다. 또한 개발기술의 신속한 현장 보급을 위해 민간의 기술과 자금 등을 활용한 협업사업 등 민·관 협력을 확대하고 있다. 농촌지도사업의 경우 효과성 제고를 위해 지방농촌진흥기관 역할 차별화를 통한 현장 대응을 강화하고, 수요자·협업 중심 지도사업 체계 전환을 추진하고 있다.

농업기술 지도보급사업의 일환인 농촌인적자원 개발은 농업공무원, 농업인 등 대상의 교육훈련사업으로 소속기관인 농촌인적자원개발센터가 주도하면서 지방 농촌진흥기관을 지원한다. 최근 흐름으로 농업의 다원화와 복합문제 해결을 위한 융복합 인재를 양성하고, 기술 및 환경변화에 따른 교육내용을 다각화하며, 지역 주도의 원활한 교육훈련 지원 시스템을 마련하며, 디지털 기반 교육서비스 체계를 확산하고 있다.

3. 농업기술 개발·보급정책의 목표

농촌진흥청이 주도하는 농업기술 개발·보급정책의 목표는 농업의 미래성장 산업화, 지속가능한 미래농업 실현, 풍요롭고 활력 있는 농촌 구현, 건강하고 행복한 국민의 삶 실현으로 요약될 수 있다.

1) 농업의 미래성장산업화

첫째, 농업기술의 디지털화 및 스마트농업 고도화가 요구된다. 농업 생산성 향상을 통한 농업인 소득 및 경쟁력 제고를 위해 스마트팜, 농업용 로봇 연구를 진행한다. 밭농업 기계화 등 노지작물 스마트농업 모델 실용화 촉진 연구를 진행한다. 축산의 경우 축종별 데이터 기반 정밀관리 시스템을 통한 현장 적용 확대를 추진한다. 둘째, 그린바이오 융복합화로 농업의 미래 경쟁력 제고를 추진하고 있다. 빅데이터·AI 활용 디지털 육종기술 개발 및 활용 연구를 강화하고 있다. 농업유전자원의 국가주권 확보 및 운영 효율화를 위한 수요자 맞춤형 형질 특성 평가 등을 진행한다. 식의약 및 푸드테크의 경우 국산 농산물 이용 신소재 발굴 및 소재화 기술 개발을 강화하고 있다. 마이크로바이옴 관련 농업환경 문제해결, 미생물 유전체 정보 활용을 확대하고 있다.

2) 지속가능한 미래농업 실현

첫째, 먹거리의 안정적인 공급으로 식량주권 확보하고 있다. 식량작물의 경우 가루쌀, 밀, 콩, 참깨 등의 안정공급 기반 강화 및 수요 확대에 진력하고 있다. 원예특작 영역의 경우 작물 안정생산을 통한 수급 안정 및 품질 고급화에 노력하며, 고부가 인삼·특작 신품종 육성 및 안정생산기술 개발·보급에 노력하고 있다. 축산은 축산농가 생산비 절감, 친환경화 및 축산물 품질 향상을 추진하고 있다. 농작물의 병해충 피해 예방과 농산물 안전성 확보를 위한 병해충 진단·예찰·방제 기술 개발, 농약·비료 등 농자재의 효능 개선 및 안전성 강화 기술 개발을 추진하고 있다.

둘째, 탄소중립·환경친화적 농업기술로 농업의 지속가능성을 강화하고 있다. 기후변화에 따른 농업생산환경 변동·예측 및 영향 평가기술기반 구축, 기후적응형 농축산물 재배 및 사양기술 개발, 농업 기상재해 예측서비스 개발을 추진한다. 탄소중립·환경친화적 농축산물 생산기반 구축을 위해 온실가스 배출 저감 및 탄소 저장기술 개발·현장 실용화를 강화하고, 친환경 생태농업 기반 기술 현장 확산을 추진한다. 셋째, 한국 농업기술의 글로벌 확산 및 국제협력 선도를 통한 식량주권 확보 등을 추진한다. 국내외 농업현안 해결에 필요한 국제 R&D 네트워크를 강화하고, 농업기술 ODA 성과를 확산하고, K-농업기술을 활용한 농식품 및 전후방산업 수출확대를 지원한다.

3) 풍요롭고 활력이 넘치는 농촌 구현

첫째, 지역농업 맞춤형 기술개발·확산 및 농촌 재생지원을 추진한다. 지역별로 안정적인 특화작목 육성을 추진한다. 둘째, 삶터·일터·쉼터로서의 농촌공간 재생을 지원한다. 다양한 농촌자원을 활용한 농촌체험·관광 상품개발, 농촌재생 정책 진단지표 개발 등 농촌공간 재생을 기술적으로 지원한다. 셋째, 청년농업인 육성 및 성장 생태계 구축을 지원한다. 예비농업인 저변 확대 및 청년농업인 조기정착을 지원하고, 청년농업경영체 경영 역량 향상을 지원한다.

4) 건강하고 행복한 국민의 삶 실현

첫째, 치유농업 활성화로 국민 행복 증진 및 신산업 창출을 지원한다. 치유농업 콘텐츠 개발 및 현장적용 등 신규모델 개발 및 기술 확산, 도시농업 활성화를 위한 실내외 환경개선 기술 개발 및 확산을 지원한다. 치유농업센터 확대 및 전문인력 육성 등 치유농업 기반 구축을 지원한다. 둘째, 농업인 안전재해 예방 및 복지 향상을 추진한다. 농작업 안전을 위한 현장 중심의 예방기술을 개발·보급하고, 고령농업인 농촌 생활 향상 및 조직체 활성화 등 농업인 복지를 지원한다.

제2절 첨단 농산업 부문

1. 친환경·유기농업

친환경농업은 화학비료와 합성농약을 최소화하거나 사용하지 않고, 자연 친화적인 방법의 영농 방식이다. 그중 유기농업은 화학비료와 합성농약을 사용하지 않고, 유기농업자재를 사용하여 생태계의 순환 기능을 유지하고 토양의 비옥도를 높이는 영농 방식을 의미한다. 국내에서 2000년대 이후 친환경유기농산물에 대한 관심이 증가했으나, 생산비용과 판로확보 문제 등으로 2010년대 중반 들어 생산농가와 재배면적이 감소하고, 소비자 신뢰도까지 저하되어 잠시 주춤하기도 했다. 하지만 전 세계 유기농업 시장규모는 2019년 기준 970억 불이고 재배면적은 6,980만 ㏊로 세계 경지면적의 1.8% 수준이며 연평균 10% 이상 성장하고 있다.

현재 국내에서 친환경농산물 인증은 유기농산물과 무농약농산물로 구분하는데, 유기농경작 면적률은 2013년 1.2%에서 2022년 2.5%로 2배 증가했고, 농업부문 온실가스 배출량은 2013년 23.9백만 톤 CO2eq., 2018년 23.5백만 톤 CO2eq.에서 2022년 22.9백만 톤 CO2eq.으로 감소 추세에 있다. 화학비료 사용량도 2014년 453천 톤, 2018년 434천 톤, 2021년 461천 톤으로 큰 변화가 없다가 2022년에 410천 톤, 2023년에 388천 톤으로 최근 감소하고 있다. 다만 2014~2023년에 연간 농약 사용량은 2019년(16.7천 톤)과 2020년(17.1천 톤)을 제외하면 매년 2만 톤 내외로 큰 변동 없이 일정 수준을 유지하고 있다.

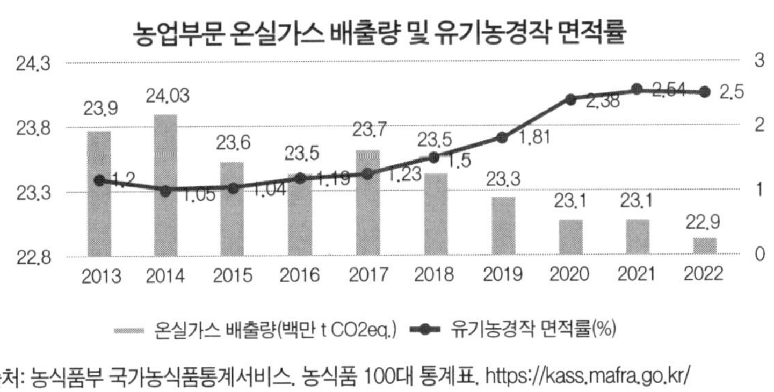

* 출처: 농식품부 국가농식품통계서비스. 농식품 100대 통계표. https://kass.mafra.go.kr/

친환경농산물 출하량은 2017년 496천 톤에서 2021년에 코로나19 영향으로 517천 톤으로 정점에 이른 후 2022년에 447천 톤의 조정 국면을 지나 2023년에는 474천 톤으로 소폭 증가했다. 친환경축산물 출하량은 2018년에 956천 톤에서 2021년에 1,163천 톤으로 완만히 증가하다가 2022년에 1,674천 톤, 2023년에 1,836천 톤으로 급증하였다. 요컨대 국내에서 친환경·유기농업이 아직은 괄목할 상황은 아니지만 향후 지속적으로 성장할 것으로 예상되며, 이에 따라 연구개발, 공익직불, 판로 개척, 유기농자재 보조 등 정부의 정책적 지원과 관심이 요구된다.

친환경 농산물 인증표시

* 출처: 국립농산물품질관리원. 친환경인증관리 정보시스템 인증표시. https://www.enviagro.go.kr/portal/content/html/info/signintro.jsp

2. 스마트·정밀농업

데이터와 스마트 기술을 활용한 스마트농업이 발전하고 있다. 전통적 관행농업의 대안인 스마트팜을 확산하고, 특히 차세대 스마트팜인 수직농장이 확대되는 가운데 스마트팜 비중이 2022년 14%에서 2024년 16%로 증가했다.[69] 이에 따라 농촌진흥청은 다음과 같이 다양한 부문과 영역에서 데이터 기반의 스마트농업 확산을 위한 기술개발을 강화하고 있다.

첫째, 시설 스마트팜 적정 생산·운영관리 기술 개발을 확대하고 있다. ①차세대 온실 종합관리플랫폼 고도화를 위해 온실 종합관리 플랫폼 및 재배환경제어 기술, 스마트팜 활용 생산성 향상 기술 개발을 강

69) 농림축산식품부, 2025 성과관리 시행계획. 2024.

화하고 있다. ②농작업의 자동화·지능화 및 작물 생리장해 진단 서비스 개발 차원에서 무인 농작업을 위한 농업로봇 기술개발, AI기반 작물 생육 감응 지능형 환경제어 알고리즘 개발, AI기반 작물 무인방제 병해충 진단 서비스 개발 등을 추진하고 있다. ③데이터 활용 생산성 향상기술 개발을 위해 노지 스마트 표준모델 조성, 농업데이터 통합관제 시스템 구축을 추진하고 있다.

둘째, 밭농업 기계화율 제고 등 노지 디지털 정밀생산기술 개발을 강화하고 있다. ①노지 식량작물 자동화 및 정밀관리기술을 개발·확산하고 있다. AI기반 벼 생육진단 모델 고도화, 노지디지털 기술 활용 밀 안정재배 기술 개발, 스마트농업 기반 밭작물 재배 기술 개발을 중점적으로 추진하고 있다. ②원예작물 스마트 생산 시스템 구축의 경우 노지 채소 안정생산 정밀 제어 및 생육예측기술 개발, 과수 작목별 스마트 과원 구축·고도화, 작물 재배환경·생육데이터 수집을 통한 의사결정 지원모델 확산을 추진하고 있다. ③밭농업 기계화 기술 개발·확산의 경우 마늘, 배추, 감자, 무, 양파, 고추, 고구마, 콩의 8대 밭작물 대상 기계화 모델 개발·보급, 식량작물 기계화 적응품종(참깨, 들깨 등) 재배 기술 개발 등 다양한 원예특용작물, 식량작물 대상 기계화 기술 개발을 강화하고 있다. ④노지 스마트농업 현장기술 개발·확산을 위해 노지 밭작물 스마트 관·배수 기술 개발, 노지 스마트농업 테스트베드 확산 등을 추진하고 있다.

셋째, 가축 축종별 정밀사양관리 기술 개발을 확대하고 있다. 가축 정밀측정 자동화 시스템 개발 통한 축산 스마트팜 데이터 수집 기술 및 활용을 강화하고 있다. 또한 데이터 기반 가축 정밀관리기술로서 ICT 기반 한우 쇠고기 생산·유통 데이터 활용기술, 젖소 대상 정밀 낙농기반기술, 디지털 기반 돼지 사육 단계별 정밀 관리 기술, 가금류 대상 데이터 기반 축사 시설·환경 관리기술 개발이 추진되고 있다.

넷째, 스마트농업 발전을 위해 데이터 기반 농업혁신 생태계 구축을 강화하고 있다. 구체적으로 농업 가치사슬 전주기 데이터 수집·활용 확대, 농산업데이터 생태계 기반 조성 및 개방·공유·활용 지원 등을 추진하고 있다.

정밀농업 사례

* 출처: 그린랩스. 2022. 12. 23. 뉴스레터. 미래 농업의 상징, 정밀농업 톺아보기. https://greenlabs.co.kr; 한국농어촌공사. 흙사랑 물사랑(웹진). 2020. 9월호. 지속가능한 농업의 새로운 지평을 여는 정밀농업. https://www.ekr.or.kr

3. 농생명바이오산업

농생명바이오산업 발전을 통해 전통적 재배농업을 넘어 농업의 고부가가치 창출이 확대되고 있다. 최근 농촌진흥청도 농업의 미래 경쟁력 제고를 위해 그린바이오 융복합화를 위한 기술개발을 강화하고 있다. 농생명공학을 활용한 원천기술 개발, 식의약 신소재 개발 및 고부가 농식품산업 활성화를 위한 그린바이오 신기술 개발·보급 등 바이오산업에 대한 정책 지원을 확대하고 있다.

첫째, 농업유전자원 대상 국가주권 확보와 민간산업 육성 기반을 강화하고 있다. 이를 위해 농업유전자원의 형질 특성평가 및 DB 구축·분양, 농업유전자원 확보·보존을 통한 국제 위상 제고, 가축유전자원 국가관리체계 운영 효율화 등을 추진한다.

둘째, 농생명공학기술을 활용한 신소재 및 안전관리기술 개발을 확대하고 있다. 대표적으로 기후변화에 대응한 분자육종 소재 개발, 농림축산용 LMO(Living Modified Organisms, 번식 가능 유전자변형 생물체)[70] 안전성 평가기술 개발, 동물생명공학을 활용한 가축 유래 신소재 개발 등을 추진하고 있다.

셋째, 농업생물자원 고부가 식의약 소재화 및 산업화 기술 개발도 확대되고 있다. 식량작물, 약용작물 등 국내 농업생물자원 기반의 의약 新소재 개발, 기능성분의 함량증진 및 효능 극대화 가공기술, 농업생물자원 기반 고령친화식품 및 특수용도 식품 개발을 강화하고 있다.

넷째, 국민 식생활 개선 및 미래농식품 기반기술 개발·보급을 강화하고 있다. 구체적으로 국가성분 DB 구축과 이에 기반한 건강식이(食餌) 추천기술, 국내 농산물(쌀, 콩, 보리, 고구마 등)의 대체식품 원료 소재화 및 국산화 기술, 농식품부산물의 업사이클링을 통한 고부가가치화 기술 등의 개발·보급을 강화하고 있다.

다섯째, 마이크로바이옴을 활용한 농업의 고부가가치화 기술 개발을 확대하고 있다. 대표적으로 융복합 농업기술 개발을 위한 마이크로바이옴 공통기반기술, 발효식품 품질 및 부가가치 향상기술, 마이크로바

---

70) LMO(Living Modified Organisms)는 GMO(Genetically Modified Organisms)의 일종으로 LMO는 살아있어 생식이나 번식이 가능한 생물체를 의미하는 반면 GMO는 생식이나 번식이 불가능한 생물체까지 포함하는 더 넓은 범위의 개념이다.

이옴 활용 작물 안정생산기술, 축산 마이크로바이옴 기반기술 및 활용기술 등의 개발을 추진하고 있다.

여섯째, 곤충자원의 산업적 활용기반기술 개발도 강화하고 있다. 대표적으로 인공지능 딥러닝 기술을 활용한 꿀벌 피해 예측·예방 스마트 기술, 곤충자원 및 양봉산물 활용 고부가 소재화 기술, 곤충 자원의 산업화를 위한 대량생산·소비기술 등의 개발을 추진하고 있다.

디지털 육종 사례

* 주: (좌) 농촌진흥청의 콩 디지털 육종 연구를 위한 표현체 연구동, (우) 생육환경을 제어해 육종기간을 단축하기 위한 스피드 브리딩 온실
* 출처: 연합뉴스. 2024. 9. 8. 농업에도 빅데이터·AI·슈퍼컴퓨팅…디지털 육종 박차. https://www.yna.co.kr; 조선일보. 2025. 2. 24. '디지털 육종' 혁신, 농업의 미래를 바꾼다. https://www.chosun.com

4. 치유·도시농업 및 농촌융복합산업

최근 치유농업과 도시농업 등 농업·농촌 혁신을 통해 농업경영체의 경영안정 및 농촌개발 기반이 다양화되고 있다. 이에 정부는 농업, 농촌의 자원 또는 이와 관련한 활동 및 산출물을 활용한 치유서비스를 통하여 국민의 심리적·사회적·신체적 건강을 도모하기 위한 치유농업 진흥정책을 수립·시행하고 있다(「기본법」 제43조의2).

또한 도시지역의 다양한 생활공간(옥상, 베란다, 골목길, 시민농장,

자투리 토지)을 활용한 여가 또는 체험 목적의 농작물 경작·재배, 수목·화초 재배, 양봉 및 곤충 사육 등을 영위하는 도시농업도 확대되고 있다(「도시농업의 육성 및 지원에 관한 법률(이하 도시농업법)」 제2조 제1호). 도시농업의 유형은 주택활용형, 근린생활권형, 도심형, 농장형·공원형, 학교교육형의 다섯 가지로 구분되며(「도시농업법」 제8조), 경제적 가치(도시와 농촌의 상생), 환경적 가치(생태도시 조성), 사회적 가치(사회 취약계층의 참여), 교육적 가치(자연속 교실) 등 다양한 기능을 갖고 있다.

도시농업 사례(근린생활권형, 주택활용형)

* 출처: 서울특별시. 2020. 9. 23. 도시농업인 100만 시대 연다. https://mediahub.seoul.go.kr; 부천시. 부천도시농업한마당. 도시농업 안내 https://cityfarm.bucheon.go.kr

농촌진흥청은 농업·농촌자원을 활용한 치유·도시농업 모델 개발을 강화하고 있다. ①치유농업 대상별로 반려식물, 반려동물 치유 콘텐츠 개발을 통해 치유농업 서비스 품질 향상을 추진하고 있다. ②도시농업 활성화를 위한 실내·외 환경개선 기술을 개발·확산하고 있다. 반려식물의 실내·외 환경개선 및 규격묘 활용기술, 그린스쿨 활용 도시농업 텃밭모델 개발 등을 추진하고 있다. ③반려동물의 건강·영양관리를 위한 펫푸드 기반 기술 등 반려동물 대상 연구개발을 강화하고 있다. 또한

④치유·도시농업 확산을 위한 전문인력 양성도 강화하고 있다.

치유농장 사례

* 주: (좌) 오색꽃차 충의치유농원(충남 예산), (우) 벗님넷(전북 부안)
* 출처: 농촌진흥청. 농사로. 국내외 치유농장. https://www.nongsaro.go.kr/

치유·도시농업과 연계하여 지역 농촌자원, 다양한 지역특화작목을 활용한 농촌융복합산업화를 통해 농가요식업, 워케이션산업 등 다양한 농업 전방산업들이 등장하고 있다. 이는 지역농산물을 활용한 농외소득 활성화, 농촌공간의 어메티니를 활용한 쾌적한 농촌공간 재생 등 농업·농촌 개발에도 기여할 수 있다.

농촌진흥청은 농촌교육농장, 농가맛집 인증을 통해 농촌융복합산업 발전을 지원한다. 농촌교육농장은 초·중등 교과과정과 연계된 농촌체험 교육프로그램을 운영하는 농장으로 농업인들의 사회적 역할을 확대하고 농가소득 향상을 목표로 한다. 2024년 기준 244개 농장이 농촌진흥청의 농촌교육농장으로 인증·운영되고 있다. 또한 농가맛집의 경우 전국에 83곳의 농촌형 외식사업장인 농가맛집을 지정하여 지역 농산물을 활용한 향토음식 관광 활성화로 농가 요식업 발전을 지원하고 있다.

도시·치유농업을 적용한 농촌교육농장 사례

* 주: (좌) 희망토농장(대구 수성구, 도심 속 농촌체험), (우) 그린밸리힐링팜(경남 통영시, 동물[말]교감치유)

* 출처: 농촌진흥청. 농사로. 농촌교육농장. https://www.nongsaro.go.kr/

제3절 식품산업 부문

1. 식품산업 현황

1) 개요

식품산업은 자동차, 기계, 반도체 등 타 산업과 비교해서 국내외에서 급속하게 성장하고 있다. 세계 식품제조업 시장은 2018년 이후 연평균 2% 수준의 꾸준한 성장률을 보였는데 2024년 기준 8조 8,330억 달러로 이 중 식료품이 4조 4,680억 달러, 음료가 3조 4,510억 달러, 담배가 9,150억 달러를 차지하고 있다. 식품제조업 시장규모는 중국, 미국, 일본 순이며, 우리나라는 세계 15위(1.5%) 수준이다.

세계 식품제조업 시장 규모

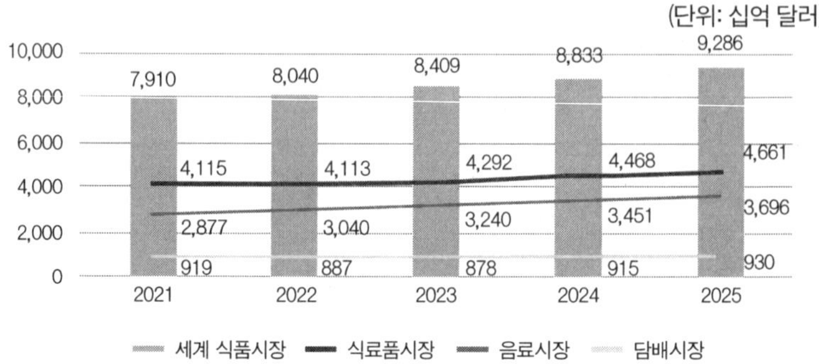

* 출처: 식품산업통계정보. https://www.atfis.or.kr/home/food/stats/main.do?

국내 식품산업 규모도 2018~2023년간 연평균 8.0%로 꾸준히 성장해 왔다. 2023년 기준 식품제조업과 외식업을 합친 협의의 식품시장 규모는 368조 원이며, 여기에 식품유통업까지 더한 광의의 식품시장 규모는 763조 원 수준이다. 농림업 매출이 62조 원인 것과 비교하면 매출규모가 협의의 식품산업은 6배, 광의의 식품산업은 12배에 이를 만큼 농식품분야에서 식품산업이 절대적 비중을 차지하고 있다.

세부적으로 보면 식품제조업은 사업체 수 69,918개, 종사자 39만 명, 매출액 176조 원이며, 이 중 10인 이상 사업체가 업체 수 6,842개, 종사자 26만 명, 매출액 135조 원을 차지하고 있다.[71] 외식업은 사업체 수 79만 개, 종사자 수 212만 명, 매출액 192조 원이며, 식품유통업은 사업체 수 23만 개, 종사자 수 53만 명, 매출액은 257조 원을 나타내고 있다.

---

71) 2025년 기준으로 식품제조업 매출 상위 10개 기업은 순서대로 CJ제일제당, 대상, 롯데웰푸드, 오뚜기, 롯데칠성음료, 농심, 하이트진로, 동원홈푸드, 농협사료, 서울우유협동조합이다. 또한 식품유통업 매출 상위 10개는 이마트, 지에스리테일, 롯데쇼핑, 비지에프리테일, 홈플러스, 코스트코코리아, 씨제이프레시웨이, 이마트24, 컬리, 신세계이다.

국내 식품산업 시장

(단위: 십억 원, 백만 달러)

구분	2019	2020	2021	2022	2023
■협의(A+B)	270,854	265,775	299,474	346,589	368,376
- 식품제조업(A)	126,462	125,886	148,711	169,466	176,634
- 외식업(B)	144,392	139,890	150,763	177,123	191,741
■광의(A+B+C)	535,526	606,438	655,908	725,491	762,825
- 식품유통업(C)	264,672	340,663	356,434	378,902	394,449
■농림업	52,316	52,247	61,380	60,247	61,589
■농식품 수출액(백만 달러)	9,529	9,869	11,375	11,964	12,011
■농식품 수입액(백만 달러)	40,093	39,876	48,053	55,487	50,166

* 주: 농식품 수출·수입액은 식품과 비식품의 합계

* 출처: 식품산업통계정보. https://www.atfis.or.kr/home/food/stats/main.do?

국내 식품산업 세부 현황

		2019	2020	2021	2022	2023
식품 제조업	사업체 수(개)	62,329	71,965	73,915	74,505	69,918
	종사자 수(명)	374,807	390,901	394,533	398,529	393,735
	매출액(억 원)	1,264,616	1,258,856	1,487,107	1,694,663	1,766,343
10인 이상	사업체 수(개)	5,797	6,079	6,462	6,634	6,842
	종사자 수(명)	230,039	239,077	244,799	252,398	258,246
	매출액(억 원)	962,296	1,028,378	1,131,327	1,297,657	1,358,019
외식업	사업체 수(개)	727,377	804,173	800,648	795,488	793,586
	종사자 수(명)	2,191,917	1,919,667	1,937,768	2,040,770	2,116,987
	매출액(억 원)	1,443,920	1,398,896	1,507,632	1,771,226	1,917,413
식품 유통업	사업체 수(개)	182,286	248,834	240,768	235,061	231,304
	종사자 수(명)	523,384	570,779	557,539	543,954	532,274
	매출액(억 원)	1,814,606	2,188,837	2,291,444	2,405,563	2,571,453

* 출처: 식품산업통계정보. https://www.atfis.or.kr/home/food/statsnew/report.do

국내에서 푸드테크시장은 2017년 27조 원에서 2020년 61조 원으로, 그린바이오시장도 같은 기간 4.1조 원에서 5.4조 원으로 성장하는 등 新산업을 중심으로 농식품산업이 혁신적으로 성장하고 있다. 또한 1인 가구 증가·고령화 등으로 식품 소비패턴이 다양해지고, 간편식·메디푸드·기능성식품 등 新식품시장이 성장하고 있다. 국내 농식품(식품과 비식품 합계) 수입액 502억 달러에 비해 수출액은 120억 달러로 미약하지만 수출규모 자체는 지속적으로 증가하고 있다(식품산업통계정보). 특히 K-Food가 대표적 한류문화 콘텐츠로 발전하고 있는 상황에서 주요 기업들은 인구감소에 따른 내수시장 정체로 수출 등 해외진출을 통한 성장 기회를 모색하고 있다.

다만 대다수 식품제조업체들의 영세성으로 인해 식품산업은 인력 부족, R&D·시설 투자 제약 등의 구조적 한계를 보이고 있다. 또한 각국의 공급망정책과 식품규제 강화로 인해 식품제조업체들의 해외 진출문턱이 점차 높아지고 있다.

한식(韓食), 전통식품, 그리고 K-푸드

- ▶ 한식(韓食)은 우리나라에서 사용되어 온 식재료 또는 그와 유사한 식재료를 사용하여 우리나라 고유의 조리방법 또는 그와 유사한 조리방법을 이용하여 만들어진 음식과 그 음식과 관련된 유형·무형의 자원·활동 및 음식문화를 의미한다(「한식진흥법」 제2조)
- ▶ 전통식품은 국산 농수산물을 주원료 또는 주재료로 하여 예로부터 전승되어 오는 원리에 따라 제조·가공·조리되어 우리 고유의 맛·향 및 색을 내는 식품을 의미한다(「식품산업진흥법」 제2조 제4호).
- ▶ K-푸드는 한식 혹은 전통식품에 한정되지 않고 드라마, 영화, 음악 등 K-콘텐츠를 통해 세계적으로 인기를 얻은 한국 음식이나 식품 상품을 말하며, 나아가 K-푸드에 기반한 식문화 트렌드를 의미한다.

2) 주요 영역별 현황

첫째, 건강기능식품영역[72]은 건강 증진, 면역력 강화, 필수 영양성분 보충 등 소비자들의 건강에 대한 관심 증가로 식품제조부문 중 가장 크게 성장하고 있다. 식품제조업 내 비중이 2018년 6.9%에서 2021년에 8.6%로 증가했고, 가구당 연평균 건강기능식품 지출액도 2018년 22만 8천 원에서 2022년에 31.8%로 증가했다.

둘째, 우유 및 유제품의 경우 출산율 감소 등으로 식품제조업 내 비중이 2018년 8.7%에서 2021년에 7.3%로 지속 감소하고 있다. 다만 2018년 대비 2021년 평균소비량을 보면 우유는 27.0㎏/인에서 26.5㎏/인으로 감소한 반면 유제품은 80.1㎏/인에서 86.1㎏/인으로 증가 추세에 있다.

셋째, 떡·빵·과자류의 경우 식품제조업 내 비중은 2018~2021년 동안 7.2~7.4%로 변화는 없지만 글루텐프리 등 건강한 간식에 대한 관심 증가, 쌀 활용 간편식 확대로 떡류 중심으로 성장하고 있다. 특히, K-푸드 확산으로 떡·빵·과자류의 수출이 2018년 4,314만 불에서 2022년 6,217만 불로 성장(연평균 9.6%)하였다.

넷째, 코로나19 이후 가정 내 소비로 전환, 1인 가구 및 맞벌이 가구 증가에 따라 외식산업은 감소한 반면 간편조리식품[73]시장이 성장하고 있다. 식품제조업 내 비중이 2018년 4.8%에서 2021년 6.5%로 성장했을 뿐 아니라 제품 유형도 소비자의 다양한 수요를 반영하여 레스토랑 간편식(RMR), 식물성 대체식품, 건강관리식품(저탄고지 도시락) 등 다양화되고 있다.

---

72) 건강기능식품 외에 인삼류, 두부류, 커피·차류 및 기타 식품류를 포함한 것이다.

73) 도시락류, 간편식(즉석섭취식품·즉석조리식품·신선편의식품·밀키트·만두류) 등을 포함한 것이다.

한편 전통식품 시장의 경우 첫째, 김치산업은 가정·외식·급식 소비량은 감소하고 있지만 1인 가구 증가, K-푸드 확산 등에 따라 상품김치 시장은 2021년 기준 약 5.3조 원까지 성장했고, 사업체 수와 종사자 수도 838개 및 1만 2천여 명으로 지속 증가하였다. 김치 수출액이 2018년 9천 7백만 불에서 2022년 1억 4천 1백만 불로 증가하고, 수출국도 75개국에서 87개국으로 다변화되는 등 김치 수출이 확대되고 있다. 다만 원가 절감 등을 위해 외식·급식업체들의 수입김치 사용 증가로 김치 무역수지는 지속적으로 적자를 나타내고 있다.

둘째, 전통주[74] 시장은 2018~2021년간 연평균 3.8% 성장하여 2021년 기준 1.2조 원 규모로 전체 주류 시장(8.8조 원)의 13.5%를 차지하고 있다. 일반 주류시장 성장은 정체되어 있지만 전통주 시장은 온라인 구매 장점과 코로나19 이후 소비 트렌드 변화로 인해 지속 성장하고 있다. 수출액도 2022년 기준 2,467만 불로 탁주, 과실주 중심으로 전통주 수출이 증가하고 있다. 산업구조를 보면 전체 주류제조면허는 2,717개이며 이 중 전통주 제조면허가 51.6%인 1,401개(민속주 52개, 지역특산주 1,349개)를 차지하고 있다.

셋째, 간장, 고추장, 된장 등 장류 시장규모는 2018년 1조 5백억 원에서 2021년 1조 2천억 원으로 성장했고, 수출액도 6천 9백만 불에서 1억 불 규모로 성장하여 매년 전체 시장에서 약 10%를 차지하고 있다. 산업구조를 보면 사업체 수는 2021년 기준 2,003개로 큰 변화가 없지만, 생산량은 2018년 66만 톤에서 2021년 72만 톤으로 지속적으로 성장하고 있다. 간편 조리 선호, 건강 지향 소비 트렌드, 한류

---

74) 탁주, 약주, 청주, 과실주, 증류식소주, 일반증류주, 리큐르, 기타주류 8개 주종을 말한다.

등의 영향으로 장류 시장은 국내외에서 지속적으로 성장할 것으로 예측된다.

2. 식품산업정책

1) 식품산업정책의 의의

식품정책은 소비자 건강을 위한 식품안전·위생정책과 식품산업진흥정책으로 나눌 수 있는데, 과거에는 식품산업 육성보다는 안전과 위생 중심의 규제정책 일변도였다. 그런데 2000년대 들어 경제발전과 소득향상에 따른 식생활 변화로 인해 식품산업이 빠르게 성장하자 식품산업의 국제경쟁력 강화, 농수산업과의 상생·발전을 위한 농식품산업정책 필요성이 증가하였다.

이에 2004년에 정부는 '농업·농촌 종합대책'을 통해 농산물 신규 수요 창출 등을 위한 식품산업 육성계획을 제시하였고, 이후 식품산업 진흥을 위한 법적·행정적 기반을 강화하였다. 이를 통해 농수산업과 식품산업의 연계 강화, 식품산업 진흥을 위한 전통주 발효식품산업 활성화, 국가식품클러스터 조성, 식생활 교육 추진, 쌀 가공산업 육성, 천일염산업 육성, 세계김치연구소 설립과 같이 다양한 식품산업정책을 추진해 왔다.

2007년에 「농업·농촌 기본법」을 「농업·농촌 및 식품산업 기본법」[75]으로 전면 개정하여, 식품산업정책에 대한 법적 기반을 강화하고, 정책의 기본방향을 마련하였다. 이에 따라 2007년에 농림부가 식품산

75) 해양수산분야가 분리되기 전까지는 「농어업·농어촌 및 식품산업 기본법」으로 존속되었다.

업 육성정책을 담당하게 되었고, 2008년에는 부처 명칭을 농림수산식품부로 변경하여 식품산업 관련 조직을 신설하였다. 2008년에는 「식품산업진흥법」이 공포되어 식품산업과 농업의 연계를 강화하고, 다양하고 품질 좋은 식품을 안정적으로 공급하기 위한 정책들이 본격적으로 시행되었다. 이어서 2009년에는 「식생활교육지원법」, 2010년에는 「전통주 등의 산업진흥에 관한 법률」, 2011년에는 「외식산업진흥법」, 2012년에는 「김치산업진흥법」, 2013년에는 「쌀 가공산업 육성 및 쌀 이용 촉진에 관한 법률」이 시행되는 등 식품산업정책의 법적 기반이 지속적으로 확대되었다.

식품정책의 중요성으로 첫째, 식품산업 발전을 들 수 있다. 식품산업 발전은 농산물의 부가가치를 높이고 국민에게 품질 좋은 식품을 공급하는 데 기여할 수 있다. 이에 정부는 농산물 가공식품 및 전통식품 등의 연구개발, 식품산업의 시설 설치·확충 및 마케팅 등에 관한 지원시책을 시행한다(「기본법」 제21조).

둘째, 안정적 식량 공급을 들 수 있다. 국제 정세 및 자연재해 등으로 인한 식량과 주요 식품의 공급 위기에 대비하여 정부는 식량 및 주요 식품을 국내에서 적정하게 생산·비축(備蓄)하거나 해외에서 확보·공급해야 한다. 특히 수급위기가 발생한 경우 식량증산, 유통제한 등의 대책을 강구하여야 한다(제23조).

셋째, 취약계층 등의 먹거리 보장을 들 수 있다. 정부는 취약계층에게 식품을 안정적으로 공급할 책무가 있으며(제23조의2), 지방정부도 지역 주민의 먹거리를 보장하기 위해 먹거리통합지원센터 설치·운영을 포함한 대책을 수립한다(제23조의3).

넷째, 농업인과 소비자에게 올바른 정보를 제공할 수 있다. 즉, 식품정책을 통해 농업인의 안정적인 농산물 생산환경 보장 및 소비자의 알 권리 충족을 위하여 농산물 및 식품에 관한 올바른 정보를 제공한다(제23조의4).

다섯째, 전통식품정책을 통해 전통식생활 문화를 계승할 수 있다. 국민의 기호와 체질에 맞는 전통 식생활문화를 계승·발전시키기 위한 정책을 시행한다(제22조).

2) 식품산업정책 개관

농림축산식품부, 중소벤처기업부, 농촌진흥청, 산림청 및 각 지자체들은 식품산업에 대해 기술개발, 마케팅, 취·창업, 금융, 컨설팅, 수출 등 다양한 지원사업들을 시행하고 있다. 정부는 농식품부를 중심으로 '제4차 식품산업진흥 기본계획(23~27)'을 수립하여 식품산업을 전략적으로 육성하고 있다.

첫째, 식품산업 혁신 성장을 위해 푸드테크, 그린바이오 등 첨단기술 개발을 지원한다. 푸드테크[76]의 경우 혁신클러스터를 중심으로 지역 단위 푸드테크산업을 육성하고, aT 해외지사를 활용하여 해외진출을 지원한다. 그린바이오 기술 활용의 경우 영역별 거점을 중심으로 기능성식품, 고령친화식품 등 新식품산업을 육성하고 있다.

둘째, K-푸드 경쟁력 강화를 통한 수출 확대를 지원한다. 라면, 배를 포함하여 K-푸드 유망상품을 육성하여 물류와 유통을 지원하며, 해외시장 개척을 지원한다. 한식 수요를 확대하기 위해 K-미식벨트 조성

76) 푸드테크 10대 핵심기술로 ①세포배양식품 생산기술, ②식물기반식품 제조, ③간편식 제조, ④식품프린팅, ⑤스마트 제조, ⑥스마트 유통, ⑦식품업사이클링, ⑧식품커스터마이징, ⑨친환경포장, ⑩식품로봇을 선정하여 지역별로 특화 부문에 대해 공동 R&D, 기술 실증 등을 지원한다.

등 관광 및 수출과 연계한 홍보를 강화하고, 외식서비스 등급제, 창업 지원 등 외식산업 발전을 지원하고 있다.

셋째, 김치산업, 전통주, 전통장류 등 전통식품산업 활성화를 위해 원료공급단지 조성, 수출대상국 맞춤형 제품 개발, 농식품 지리적표시제 강화, K-푸드 소스 개발 등을 지원하고 있다.

지리적표시제도

농산물의 품질이 특정 지역의 지리적 특성에 기인하는 경우 특산물의 품질향상 및 지역특화 산업으로 육성하기 위해 지리적표시를 등록·보호하는 제도로 2001년에 시행되었다.
농산물은 국립농산물품질관리원, 임산물은 산림청, 수산물은 국립수산물품질관리원이 등록·관리하고 있다.
농산물 지리적표시 1호는 보성녹차(2002. 1월), 2호는 하동녹차(2003. 5월), 3호는 고창복분자주(2004. 1월), 4호는 등록 삭제, 5호는 영양고춧가루(2005. 3월), 6호는 의성마늘(2005. 7월), 7호는 괴산고추(2005. 8월), 8호는 순창전통고추장(2005. 10월), 9호는 괴산고춧가루(2005. 11월), 10호는 성주참외(2005. 12월)이며, 가장 최근에는 2024년 9월에 116호 고창수박이 등록되었다

* 출처: 국립농산물품질관리원, 지리적표시제, https://www.naqs.go.kr/hp/contents/relicList.do

넷째, 농업과 식품산업의 연계를 통한 상생협력을 강화한다. 식품기업과 농가 간 계약재배 등 상생협력을 확대하고, 전략작물직불제 등을 통한 원료 생산단지 확대, 대체식품 원료DB 구축 등을 통해 국산 원료 농산물 공급을 확대하며, 식품 소재·반가공 기업 지원을 강화하고 있다.

다섯째, 식품산업의 성장기반을 강화하기 위해 중소 식품·외식기업 대상 인력·자금·원재료·R&D 등을 지원하고, EU 등의 공급망·환경 관

리 정책에 대응하여 식품기업 ESG 경영을 지원하고 있다.

식품산업정책 실행을 위해 농림축산식품부 산하의 한국농수산식품유통공사, 식품산업클러스터진흥원, 한식진흥원, 농림식품기술기획평가원, 농촌진흥청 산하의 한국농업기술진흥원, 중소벤처기업부 산하의 중소벤처기업진흥공단, 소상공인시장진흥공단 등 여러 공공기관들이 식품산업 지원사업을 다양하게 수탁 시행하고 있다. 그중 주요 기관별 역할은 다음과 같다.

한국농수산식품유통공사는 한류 연계 K-브랜드 확산, 수출기업 맞춤형 시장조사, 외식업계 해외진출 지원, 농산물 TRQ(시장접근물량) 수입 관리, 농산물 직거래장터 개설 지원, 로컬푸드직매장 지원 등을 시행한다.

식품산업단지(전북 익산)를 육성·관리하기 위해 설립된 한국식품산업클러스터진흥원(FoodPolis)은 단지 입주기업들을 대상으로 기술지원, 인력양성, 장비 공동활용, 비즈니스 지원, 식품벤처창업 등을 지원하고 있다.

한국농업기술진흥원은 농산업체 판로지원, 농식품 벤처육성, 농식품 산업체 경영·기술전문가 컨설팅, 농업기술 사업화, 농식품 기술 거래·이전 지원 등을 시행하고 있다. 이 밖에 소상공인시장진흥공단은 백년가게 육성, 소상공인 판로개척 지원 및 역량 강화, 중소벤처기업진흥공단은 정책자금 융자 지원 등을 실시하고 있다.

제4절 전통 농산업 부문

1. 종자산업

1) 종자(종묘)의 의의

안정적인 식량 생산을 위해서는 양질의 종자와 모종 개발이 필수적이다. 오랜 기간 자가 채종을 하게 되면 품종의 퇴화가 일어나기에 품종의 고유 특성을 계속적으로 유지하면서 순도 높은 종자를 생산·보급하는 것은 농업생산성 향상에 중요하다. '종자'란 증식용·재배용으로 쓰이는 씨앗, 버섯 종균, 묘목, 포자 또는 영양체인 잎·줄기·뿌리를 지칭한다.

농가에서 자가 채종하는 경우 자연 돌연변이, 자연교잡, 유전적 분리, 기계적 혼입 등과 병해, 생리적 장해 등의 원인으로 인한 품종 퇴화가 발생할 수 있다. 반면 종자 갱신[77]을 통해 몇 해에 한 번씩 순도 높은 보급종의 보증 종자로 바꾸어 재배할 경우 품종의 특성을 유지하고 퇴화를 방지할 수 있다. 종자갱신에 따른 생산성 증가를 보면 증수율이 벼는 6%, 보리 12%, 콩 50%, 옥수수 65%로 평가되고 있다.[78] 종자에 따라 작물의 생산 하한·상한이 결정되며 작물보호제·비료 등 다른 투입 요소를 효과적으로 사용하더라도 종자의 한계에 따라 그 효율은 제한적일 수밖에 없다.

이처럼 종자는 농업생산성을 결정하는 중요한 요인으로, 유전적 특

77) 유전적으로 순수하고, 생리적으로 충실하며, 병해충이 없는 우량한 종자를 기존 재배 품종과 대체하는 것을 종자 갱신이라 한다.

78) 농업기술진흥원 종자광장. IBRD 종자사업 평가자료, 2004(https://www.seedplaza.or.kr/IntroduceAction.do?method=newpumjong)

성이 지식재산권으로 인정되며 품종보호권을 통해 상업적 독점권한을 보유하고 있다. 최근에는 생명공학 등 첨단기술을 접목해 기술집약적이고 부가가치가 높은 산업으로 도약하고 전후방산업과의 연계를 통해 농업분야의 반도체라고까지 일컬어지며, 급격한 기후변화, 식량 위기, 종자시장의 국제화로 종자의 중요성이 더욱 부각되고 있다.

이에 정부는 종자산업 발전 및 정부 보급종 공급을 위해 다양한 정책을 지원하고 있다. 우선 품종 육성기관인 농촌진흥청이 식량작물, 특용작물, 채소, 과수, 화훼, 녹비작물 등에 대해 기본식물 품종[79]을 육성·개발하고 있다. 국립종자원은 종자산업 지원, 종자 유통관리체계 구축, 정부 보급종 생산·공급, 품종 보호, 종자 검정 연구를 수행하고 있고, 농업기술진흥원(종자사업본부)도 주로 민간에서 공급하지 않는 식량작물의 신품종 종자(종묘)를 증식·보급하고 있다. 통상 종자의 생산·보급은 '기본식물 → 원원종 → 원종 → 보급종'의 4단계 채종 단계를 거쳐 이루어지고 있다.

매년 개최되는 국제종자박람회에서는 국내 육성품종(식량, 채소, 화훼 등), 육종기술, 농기자재 등의 성과가 전시되고 있으며, 참가기업도 꾸준히 증가하고 있다.

2) 보급종 개발 및 생산

국립종자원은 정부보급종 우량종자 생산·공급을 통해 농업생산성 향상을 도모하고 있다. 대상 작물은 벼, 보리, 밀, 콩, 호밀, 팥이다. 정부보급종은 종자검사 규격에 합격한 종자로 순도가 높고 품종의 고유 특

79) 농업기술진흥원 종자광장에서 여러 작물별 품종 정보를 확인할 수 있다(https://www.seedplaza.or.kr/knowledge/KnowledgeInfoAction.do?method=knowledgeInfo&pageTp=knowVarietyInfo).

성이 보존되어 있고, 현대식 정선시설에서 엄선한 종자로 발아율이 높고, 초기생육이 왕성하며, 병충해 발생이 적다. 특히 정부보급종으로 재배하면 자가채종한 종자보다 6~12% 정도 높은 증수 효과를 거둘 수 있다.[80] 2025년 정부보급종은 6작물 41품종[81]이 공급되고 있다.

정부 보급종의 개발·생산은 다음 절차에 따라 이루어진다. 먼저 품종 육성기관인 농촌진흥청에서 원래의 종자에 해당하는 기본식물을 개발한다. 이를 토대로 품종 고유의 특성을 보유하고 종자 증식에 기본이 되는 종자(원원종)을 각 도 농업기술원에서 생산하고, 원원종에서 1세대 증식된 종자(원종)를 도 원종생산기관에서 생산하게 된다. 이후 원원종 또는 원종에서 1세대 증식하여 농가에 보급되는 종자(보급종)를 국립종자원, 경기도농업기술원 종자관리소가 생산·공급하고 있다.

한편 농업기술진흥원(종자사업본부)도 민간에서 공급하지 않는 식량작물을 중심으로 농촌진흥청 또는 각 도 농업기술원이 개발한 신품종 종자(종묘)를 증식·보급하고 있다.

현재 ①기능성, 가공용 등 특수 용도의 소규모 재배 품목으로 특수미(기능성벼, 유색벼, 찰벼), 콩, 보리, 잡곡(조, 수수, 기장 등), 유지 작물(참깨, 들깨, 땅콩 등), ②친환경 농업, 수입 농산물 대체 등 정책적 지원 대상 사료 작물인 사료 맥류(청보리, 귀리, 호밀, 트리티케일 등), 사료용 옥수수, 사료용 벼, ③영양 번식 작물인 고구마(호풍미, 호감미, 진율미, 소담미, 신율미), 화훼(백합, 국화, 프리지아 등), 과수(사과, 포도, 복분자, 블루베리, 참다래 등), ④약용작물인 지황(토강, 한방애), 단

---

80) 정부보급종은 새로운 우량 품종으로의 대체, 재배연수 경과에 따른 유전적 퇴화 방지, 재배조건에 따른 생리적 퇴화 방지, 각종 병충해로 인한 병리적 퇴화 방지 등 종자 가치의 향상을 기대할 수 있다.

81) 벼 23품종, 콩 6품종, 팥 1품종, 보리 6품종, 밀 4품종, 호밀 1품종이다.

삼(다산, 홍산), 지치(대흥), 감초(원강) 등의 종자(종묘)를 생산·공급하고 있다.[82)]

기본적으로는 시·군 농업기술센터 대상 수요조사를 거쳐 종자(종묘)를 생산한 후 농업인 등으로부터 종자신청을 받아 공급하고 있는데, 대량수요처의 경우에는 사전계약재배 형태로 종자를 생산·공급한다.

국립종자원의 정부 보급종 개발·생산 절차

농업기술진흥원(종자사업본부)의 종자(종묘) 생산·보급 절차

구분	종자사업 프로세스				
생산	수요조사	생산계획 수립	생산관리	수확/수매	정선/포장 저장/검사
공급	종자신청	주문접수	대금수금	종자배송	사후관리

구분	종묘사업 프로세스				
생산	사전주문접수	기내도입 및 배양조건 확립	생장점 배양 및 바이러스 검정	기내대량증식	순화 및 육묘
공급	대금수금	종묘배송	사후관리		

한편 민간 종자사업 발전을 위해 농업기술진흥원 종자산업진흥센터는 육종기술 지원, 종자산업 전문인력 양성, 종자 DB(K-seed 네비게이터) 구축·운영, 종자시험 서비스 등을 제공하고 있다. 또한 종자기업

82) 농업기술진흥원 종자광장(https://www.seedplaza.or.kr/IntroduceAction.do?method=business)

에 육종 연구용 포장과 첨단 연구시설 등을 지원하여 기업의 기반투자에 대한 부담을 덜고, 세계적 수준의 품종을 개발할 수 있는 여건을 제공하기 위해 민간육종연구단지를 조성·운영하고 있다. 입주기업들에게는 농업기계 임대, 육종 인프라 등의 지원이 제공된다.

3) 종자업 및 육묘업 현황

종자를 생산·가공 또는 다시 포장하여 판매하는 종자업을 영위하고자 하는 자는 시설과 인력을 갖추어 주된 생산 시설의 소재지를 관할하는 시·군·구청장에게 등록하여야 하는데 국내 종자업체 등록 현황은 다음과 같다.[83]

국내 종자업 등록업체 현황

연도	계	식량	과수	채소	화훼	버섯	뽕	기타
2024	5,142	192	1,036	837	708	347	51	1,971
2023	4,727	186	984	744	638	339	50	1,786
2022	4,225	186	929	642	538	328	47	1,555
2021	3,780	174	868	572	465	313	47	1,341
2020	3,315	159	793	480	381	275	46	1,181
2019	2,751	139	708	405	312	244	44	899

* 출처: 국립종자원. https://www.seed.go.kr/seed/243/subview.do

83) 다만 농림축산식품부장관, 농촌진흥청장, 시·도지사, 시장·군수 또는 농업협동조합법에 따른 조합, 중앙회 및 농협경제지주회사, 산림조합법에 따른 조합 및 중앙회 등 대통령령으로 정하는 농업단체 또는 임업단체는 종자업 등록 대상에서 제외된다.

지역별 종자업 등록업체 현황(2024년)

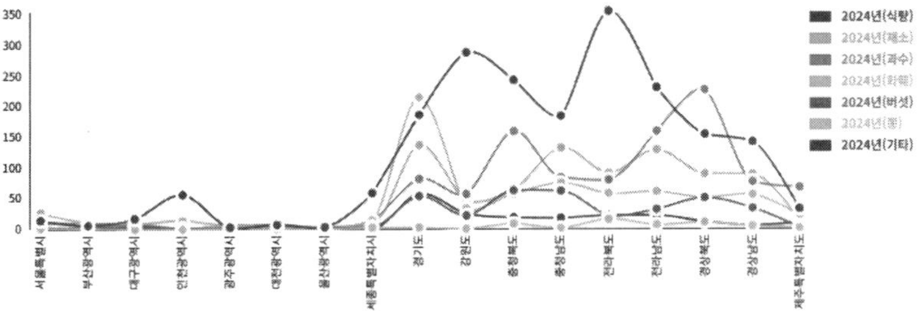

* 출처: 국립종자원. https://www.seed.go.kr/seed/243/subview.do

종자를 생산·판매하고자 하는 경우 종자업을 등록해야 할 뿐 아니라 품종의 생산·수입을 위해서는 판매 신고가 필요하다. 즉, 일부 예외[84]를 제외하고 작물 품종의 종자를 생산 또는 수입하여 판매하는 경우 고유의 품종명칭과 함께 종자 시료를 첨부하여 국립종자원 등에 신고해야 한다.

2024년까지 생산·수입판매 신고된 품종의 누적 건수를 보면 화훼류가 30,678건으로 압도적으로 많고, 이어서 채소류가 23,654건, 과수류가 10,086건을 차지하고 있다. 이 밖에 식량작물 1,045건, 특용작물 1,099건, 사료작물 1,206건, 버섯류 2,610건을 차지하고 있다. 2021년 이후 동향을 보더라도 화훼, 채소, 과수가 소득작물로서의 역할을 꾸준히 담당하고 있음을 확인할 수 있지만, 식량작물 품종 생산·판매도 증가추세를 보이고 있다.

84) 출원 공개된 품종 및 품종목록에 등재된 품종의 종자는 신고 대상에서 제외된다.

품종 생산·수입판매 신고 현황

(단위: 건수)

구분	합계	2020까지	2021	2022	2023	2024
식량작물	**1,045**	832	35	24	51	92
채소류	**23,654**	20,982	716	575	596	624
과수류	**10,086**	7,520	461	536	343	919
화훼류	**30,678**	22,540	888	1,895	2,359	2,349
특용작물	**1,099**	963	38	36	16	38
사료작물	**1,206**	1,106	27	15	15	36
버섯류	**2,610**	2,573	14	11	3	9
기타류	**7**	6	0	0	0	1
일반혼합류	**29**	24	1	1	1	2

* 출처: 국립종자원. https://www.seed.go.kr/seed/243/subview.do

식량 생산에 있어 종자와 함께 모종(묘)이 중요한데 묘(苗)란 재배용으로 쓰이는 씨앗을 뿌려 발아시킨 어린 식물체와 그 어린 식물체를 서로 접목한 어린 식물체를 의미한다. 묘를 생산·판매하는 육묘(育苗)업을 영위하고자 하는 경우 전문인력 양성기관에서 소정의 교육을 이수한 후 일정 기준의 시설을 구비하여 시설 소재지 관할 시장·군수·구청장에게 등록해야 한다.

국내 육묘업 등록업체 현황

연도	계	식량작물	채소	화훼
2023	2,714	986	1,361	367
2022	2,561	941	1,288	332
2021	2,391	880	1,212	299
2020	2,207	820	1,128	259

* 출처: 국립종자원. https://www.seed.go.kr/seed/243/subview.do

지역별 육묘업 등록업체 현황(2023년)

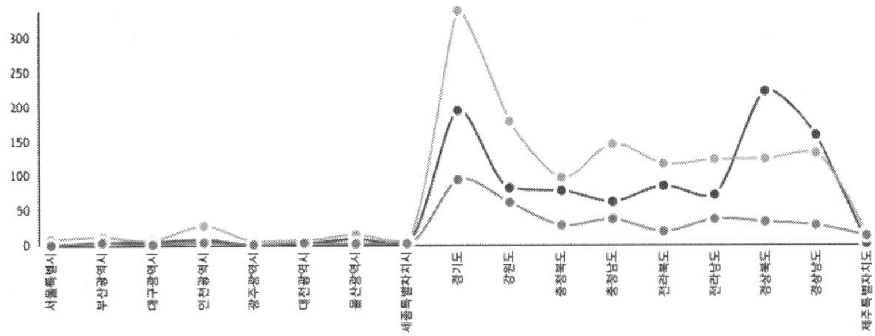

* 주: ▬ 식량, ▬ 채소, ▬ 화훼

* 출처: 국립종자원. https://www.seed.go.kr/seed/254/subview.do

종자업자 또는 육묘업자나 종자 또는 묘를 매매하는 자의 종자산업 법규 준수 여부를 확인하여 불법 종자 및 묘의 유통을 근절하여 농가 피해를 예방하고 유통질서를 확립하기 위해 국립종자원은 종자 및 묘의 유통조사를 실시한다.[85] 또한 종자산업 지원을 위해 국내 채종기반 구축, 해외현지 품종전시포 운영, 민간육종가 지원 및 민간육성품종 홍보, 종자산업 현황조사, 종자(K-seed) 수출지원을 실시하고 있다. 이와 함께 종자관리사 제도를 통해 종자의 품질을 유지·관리하고 있다. 종자관리사는 종자업자가 생산하여 판매·수출 또는 수입하는 종자에 대하여 당해 품종의 종자임을 확인하고, 해당 종자의 채종·조제에 있어 품질기준 적합 여부를 검증한다.[86]

종자 수입에도 시장접근물량에 따른 양허관세율이 적용된다. 감자,

---

85) 조사를 통해 종자업 등록 여부, 육묘업 등록 여부, 품종의 생산·수입판매신고 여부, 보증을 받지 아니하고 종자를 판매하거나 보급 여부, 수입 적응성 시험 여부, 유통 종자 및 묘의 품질표시 여부 등을 조사한다.

86) 국가기술자격(종자기술사, 종자기사, 종자산업기사, 종자기능사, 버섯산업기사, 버섯종균기능사)을 취득하고 일정 경력을 보유한 경우 등록할 수 있으며, 2024년 현재 일반 종자관리사 253명와 버섯 종자관리사 11명이 등록되어 있다(https://www.seed.go.kr/seed/246/subview.do).

녹두·팥, 호밀, 맥주맥, 보리, 귀리, 옥수수, 수수, 조, 대두, 땅콩 등 종자용 작물을 수입하려면 국립종자원 등에 양허세율 수입업자 추천을 신청해야 한다.[87)]

4) 종자산업의 과제

종자는 농업의 반도체로 일컬어질 만큼 중요성이 높지만 국내 종자산업은 미미한 수준이고, 종자회사들도 대부분 영세한 상황이다.

2012년에 시행된 국내 종자산업 발전을 위한 장기 계획인 Golden Seed Project(GSP) 등을 통해 국내 종자산업은 꾸준히 성장세를 보이고는 있지만 전 세계 종자산업 규모에서 국내 종자산업 비중은 1%대에 머물고 있다.[88)]

한때 국내 종자산업은 상업용 채소 종자를 중심으로 동아시아권에서 큰 규모의 종자기업들이 있었으나 1997년 외환위기 당시 흥농종묘, 중앙종묘 등 주요 회사들이 해외 기업에 인수·합병됐다. 이로 인해 종자주권의 침해와 국내 유전자원의 유출, 국내 종자산업 약화, 종자가격 인상에 따른 농가 부담 등의 문제가 발생됐다.

종자업체들의 영세성도 종자산업 발전을 제약하고 있다. 2022년 기준 국내 종자업체는 2,143개로 이 중 연간 매출액이 5억 원 미만인 업체가 1,963개로 92%에 달하고, 5~40억 원인 업체가 156개, 40억 원

---

87) 자세한 사항은 "농축산물 시장접근물량 양허관세 추천 및 수입관리 요령"(농림축산식품부고시 제2024-99호, 2024. 12. 26., 일부개정)의 '[별표 1] 양허관세추천 대상품목, 양허관세적용물량 배정방식 및 추천대행기관'에서 확인할 수 있다.

88) 국립종자원의 '2022년 종자산업현황조사'에 따르면 2022년 기준 국내 종자산업의 시장규모는 8,754억 원(종자 6,757억 원, 육묘 1,997억 원)이다. 이는 2021년에 비해 3.1% 증가한 수준이지만 2021년 세계종자시장의 규모가 472억 달러임을 고려하면 세계시장에서 국내 종자산업의 비중은 1.43%(환율 1,300원 기준)에 불과하다(농수축산신문 2024. 9. 6. http://www.aflnews.co.kr).

이상인 업체는 24개에 불과하다. 국내 종자업계의 1위로 평가받는 농우바이오 역시 23년도 매출액은 1,358억 원에 불과했다. 특히 2022년 기준 육종 실적이 있는 종자회사는 289개로 13.5%에 불과하고, 국내 종자회사 10개 중 8개 이상이 단순히 종자 수입·판매만 영위하는 실정이다.

국내 종자회사의 연구·개발 투자도 2017년 820억 원에서 계속 감소해 2022년 기준 595억 원에 불과했다. 세계적 종자업체 바이엘과 코르테바가 2020년 기준 각각 2조 원, 1조 5,000억 원을 R&D에 투자하는 등 매출액의 10~20% 가량을 투입하는 것과 크게 비교된다. 이로 인해 수출실적도 미미하다. 2020년 기준 세계 종자 교역규모는 307억 달러인데 이 중 수출액에서 네덜란드와 프랑스가 각각 31억 9,300만 달러, 22억 9,300만 달러로 20.1%, 14.5%를 차지하는 데 비해 우리나라의 수출액은 5,700만 달러로 1%에도 미치지 못하는 실정이다.

따라서 국내 종자산업의 성장을 위해서는 산업의 전반적인 기반이 취약한 만큼 장기적인 안목의 정부 지원 정책과 프로젝트가 필요하다. 특히 GSP 사업이 품종개발 등 종자산업의 여건을 마련하는 등 전반적으로 긍정적 효과가 있었던 만큼 후속 프로젝트가 요구된다. 특히 시장을 공략할 수 있는 신품종 육종을 위해서는 농산물 소비자들의 다양한 요구를 정확히 파악하고 반영해야 한다. 최근 기후변화 등으로 재배 여건이 악화되고 있는 만큼 변화하는 생산 여건에 적응함과 동시에 농산물 소비자의 요구를 파악해야 시장에서 살아남을 수 있기 때문이다.

종자 정책의 일관성과 효율성 제고를 위해 품종 육성기관인 농촌진흥청을 중심으로 종자산업 정책체계를 일원화할 필요가 있다. 1997년 단행된 농촌지도조직의 지방화 정책에 따라 원원종과 원종 보급은 각급 농촌지도조직이 담당하고 있다. 하지만 보급종 생산·보급이 국립종자원(농림축산식품부 소속기관)과 농업기술진흥원(농촌진흥청 산하기관) 등으로 분절화된 체계는 개선될 필요가 있다. 그 일환으로 국립종자원을 농촌친흥청 소속으로 변경하여, 종자 연구 및 검증기능은 작목별 농촌진흥청 소속기관으로 이관하고, 보급종 생산·보급기능은 농업기술진흥원[89]으로 일원화할 필요가 있다.

2. 비료·농약·유기농업자재산업

1) 비료산업 현황

비료의 3요소인 질소(N), 인산(P), 칼륨(K)은 작물 생육에 가장 중요한 성분으로, 광합성에 관여하여 줄기, 잎, 뿌리 등을 키우는 역할을 한다. 비료는 기준에 따라 다양하게 구분된다.

우선 시비법에 따라 파종, 이식, 발아 전에 사용하는 밑거름(기비)과 작물의 생육 도중 사용하는 웃거름(추비)으로 구분된다. 원료에 따라 유기질 비료(동물질 비료, 식물질 비료), 무기질비료(N.P.K 비료), 광물질 비료로 구분되며, 주성분의 함유 개수에 따라 단비(3요소 중 한 성분만 포함된 비료)와 복비(3요소 중 두 성분 이상 포함된 비료) 등으로 구분된다. 화학적·생리적 반응에 따라 산성비료, 중성비료, 알칼리성비료, 비료의 효과 발생속도에 따라 속효성 비료, 완효성 비료, 지효성 비료(퇴비, 구비 등)로 구분되기도 한다.[90]

---

89) 농업기술진흥원은 2008년 정부기관 법인화 계획에 따라 농촌진흥청 기능 중 일부를 법인화하여 설립된 기관으로 농산물 연구개발 결과의 실용화(보급), 농기계 검증 등을 수행한다. 정부기관 법인화는 정부 서비스의 효율성, 대응성을 제고하기 위해 도입되었다.

90) ㈜유일. 비료이야기. 2018. 11. 9. https://www.yooill.co.kr/

비료 요소별 효용

> ▶ 질소비료는 광합성에 관계하는 엽록소를 만들어 줄기와 잎, 키를 키우는 데 기여한다.
> ▶ 인산비료는 뿌리 발달과 꽃, 열매 형성을 돕는다.
> ▶ 칼륨비료는 작물의 질병 저항력과 품질 향상에 도움을 준다.

국내 비료산업 규모를 보면 복합비료시장은 2020년 9,306억 원에서 2025년에는 9,022억 원으로 감소했지만, 유기질 비료시장은 꾸준히 성장하고 있고, 완효성 비료 시장도 확대될 것으로 예상된다. 국내 대표적 비료생산업체로 2025년 현재 남해화학, 팜한농, 조비, 카프로, 풍농, 한국협화, 세기, KG케미칼, 동부하이텍, 삼성정밀화학 등이 있다.

2) 작물보호제(농약)산업 현황

작물의 생육과 생산성 향상에 영향을 미치는 또 다른 중요한 농자재로 작물보호제, 즉 농약을 들 수 있다. 작물보호제(농약)는 농작물 재배에 필수임에도 기술 장벽이 매우 높은 산업으로 국내 농약산업 발전을 위한 여러 정책적 지원이 요구되고 있다. 국내 기업들은 대부분 영세하여 원료를 수입해 제품을 생산하거나 완제품을 수입 판매하는 실정이다. 원천기술 연구개발이나 신규 원제 개발에는 장기간에 걸쳐 막대한 자본과 전문인력 투입이 요구되며, 연구개발에 성공해도 유독 높은 각종 규제 장벽으로 인해 실용화가 제한되기도 한다. 따라서 국내 업체들이 작물보호제 원천기술 확보 및 글로벌 경쟁력을 갖춘 신규 원제 개발에 성공하기 위해서는 연구개발을 포함하여 정부 차원의 전주기적, 전방위적 지원이 필요하다.

글로벌 농약·비료 시장규모(매출)를 보면 2017년 2,135억 달러,

2021년 2,603억 달러에서 2022년에 3,848억 달러로 증가했다. 이 중 농약시장이 922억 달러, 비료시장이 2,926억 달러로 비료시장 규모가 3배 이상 높다.[91] 지역별로는 북미 555억 달러, 유럽 658억 달러, 아·태 1,873억 달러, 중남미 501억 달러, 중동·아프리카 262억 달러로 추산되고 있다. 글로벌 농약·비료 시장의 증가의 한 원인으로 기후변화, 코로나 팬데믹 및 최근 러우 전쟁 등으로 식량안보 문제의 부각을 지적할 수 있다. 주요 국가별 시장규모를 보면 중국, 인도, 미국 순이고, 한국도 2022년 기준 15억 달러를 기록하였고, 브라질 농약시장도 큰 폭으로 성장하고 있다.[92]

주요국별 농약·비료시장 규모 현황

(단위: 백만 달러)

국가	2017년	2022년	2028F
중국	48,067	80,124	45,235
인도	26,441	58,223	42,290
미국	24,533	46,305	29,936
브라질	19,742	31,470	19,394
프랑스	7,566	16,414	9,443
러시아	6,919	13,017	6,561
독일	5,746	12,936	6,192
캐나다	4,270	9,157	5,707
멕시코	3,492	5,815	4,288
일본	1,386	2,196	1,011
한국	945	1,535	699

* 출처: 영농자재신문. 2023. 1. 1. http://www.newsfm.kr/news/article.html?no=7501

91) 영농자재신문. 2023. 1. 1. http://www.newsfm.kr/news/article.html?no=7501

92) 농림수산식품교육문화정보원(EPIS). 농기자재수출정보서비스

특히 1980~2021년 동안 전 세계에 424개 업체만이 화학 농약의 신규 원제를 출시했다. 같은 기간 국내에서는 제초제와 살균제에 대해서만 7종의 신물질 농약 원제가 개발·상용화되어, 원제수 기준 글로벌 시장에서 1.7% 수준에 머물고 있다. 국내 농약 시장 규모는 2022년 기준 1조 8,076억 원이며, 출하량은 1만 9,882톤으로, 이 중 화학농약이 1만 7,505톤이고 나머지 2,377톤은 천연식물보호제 등이다. 작물별로는 원예용(51.5%), 제초제(31.2%), 수도용(9.5%), 기타(7.8%) 순이다.

농약 원제 총수요는 8,808억 원(전년 대비 8% 증가)으로 수입 원제가 8,036억 원, 국내 합성 원제는 1,544억 원으로 수입의존도는 91.2%로 2019년 97.6%와 비교해서 여전히 높은 수준이다. 농약 수출금액은 2억 5,442만 달러(전년 대비 16.0% 증가)로 원제가 1억 1,392만 달러(전년 대비 78.8% 증가), 완제품은 1억 4,050만 달러(전년 대비 9.7% 감소)를 기록했다(한국작물보호협회 2024).[93)]

농약 원제회사와 제조회사를 통해 자체 집계한 2023년 주요 8개 농약회사의 매출총액이 1조 6,679억 원으로 전년 1조 5,603억보다 6.9% 증가했다.[94)] 그러나 농약 가격(농협 계통납품가 기준) 평균 인상률 12.5%를 고려하면 사실상 역성장에 그친 것으로 볼 수 있다. 특히 중국산 원제 가격 하락에 따라 중소업체들은 가격경쟁력 하락 및 판매부진을 겪고 있다.

한편 국내 농약유통시장의 가장 큰 축은 농협이 담당하고 있다. 7개 주요 업체(농협계통에 참여하지 않는 성보화학 제외)의 농협계통농약

93) 전업농신문. 2024. 1. 22. 작물보호제 원천기술 확보 정부 투자 시급. https://www.palnews.co.kr/

94) 23.11월 기준 업체별 시장점유율은 팜한농 25.1%, 농협케미컬 19.4%, 경농 15.8%, 동방아그로 12.2%, 한국삼공 10.6%, 신젠타코리아 8.2%, 바이엘크롭사이언스 4.6%, 성보화학 4.1% 순이다.

판매실적은 총 7,501억 원[95]으로 7개 회사 전체 매출의 46.9%를 차지하고 있다. 농협계통을 통한 판매 외에는 자체 판매망을 통해 시판한다.

국내 주요 농약회사 매출 증감률(2023. 11월 기준)

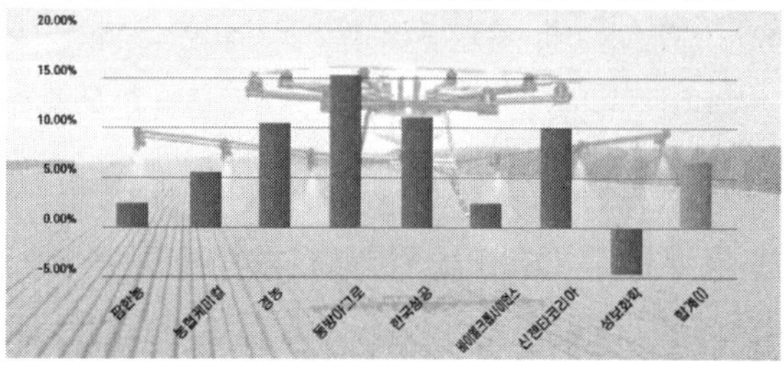

* 출처: 영농자재신문. http://www.newsfm.kr/news/article.html?no=8537

농협 계통농약 판매실적(22년과 23년)

(단위: 백만 원, %)

회사명	2022년 (A)	2023년 (B)	증가율 (B/A)	점유비
팜한농	1,847	2,023	9.50%	24.30%
농협케미컬	2,203	2,291	4.00%	27.60%
경농	863	950	10.10%	11.40%
동방아그로	672	743	10.60%	8.90%
한국삼공	618	674	9.10%	8.10%
신젠타코리아	417	529	26.80%	6.40%
바이엘크롭사이언스	309	291	-5.80%	3.50%
아다마코리아	143	156	8.80%	1.90%
인바이오	70	83	18.40%	1.00%
한얼싸이언스	56	65	16.00%	0.80%
기타	411	503	22.30%	6.10%
소계	7,608	8,308	9.20%	100%
지역본부	1,269	1,398	10.10%	
합계	8,877	9,706	9.30%	

* 출처: 영농자재신문. http://www.newsfm.kr/news/article.html?no=8537

95) 중소업체 및 지역본부 자체구매를 포함한 농협 계통농약 총 매출액은 9,706억 원으로 집계됐다. 영농자재신문. 2023. 12. 15. 2023년 농약시장 사실상 '마이너스 성장' 전망. http://www.newsfm.kr/

3) 친환경·유기농자재산업 현황

유기농업자재는 토양개량, 작물 생육, 병해충 관리 등을 위해 사용되는 농자재로 토양개량용(퇴비, 유기상토, 녹비), 작물생육용(유기질비료, 미생물제제), 병해충관리용(생물농약, 천적)으로 구분된다. 국내에서는 유기농업자재 공시제도를 통해 해당 자재가 허용물질을 사용하여 생산된 자재인지를 확인하여 그 자재의 명칭, 주성분명, 함량 및 사용 방법 등에 관한 정보를 공시하고 있다. 2010년대 초반까지 농촌진흥청이 친환경유기농자재 목록 공시기준과 품질규격을 공시했으나, 현재는 「친환경농어업 육성 및 유기식품 등의 관리·지원에 관한 법률(친환경농어업법)」에 따라 국립농산물품질관리원이 공시 대상 품목 및 공시 기준을 수립하고 있다.

친환경농업은 화학적 비료와 농약을 최소화하거나 사용하지 않고, 자연 친화적인 방법으로 농산물을 생산하는 영농 방식이다. 그중 유기농업은 화학적 비료와 농약을 사용하지 않고, 유기농업자재를 사용하여 생태계의 순환 기능을 유지하고 토양의 비옥도를 높이는 영농 방식을 의미한다. 친환경유기농자재의 경우 가격이 비싸고 효과가 미흡하다는 등 논란이 지속되고 있지만 친환경유기농업은 지속적으로 성장할 것으로 예상되며, 이에 따라 정부의 정책적 지원과 관심이 요구된다.

180여 개국에서 유기농 육성정책이 추진됨에 따라 전 세계 유기농업 시장규모는 2019년 기준 970억 불이고 재배면적은 6,980만 ㏊로 세계 경지면적의 1.8% 수준이며 연평균 10% 이상 성장하고 있다. 유기농업이 확산됨에 따라 바이오비료(biofertilizer) 및 바이오농약(Biopesticide) 등 친환경유기농자재시장도 꾸준히 성장하여 2020년

말 기준 세계적으로 바이오농약 시장 46억 불, 바이오비료 96억 불 등 총 142억 불 수준에 이르고 있다.

국내 친환경농업은 2012년 총경작면적 대비 12.5%(저농약 포함) 점유를 정점으로 2015년 4.5%까지 하락했다가 2016년부터 회복추세로 전환되어 2020년 8만 2,000㏊로 5.2% 수준을 차지하고 있다. 유기농업자재 국내시장규모는 2021년 말 기준 약 6,900억 원으로 생물농약 25억 원, 병해충관리용 1,200억 원, 토양개량·작물생육용은 5,700억 원(미생물비료 330억 원 포함) 정도에 달하고 있다. 이는 정부보조사업을 통해 공급되는 유기질비료 약 8,500억 원을 제외한 수치이다.[96]

공시유기농업자재 국내 시장규모(2020년)

	품목 수(개)	연매출액(억 원)
계	1,899	6,891
토양개량/작물생육용	1,279 (토양개량 33, 생육 267, 토양·생육 970)	5,716
병해충관리용	620 (병 239, 충 138, 병해충 193)	1,054

*주: 유기농업자재 업체수는 703개, 종사자는 3,600명, 연간 생산량은 121만 톤으로 파악됨
*출처: 영농자재신문. https://www.newsfm.kr/mobile/article.html?no=7018

4) 농자재산업의 과제

세계적으로 농약시장이 성장하면서 글로벌 경쟁이 가속화하고 있다. 향후 작물보호제(농약)를 비롯한 농자재산업 발전을 위한 정책방향을 제안하면 첫째, 소비자들의 농약, 비료에 대한 인식 전환을 지원해야

96) 영농자재신문. "새 정부에 친환경 육성과 수출 지원을 바란다". 2022. 5. 28.

한다. 최근 유기농산물 선호가 증가하는 상황에서 친환경 농약 개발에 대한 지원을 강화하면서, 농약이 환경과 건강에 무조건 유해하다는 인식을 배제할 수 있도록 정보 제공 및 홍보를 강화해야 한다.

둘째, 생산업체들도 영업이나 판매의존성을 지양하고 소비자와의 유기적인 교류를 위한 마케팅전략을 강화해야 한다. 이를 통해 생산업체들 간 동일 생산되는 품목들에 한해 생산을 조율하는 등 과당경쟁을 방지하고, 시장 선호도가 높은 제품 생산을 확대할 수 있어야 한다. 이를 위해 정부는 시장구조개선을 위한 지원, 규제 완화 등 필요한 정책적 지원책을 마련해야 한다.

셋째, 농자재 유통채널 개선이 필요하다. 가령 농약의 경우 농협계통 판매는 50% 내외로 시판 비중이 여전히 높다. 이로 인해 농약유통시장의 도·소매상 난립으로 과당경쟁 및 가격하락을 야기하고, 궁극적으로 품질향상을 저해할 우려가 있다.

넷째, 외국 업체들과의 글로벌 경쟁이 심화되고 있어 국내 농자재에 대한 가격 및 품질경쟁력 제고를 지원해야 한다. 특히 농약업체들은 원제 생산과 완제품 생산 병행을 통한 수직계열화 등을 통해 가격 및 품질 경쟁력을 제고해야 한다. 이를 위한 정부의 전방위적, 전주기적 지원이 요구된다. 외국 원제공급회사들과 제휴·결합을 통해 국내업체들이 외국업체의 판매회사로 전락하지 않고 안정적인 농약 원제 및 제품을 확보하여 경쟁력을 제고할 수 있도록 신중한 정책 설계가 요구된다.

다섯째, 농자재 연구개발 투자를 확대하고, 생산업체들의 고품질 제품개발 지원을 강화해야 한다. 가령 농약의 경우 신농약원제 개발 지원을 확대하고, 기존 농약의 적용범위 확대 및 고품질화를 위한 제품개발 지원도 강화해야 한다. 또한 기존 농약의 제형변화를 통해 인체에 미치는 영향을 최소화하고 농약사용량 조절과 농약 사용을 용이하게 해야 할 것이다.

3. 농기계산업

1) 농기계산업 현황

농업기계 혹은 농기계[97]는 경작, 수확, 가공 등 농업 전반에 다양하게 이용되고 있다. 농가 소득증대와 식량안보를 위해 농업기계 사용은 이제 필수적으로 요구되고 있다. 경작 관련해서는 경운기, 트랙터, 이앙기, 관리기 등이, 수확 관련 농기계로는 콤바인, 벼수확기, 채굴기 등이, 가공 관련해서는 정미기, 건조기, 탈곡기 등이 있다. 이외에 비료살포기, 제초기, 양수기, 농업용 로더[98], 굴착기[99] 등 작물, 시설, 농업용수 관리 등에 활용되는 다양한 농기계[100]들이 있다.

트랙터로 대표되는 농기계산업은 기계산업에 속하는 동시에 소비적 측면에서 본다면 농업생산성에 밀접하게[101] 영향이 있는 농업후방산업으로 공업과 농업이 얽혀있는 복합 산업이라는 특성이 있다. 또한 농기계산업은 대규모 생산하부구조(부품공급업체) 등이 뒷받침되어야 하는 자본집약적 산업이자, 토양, 농법, 작물 특성에 따라 다양한 설계가 필요한 기술집약적 특성도 갖고 있다. 무엇보다 농업은 다양한 작물의 생

---

97) 「농업기계화 촉진법」은 '농업기계'로 규정하고 있다(제2조 제1호),

98) 2톤 미만에 한하며, 주로 가축 분뇨나 곤포 사일리지(속칭 공룡알 혹은 마시멜로) 운반에 사용된다.

99) 1톤 미만에 한하며, 과수원예 식재나 논 수로 정비 등에 사용된다.

100) 농기계 관련 국가기술자격으로 운전·운송에는 '농기계운전기능사', 기계장비 설비·설치에는 '농기계정비기능사', '농업기계산업기사', '농업기계기사'가 있다.

101) 국가기술표준원(2018). 〈농업기계 산업현황 및 표준화 동향〉. KATS 기술보고서, V.110.

산, 수확, 가공 등 범위가 넓어 농기계 종류가 다양하다. 또한 사용기간이 짧고 계절적 특성이 강해 다기종 소량생산의 특징이 있다. 이처럼 작물별 재배기간과 수확시기가 상이하기 때문에 농기계의 생산 및 출하 시기도 이에 따라 다양하다는 특징이 있다.

4대 농업기계별 국내 보유 현황을 보면 2023년 현재 경운기 52만 3천 대, 트랙터 31만 2천 대, 이앙기 17만 1천 대, 콤바인 7만 3천 대로 조사되었다. 최근 농업기계 보급 수준이 높아지면서 소형 농기계인 경운기는 점차 감소하고, 작업능력이 높은 트랙터 보급이 확대되어 전체 보유대수는 감소하고 있다. 농촌인구의 고령화 및 감소에 따라 농업용트랙터 등 고성능·승용형 농기계 공급은 증가하고 있으나, 경운기 및 보행형농기계는 감소하고 있다.

그럼에도 벼농사는 극히 일부 산간지역을 제외한 대다수 지역에서 경운·정지, 이앙, 방제 및 수확작업은 완전 기계화되어 논농업기계화율은 2014년 97.7%에서 2023년 99.3%로 100%에 이르고 있다. 이에 반해 밭농사는 주로 중산간지 중심으로 재배되고 있는데, 작물의 종류가 다양하고 재배 단계가 복잡하므로 기계화에 어려움이 있다. 그럼에도 기계화를 지속 추진하여 밭농업 기계화율도 2014년 56.3%에서 2023년 63.3%로 꾸준히 증가하고 있다.

농업 기계화 현황

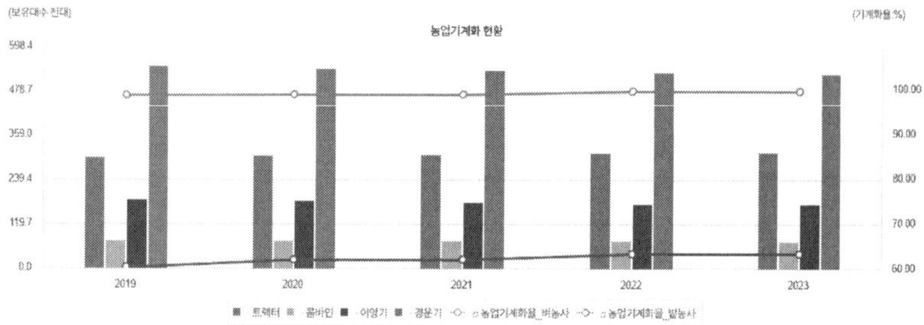

* 출처: 농림축산식품부 「농업기계 보유현황」. e-나라지표에서 재인용. https://www.index.go.kr/

2) 농기계산업의 과제

John Deere(미국, 1위), CNH(Case & New Holland, 미국, 2위), 쿠보타(일본, 3위), AGCO(영국, 4위), 얀마(일본, 5위) 등 글로벌 기업들이 지배하는 세계 농기계 시장은 2021년 기준 1,570억 달러(약 220조 원) 규모로 2017년 이후 매년 5% 이상 고성장했다. 최근 세계 농기계산업이 안정적으로 성장한 배경에는 다음 두 가지 요인들이 작용하고 있다.

우선 글로벌 식량위기에 대한 전망이 장기화되면서 쌀·밀·옥수수·콩 등 노지 재배 식량작물 생산에 활용되는 농기계에 대한 관심이 늘고 있다. 이와 함께 세계적으로 재생농업 패러다임이 확산됨에 따라 스마트·정밀농업에 대한 수요가 증가하여 글로벌 기업들은 트랙터, 콤바인 등 전통적 농기계에서 AI·빅데이터, 자율주행 등 첨단기술을 활용한 농업용 자율주행, 드론, 로보틱스 영역으로 사업을 점차 확장하고 있다.

이에 비해 LS엠트론, 대동공업, TYM, 동양물산, 아세아텍 등이 주도하고 있는 국내 농기계시장 매출은 2022년 기준 5조 9,756억 원(내수시장 3조 7,250억 원, 수출 2조 2,506억 원)으로 글로벌 시장에 비교하면 국내시장은 매우 작은 규모이다. 그러나 국내 농기계 시장은 꾸준히 성장해 왔다. 즉, 국내 농기계산업은 1990년대까지 「농업기계화촉진법」에 따라 정부 주도로 급속히 발전했다. 또한 2000년 이후 신규수요보다 대체수요를 중심으로 내수시장이 성장했고, 수출도 지속적으로 증가하면서 국내 농기계산업도 안정적으로 발전하고 있다.

향후 재생농업 관점에서 국내 농기계산업의 지속적인 성장과 경쟁력 강화를 위해서는 기술 개발, 판로 개척, 투자 재원 지원은 물론 인력 양성 및 제도 개선 등 다각적인 정책 지원이 요구된다.

첫째, 기술개발 지원이 요구된다. AI, IoT, 빅데이터 등 4차 산업혁명 기술을 접목한 스마트 농기계 개발을 위한 R&D 예산을 확대하고, 관련 기술의 실용화를 위한 지원이 강화되어야 한다. 특히, 자율주행 농기계, 드론 활용 정밀 방제, 로봇 기반의 수확기 등 글로벌 기업들이 선점하고 있는 첨단 농기계 영역에 대한 연구개발 투자가 확대될 필요가 있다. 한편 친환경·저탄소농업 확산을 위해 관련 농기계 개발 지원도 강화되어야 한다. 가령, 전기·수소 기반의 친환경 농기계 및 바이오연료 사용 농기계 기술 개발을 확대하고, 보조금, 세제 혜택 등 관련 기술 개발에 대한 정책 인센티브를 강화해야 한다.

둘째, 판로 개척 및 시장 확대 방안을 마련해야 한다. 국내외 판로 개척을 위한 마케팅 및 홍보 등 시장 개척을 위한 다양한 지원이 필요하다. 특히 해외 거점 유통망 구축 등 판로 다변화, 해외 농업전시회 참가 및 바이어 초청 지원, 해외 시장 맞춤형 제품 개발 지원 등을 통해 한국 농기계의 해외 경쟁력을 강화해야 한다. 또한 농기계 구매 등을 통한 직접지원과 관련 2003년부터 시행된 농기계임대사업을 재정비할 필요가 있다. 정부는 전국의 시·군 농업기술센터를 통해 영농에 필요한 농기계를 구매해 농업인들에게 임대해 주고 있다. 하지만 소형 농기계에 집중되어 있고, 동일기종에 대한 수요 증가로 이용이 어렵고, 임대기간이 짧아 충분히 이용하지 못하는 문제가 발생하고 있다. 이에 사업성과를 면밀히 점검하여 농산업 전체 관점에서 대안을 모색해야 할 것이다.

셋째, 농기계산업에 대한 투자 지원이 요구된다. 즉, 농기계 제조업체들의 시설 투자, 연구 개발, 해외 진출 등을 위해 단계별 성과를 기반으로 정책자금 지원은 물론 세제 지원 등을 다각도로 모색해야 한다. 특히 성장 단계 중소기업들의 자금난 해소를 위한 정부의 직접투자를 확대하고, 보증 지원 등을 통한 저금리 금융상품 개발을 유도하며, 민간투자 유치를 위한 정보 제공 및 네트워킹 지원 등 직간접적 지원을 강화해야 한다. 또한, 농업인들의 스마트 및 친환경 농기계 구매 지원을 확대하여 국산 농기계 보급 확산을 유도해야 한다.

넷째, 농기계 전문인력 양성 시스템 구축도 중요하다. 첨단농기계 설계, 개발, 생산, 유지보수 역량을 갖춘 전문인력 양성을 강화해야 한다. 농기계 관련 법규 및 제도 개선 노력도 지속되어야 한다. 자율주행 농기계 등 첨단농기계 산업의 발전을 저해하는 불합리한 규제를 개선하고, 신기술 농기계의 시장 진입을 촉진하는 법적·제도적 기반을 마련해야 한다. 구체적으로 농기계 형식 승인 및 안전 검사 절차를 개선하고, 국제 표준과의 정합성을 높여 기업들의 수출경쟁력 확보를 지원한다.

결국 농산업청을 신설하여 기계연구원, 생산기술연구원 등의 연구기관, 농업정책보험금융원, 농협금융지주 등의 농업금융기관, 시·군·구 농업기술센터 등과 연계하여 농기계 산업의 혁신성장을 위한 정책 지원이 확대되어야 할 것이다.

제7장
재생농업의 파수꾼
: 동식물 방역·검역

제1절 재생농업 기반 동식물 방역·검역

1. 동식물 방역·검역의 전통적 의미

동식물 방역·검역은 농업 발전의 기반으로서 전통적으로 다음 세 가지 차원에서 의미를 찾을 수 있다. 첫째, 농업생산성 향상 및 경제적 손실 최소화에 기여한다. 방역·검역은 가축 질병이나 작물 병해충의 발생 및 확산을 예방하고 통제하는 핵심 수단이다. 가축 질병과 작물 병해충은 작물의 수확량 감소, 가축의 폐사를 야기하여 농업생산성을 약화시켜 농업경영체에 경제적 손실을 야기한다. 체계적인 방역과 조밀한 국경 검역을 통해 질병과 해충의 유입을 예방하고, 발생 시 신속하게 대응함으로써 농업의 지속가능한 발전에 기여할 수 있다.

둘째, 농축산물 안전성을 확보하고, 소비자 신뢰를 증진한다. 방역·검역은 안정적 식량 생산을 넘어 농축산물의 품질과 안전성을 보장하는 중요한 역할을 한다. 오염된 농축산물의 유통을 방지하고, 잔류 농약이나 유해 물질을 차단함으로써 건강 보호 등 소비자 신뢰를 제고할 수 있다. 이를 통해 국내산 농축산물 소비를 진작시키고, 수출 경쟁력을 확보하는 기반도 제공한다.

셋째, 동식물 검역은 국제교역을 활성화하고, 해외경쟁력 강화에 기여한다. 1990년대 이후 무역자유화 기조가 확산됨에 따라 전 세계적으로 농축산물 교역규모도 과거에 비해 크게 증가하고 있다. 그러나 다른 제품들과 달리 농축산물이 국내 경제, 사회, 환경에 미치는 특수한 영향을 고려하여 각국은 협상의 틀에서 다양한 보호무역장치를 마련하고 있으며, 특히 검역기준도 엄격하게 적용한다. 이는 외국의 병해충 유입 차단 목적 외에 한편으로 자국의 농업을 보호하기 위한 비관세 장벽으로 작용하기도 한다. 하지만 역으로 효과적인 검역 체계를 통해 국제적인 위생 기준을 마련함으로써 농산물 무역 장벽을 낮추는 데 기여할 수 있다. 이를 통해 한국 농산물의 국제적 위상을 제고하는 데 결정적인 역할을 담당하게 된다.

2. 재생농업 관점의 동식물 방역·검역

재생농업의 요체는 생물 다양성을 보전하고, 지속가능농업 기반을 실현하는 데 있다. 이러한 측면에서 동식물 방역·검역체계의 고도화는 재생농업 발전의 토대를 제공할 수 있다. 외래 병해충이나 질병 유입은 국내 고유 품종에 치명적인 영향을 미쳐 가축과 작물의 토착 생태계를 교란하고 생물 다양성을 위협할 수 있다. 이에 방역·검역체계를 고도화함으로써 생태계 교란을 방지하고, 토착 농업생명자원을 보호하여 생물 다양성을 보전하는 등 재생농업을 향한 생태환경적 토대를 강화할 수 있다. 이를 통해 궁극적으로 농업생태계의 건강성을 유지하고, 지속가능한 농업시스템을 구축할 수 있다. 세부적으로 살펴보면 다음 세 가지 의미가 있다.

첫째, 첨단 동식물 방역체계 구축을 통해 건강한 농업생태계 기반을 강화하여 동식물 질병 저항력을 강화하는 선순환체계를 구축할 수 있다. 재생농업 그 자체는 동식물 질병 발생 자체를 줄이는 근본적 방역 전략이다. 즉, 토양 미생물 다양성 증진을 통해 식물 면역력을 강화하고, 가축의 스트레스 저감 및 복지 증진을 통해 가축질병을 예방하며, 다양한 작부 체계 및 윤작을 통해 작물 병해충 순환 고리를 차단할 수 있다. 그런데 동식물 방역·검역체계를 고도화함으로써 이러한 재생농업의 이점을 더욱 증대할 수 있다.

둘째, 생물학적 방제기술 개발 및 적용 확대를 통해 농업생명자원의 다양성을 보전하고, 생태친화적 농업을 발전시켜 농업의 지속가능성을 향상시킬 수 있다. 즉, 방역·검역에 있어 천적, 생물학적 제제 등 친환경 방제기술 활용, 식물 추출물 기반의 천연 살균·살충제 사용, 정밀 센싱 및 AI 기반의 선택적 방제기술 적용 등 친환경 방역체계의 개발·적용은 지속가능농업 발전에 필수적이다.

셋째, 생태 다양성 및 환경 영향을 고려한 검역체계 구축을 통해 질병유입 차단을 넘어 환경적, 경제적으로 지속가능한 농업 발전을 유도할 수 있다. 외래 병해충 유입 예방을 위한 생태학적 위험평가 강화, 미생물 및 유전자원 유출·입 관리체계 고도화, 농업국제기구 및 각국과의 협력 및 정보 공유를 통한 질병 예방체계 구축 등 동식물 국경 검역체계를 강화해야 한다. 이와 같이 잠재적 질병·해충 위협에 선제적으로 대응함으로써 전통적 재배농업의 지속가능성을 제고할 필요가 있다.

제2절 동물방역·검역

1. 동물방역체계

농림축산식품부 소속 농림축산검역본부는 동·식물 방역·검역 업무를 총괄한다. 가축전염병 방역은 민·관 협력으로 추진하며, 질병에 걸린 가축을 조기에 발견하여 질병 전파를 막기 위하여 예찰활동과 혈청검사 사업을 추진한다. 주요 가축전염병이 발생하면 농림축산검역본부는 역학조사 및 분석을 통해 발생 원인을 규명하고 전파·확산을 방지하기 위하여 방역대책을 추진한다. 6개 지역본부를 설치하여 동·식물 검역 업무 등을 수행하며, 10개 권역에 설치된 가축질병방역센터는 가축전염병 신고전화 운영 등 동물방역을 담당하고 있다.

농림축산검역본부는 신속하고 효과적인 대응을 위해 시·도 가축방역기관들과 협조체계도 구축·운영하고 있다. 이를 토대로 축산 농가들은 가축의 임상 예찰과 소독 등 예방 활동을 수행한다. 2019년부터는 가축방역위생관리업이 신설되어 전문업체를 통한 해충방제 및 방역이 강화되었고[102], 가축 살처분 및 매몰지 복원과정에서 살처분 및 매몰지 관리업체들 간 경쟁도 증가하고 있다.[103]

방역지원기관인 가축위생방역지원본부는 방역지원, 축산 농가 및 종사자 대상 방역교육·홍보를 통한 자율방역기반 확립을 지원한다. 농림축산식품부 산하기관으로 축산물의 위생안전성 향상, 양축농가의 소득 증대 및 국내 축산업 발전을 위해 가축 방역, 수입축산물 검역, 축산물

102) 한국농촌경제신문, 2018. 12. 28. https://kenews.co.kr/news/article.html?no=10371.

103) 연합뉴스, 2021. 3. 17. https://www.yna.co.kr/view/AKR20210317043200060

위생관리 기능을 수행하고 있다.

1999년에 ㈔돼지콜레라박멸비상대책본부로 설립되었다가, 2003년에 가축전염병예방법 제9조에 따라 특수법인인 가축위생방역지원본부로 개편되다. 주요사업은 가축 방역[104], 축산물 위생검사, 수입식용 축산물 검역검사[105], 축산농가 교육·홍보 사업이다. 총괄본부 산하에 9개 지역(도)본부를 두고 있으며, 검역사무소는 3개(용인, 광주, 부산), 방역·위생·예찰 등을 담당하는 지역사무소는 9개 지역본부 산하에 총 43개가 있다. 2025년 기준 정원 1,286명으로 방역직 496명, 위생직 403명, 검역직 73명, 예찰직 203명으로 편제되어 있다.

가축 방역의 현장

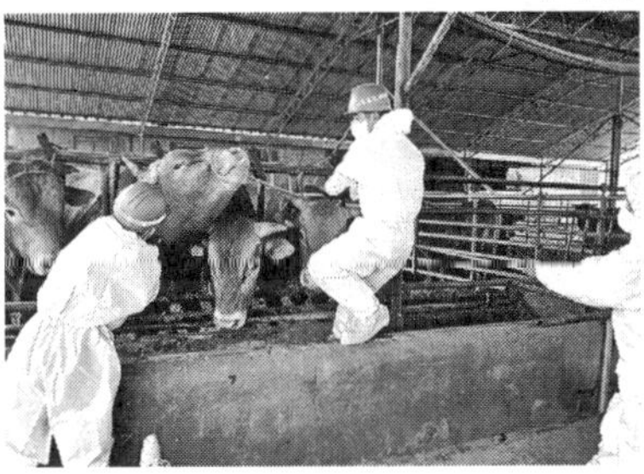

* 주: (좌) 소브루셀라 검사를 위해 비거세 한우를 채혈하고 있는 가축방역사들, (우) 경기도 김포시 구제역 발생 돼지농가 살처분 현장(2018년)

* 출처: (좌) 한국농어민신문. 2024. 4. 5. 농축산 필수 직업 탐방기: 소 뒷발에 차이는 것보다 후배들 퇴사가 더 힘들어. http://www.agrinet.co.kr; (우) 머니투데이. 2018. 3. 7. 올해 첫 구제역 돼지농가 살처분. https://news.mt.co.kr/

104) 2011년부터 가축질병 예찰 및 신고·상담을 위한 콜센터를 운영하고 있다.

105) 축산물 위생검사지원사업의 경우 2005년에 포유류 도축검사), 2014년에 가금류 도축검사를 시작하였고, 수입식용축산물 검역검사 사업은 2009년에 시작하였다.

법정가축전염병 발생통계(2019. 1. 1.~2024. 12. 31. 연간)

연도	2019		2020		2021		2022		2023		2024		합 계	
서울	24	(2)							0	(2)			24	(4)
부산	63	(6)	59	(6)	81	(2)	0	(1)	1	(1)	4	(1)	208	(17)
대구	1,075	(14)	1,300	(18)	1,307	(20)	3,480	(20)	417	(6)	16	(7)	7,595	(85)
인천	25,138	(19)	52	(2)	13	(2)	23	(4)	16	(5)	87	(3)	25,329	(35)
광주	37	(5)	252	(21)	220	(27)	23	(17)	755	(39)	1,371	(33)	2,658	(142)
대전					1	(1)					8	(2)	9	(3)
울산	40	(9)	96	(9)	74	(8)	128	(9)	24	(1)	1	(1)	363	(37)
세종	159	(5)	56	(6)	117	(10)	636	(7)	509	(7)	302	(2)	1,779	(37)
경기	84,493	(197)	85,546	(114)	88,642	(152)	11,507	(99)	72,121	(61)	13,855	(108)	356,164	(731)
강원	14,139	(191)	5,434	(49)	520	(49)	2,490	(37)	758	(37)	2,479	(41)	25,820	(404)
충북	81,679	(98)	706	(57)	19,124	(57)	10,290	(96)	62,774	(70)	2,900	(78)	177,473	(456)
충남	25,594	(134)	20,555	(86)	2,474	(140)	19,374	(204)	109,570	(217)	10,184	(143)	187,751	(924)
전북	1,183,094		93,829		99,139		29,361		7,430		34,176		1,447,029	
전남	68,738	(180)	25,094	(239)	3,067	(267)	7,239	(224)	47,022	(108)	4,629	(130)	155,789	(1,148)
경북	132,662	(235)	6,534	(140)	4,650	(118)	1,888	(108)	1,746	(88)	968	(86)	148,448	(775)
경남	4,765	(175)	1,972	(131)	1,623	(161)	4,400	(152)	4,115	(160)	10,226	(76)	27,101	(855)
제주	211	(92)	178	(92)	286	(114)	461	(161)	414	(109)	426	(101)	1,976	(669)
소계	1,621,911	(1,362)	241,663	(970)	221,338	(1,128)	91,300	(1,139)	307,672	(911)	81,632	(812)	2,565,516	(6,322)

* 주1: 상기 통계는 병성감정기관에서 보고하고, 시·도방역기관에서 확인하여 반영된 통계
주2: 모든 축종(소, 말, 닭, 돼지 등)에 대한 모든 유형의 동물질병 발생 통계
* 출처: 국가동물방역통합시스템. https://home.kahilkntscrinfo/selectLkntsStats.do

2. 대표적 가축 질병[106)]

1) 아프리카돼지열병

아프리카돼지열병(African Swine Fever, ASF)은 치명적인 바이러스성 출혈성 돼지 전염병이다. 이병률이 높고 급성형에 감염되면 치사율이 거의 100%에 이르기 때문에 양돈 산업에 엄청난 피해를 주는 질병이다. 이 질병이 발생하면 세계동물보건기구(OIE)에 발생 사실을 즉시 보고해야 하며 돼지와 관련된 국제교역도 즉시 중단된다. 우리나라에서는 가축전염병예방법상 제1종 법정전염병으로 지정하여 관리하고 있다.

사람이나 다른 동물은 감염되지 않고 돼지과(Suidae)에 속하는 동물에만 감염되는데, 사육돼지와 유럽과 아메리카대륙의 야생멧돼지가 자연숙주이다. 아프리카 지역의 야생돼지인 혹멧돼지(warthog), 숲돼지(giant forest hog) 또는 강멧돼지(bushpig)는 감염이 되어도 임상증상이 없어 아프리카돼지열병 바이러스의 보균숙주 역할을 하고 있다. 현재 세계적으로 백신이나 치료제가 없어 국내 유입을 차단하는 것이 최선이다. 아프리카에서 1920년대부터 발생해 왔으며 대부분의 사하라 남부 아프리카 지역에 풍토병으로 존재하고 있다.

2) 구제역

세계동물보건기구(OIE)에서 지정한 중요 가축 전염병으로 「가축전염병예방법」에 따라 제1종 가축전염병에 속한다. 소, 돼지, 양, 염소 및

---

106) 돼지열병, 소해면상뇌증(Bovine Spongiform Encephalopathy, BSE), 광견병 등도 기타 주요 가축 질병이라고 할 수 있다.

사슴 등 발굽이 둘로 갈라진 동물(우제류)에 감염되는 질병으로 전염성이 매우 강하다. 입술, 혀, 잇몸, 코 또는 지간부 등에 물집(수포)이 생기며 체온이 급격히 상승되고 식욕이 저하되어 심하게 앓거나 어린 개체의 경우 폐사가 나타난다.

일반적으로 감염된 동물의 이동에 의해 전염된다. 감염동물의 수포액이나 콧물, 침, 유즙, 정액, 호흡 및 분변 등의 접촉이 주된 경로이며 감염 동물 유래 축산물에 의한 전파도 가능하다. 또한 감염된 동물과 접촉하거나 오염된 지역을 출입한 사람과 차량, 이와 관련된 의복, 사료, 물, 기구 등을 통해서도 전파가 발생한다. 공기를 통한 전파의 경우 육지에서는 50㎞, 바다에서는 250㎞ 이상까지 전파된다. 구제역 발생에 따른 질병 확산을 억제·예방하기 위해 국내에서는 구제역 감수성 개체를 대상으로 백신을 상시 접종하고 있다.

3) 조류인플루엔자

조류인플루엔자(Avian Influenza, AI)는 바이러스 감염에 의해 발생하는 조류의 급성 전염병으로 닭·칠면조·오리 등 가금류에서 피해가 심하게 나타난다. 병원성 정도에 따라 저병원성과 고병원성 조류인플루엔자로 구분된다. 고병원성 조류인플루엔자(Highly Pathogenic Avian Influenza, HPAI)는 세계동물보건기구(WOAH)도 위험도가 높아 관리대상 질병으로 지정하고 있다. 국내에서도 제1종 가축전염병으로 분류하고 있다. 자연 생태계의 야생조류에 다양한 종류의 조류인플루엔자 바이러스가 분포되어 있지만 감염되어도 뚜렷한 증상이 없는 경우가 많기 때문에 국가 방역 측면에서 볼 때 가장 주의하여야 할 가축전염병 병원체 중 하나이다.

닭에서의 주요 임상증상은 사료섭취량이 줄면서 침울하거나 졸다가 급격한 폐사로 이어진다. 폐사 직전에 벼슬이나 다리에 청색증(cyanosis)이 나타나고, 안면 종창(swelling)과 호흡기 증상이 동반된다. 산란계에서도 산란저하는 물론 폐사가 나타날 수 있다. 종오리의 경우 사료섭취량이 급격히 줄어들고 직후에 급격한 산란율 저하가 발생하며, 약간의 호흡기증상을 동반할 수 있다. 육용오리의 경우도 감염되면 사료섭취량이 갑자기 감소되고 동시에 폐사율이 증가하기도 한다.

조류인플루엔자 바이러스는 특히 야생조류의 군집에서 순환감염되는 것으로 알려져 있으며, 국내에서 주로 물새류 겨울철새(기러기목 오리과)에서 다양한 조류인플루엔자 바이러스가 발견되고 있다.

4) 럼피스킨

제1종 가축전염병이자 세계동물보건기구(WOAH)의 등록(List) 질병이다. 감염소는 고열(~41℃) 후 피부·점막에 수많은 전신성 작은 결절이 발생하며, 우유생산량 급감, 가죽 손상, 유산, 수소 불임 등 심각한 경제적 손실을 유발한다. 또한 침울, 식욕부진, 쇠약, 과도한 침흘림, 눈·코 분비물 증가, 림프절종대, 가슴·다리 등 부종 등으로 인해 가축 생명권 자체가 위협받기도 한다. 소(cattle)와 물소(water buffalo)에서 다양한 증상이 발생하며, 이환율은 5~45%, 폐사율은 10% 이하이다. 전파경로는 주로 침파리, 모기, 진드기 등 흡혈곤충에 의해 옮기는 바이러스성 질병인데, 감염축의 이동에 따른 직접 접촉, 오염 사료·물 섭취, 오염 주사기 등에 의한 전파도 가능하다.

3. 동물검역

1) 수입 동물·축산물 검역

농림축산식품부는 고시를 통해 동물·축산물의 품목별 수입 가능 지역, 국가별·품목별로 동물·축산물의 수입위생조건을 엄격히 관리하고 있다. 국가별·품목별 수입위생조건을 규정한 농식품부 고시는 25년 3월 기준 111건에 이르고 있다.

가축 및 축산물(육가공품 포함) 품목별 수입 가능 국가

품목	수입 가능 국가
돼지	미국, 캐나다, 호주, 뉴질랜드, 덴마크, 스웨덴, 핀란드, 프랑스, 스위스, 아일랜드, 영국
소, 염소(산양), 면양	호주, 뉴질랜드
가금류(닭, 오리, 거위, 칠면조, 메추리, 꿩)	미국, 핀란드, 스웨덴, 덴마크, 스페인, 폴란드, 프랑스, 네덜란드, 헝가리, 벨기에, 독일, 영국
가금 이외의 조류 및 야생조류	뉴질랜드, 미국, 호주, 핀란드, 벨기에, 스페인, 헝가리, 스웨덴, 덴마크, 폴란드, 프랑스, 네덜란드, 독일, 캐나다, 영국, 일본, 필리핀, 대만
타조류	
쇠고기	호주, 뉴질랜드, 멕시코, 미국, 캐나다, 칠레, 우루과이, 네덜란드, 덴마크, 프랑스, 아일랜드
돼지고기	미국, 캐나다, 호주, 뉴질랜드, 스웨덴, 덴마크, 핀란드, 오스트리아, 멕시코, 칠레, 네덜란드, 스페인, 아일랜드, 프랑스, 스위스, 이탈리아, 영국, 브라질(일부), 포르투갈, 벨기에, 폴란드
산양고기, 양고기	호주, 뉴질랜드
사슴고기	호주, 뉴질랜드
가금육	신선·냉장·냉동 가금육: 브라질, 칠레, 태국, 미국, 핀란드, 리투아니아, 스웨덴, 덴마크, 폴란드, 프랑스*, 네덜란드, 헝가리, 벨기에, 아르헨티나, 영국
	열처리된 가금육: 브라질, 태국, 중국, 프랑스, 칠레, 덴마크, 헝가리, 폴란드, 스웨덴, 일본, 호주, 네덜란드, 영국, 캐나다, 미국, 핀란드, 리투아니아, 벨기에, 아르헨티나
타조고기	
캥거루고기	호주
자비우육	호주, 뉴질랜드, 멕시코, 아르헨티나, 우루과이

* 주: 동물 생산물 중 원유(原乳) 수입 가능 국가는 미국, 캐나다, 호주, 뉴질랜드, 덴마크, 스웨덴, 핀란드

* 출처: 농림축산검역본부. https://www.qia.go.kr/

수입동물 검역 절차를 보면 동물을 수입하는 자는 ①관할 지역본부장에게 수입 전에 수입동물 사전신고서를 제출하고, ②수입 직후 도착 사항 등을 기재하여 수입도착신고(전화 또는 서면)를 해야 한다. ③수입 선박과 항공기에 대한 선상 혹은 기상검사를 실시한다. 이후 ④하역·운송회사는 동물검역관의 지시에 따라 하역하여 검역시행장까지 운송하면, ⑤검역기간 동안 수입 동물은 검역시행장에 계류한다. ⑥검역 신청서 및 첨부서류들을 제출하면, ⑦역학조사(서류심사, 선·기상 검사 사항 확인 등), ⑧임상검사 및 정밀검사를 거쳐 ⑨수입 가능 여부를 최종 판정한다. 수입 축산물 검역 절차도 대동소이하며, 이를 도식화하면 다음과 같다.

한편 유가공품, 식육가공품(육포 등) 및 알가공품, 애완동물사료 등을 특급탁송화물로 수입하는 경우 43개 특송업체 대상 서류 및 현장 검사를 거쳐 수입 합격 여부를 판정한다. 특급탁송(Expresscargo) 물품은 특송업체(FEDEX, DHL 등)를 통해 국가 간 이동하는 화물로 인터넷에서 소량 주문하여 국내 반입하는 지정검역물의 경우 탁송품을 첨부하여 사실을 신고한 후 검역(서류심사 및 현물검사) 결과 이상이 없는 경우 개방되어 구매자에게 배송된다. 특송화물 검역 절차는 ①특송업체의 수입화물에 대한 적하목록 세관에 제출, ②적하목록을 통관목록과 대조하여 검역대상품목 선별, ③모든 특송화물에 대한 X-ray 검사를 통한 검역대상품목 선별, ④검역대상물품을 특송업체의 지정장치장 혹은 보세창고에 반입, ⑤특송업체 혹은 화주의 검역 신청, ⑥검역관에 의한 서류검사 및 현장검사를 거쳐 ⑦수입 합격 여부를 판정한다.

한편 식육가공품 및 알가공품, 애완동물사료 등 검역대상 물품의 경우 가축전염병의 유입 방지를 위해 국제우편물(EMS)을 통한 반입은 원칙적으로 엄격히 제한하고 있다. 예외적으로 국제우편을 통해 지정 검역물을 수입하는 사람은 수출국 검역증명서를 첨부하여 검역을 받아야 하며, 서류심사 및 현물검사에 합격해야 개방된다. 불합격된 우편물의 경우 수입자의 희망에 따라 소각 또는 반송처리한다.

수입 동물·축산물 검역 절차

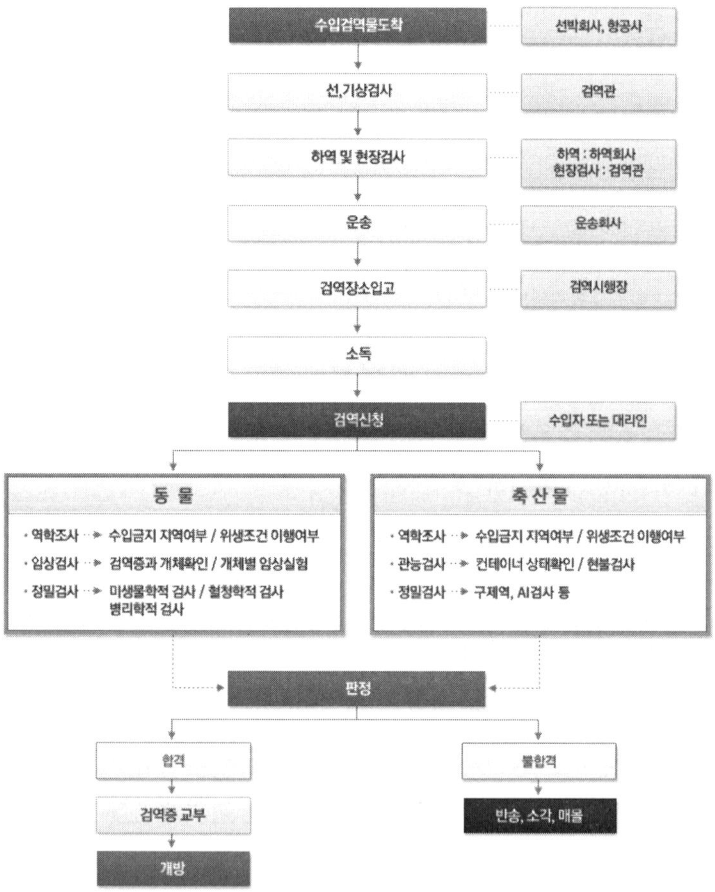

* 출처: 농림축산검역본부

수출입 동물·축산물 국내 검역시행장은 2025년 3월 현재 전국에 471개소가 지정되어 있는데 서울지역본부에 139개, 중부지역본부에 134개, 영남지역본부에 86개, 호남지역본부에 74개, 제주지역본부에 31개, 인천공항지역본부에 6개가 있다.[107] 한편 해외 축산물의 국내 반입을 위해서는 농림축산식품부가 해당 수출국별로 승인한 수출작업장에서 처리된 축산물이어야 한다.[108]

수화물을 탐색하는 축산검역탐지견 모습(인천국제공항, 국제우편물센터)

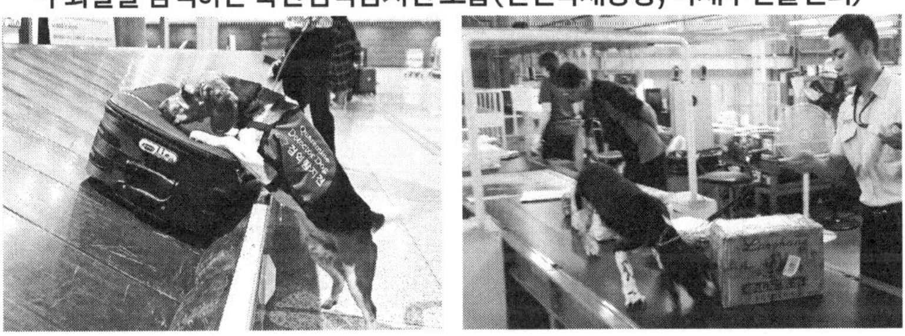

* 출처: 농림축산검역본부; 돼지와 사람. 2018. 8. 28. 국경검역의 파수꾼, 검역탐지견을 아시나요?. http://www.pigpeople.net/

2) 수출 동물·축산물 검역

수출 동물 검역 절차는 다음과 같다. ①농림축산검역본부 계류장 또는 지정 검역시행장에 수출동물을 입고하여[109], ②검역신청서, 참고자료[110], 상대국에서 요구하는 위생조건 입증서류들을 첨부하여 검역신

107) https://www.qia.go.kr/livestock/qua/viewSxzkWebAction.do?id=216306

108) 25년 4월 기준 우리 농림축산식품부가 승인한 미국 쇠고기 수출작업장은 워싱톤, 캘리포니아, 애리조나, 콜로라도, 캔자스, 텍사스, 미시간, 일리노이, 위스콘신, 아이오와, 유타 등 전국에 91개소이다.

109) 다만 개, 고양이 등 애완동물은 출국하는 공항 안에서 검역을 실시한다.

110) 초생추(初生雛, 부화 후 3일 이내의 어린 새끼) 수출 시에는 종란(種卵, 새끼를 까기 위하여 쓰는 알) 생산농장의 종계가 가축전염병 병원체에 감염되지 않았고, 가축전염병 발생이 없음을 증명하는 시·도 가축방역기관의 사실증명서를 첨부한다.

청을 한다. ③검역관이 제출서류, 상대국 위생조건 등을 토대로 역학조사를 실시하고, ④임상검사 및 정밀검사를 실시하여 합격한 경우 검역필증을 발급한다.

수출 축산물의 경우 지정검역물은 물론 의뢰검역물[111]의 경우에도 수입국 요청이 있을 경우 검역관의 검역을 받아야 한다. 지정검역물에는 ①동물(조류 및 포유동물(고래 제외)), ②유(乳)가공품(원유, 살균처리되지 않은 우유, 분유, 버터, 치즈 등 가공한 유제품), ③난(卵)가공품(식용란, 멸균처리 되지 않은 난백, 난분 등 가공한 알제품), ④육가공품(식육, 멸균처리 되지 아니한 햄, 소시지, 베이컨 등 가공한 육제품), ⑤동물사료(동물성 원료를 포함하는 애완동물사료 등), ⑥非식용 축산물(육골분 및 우모분)이 있다. 수출 축산물 검역 절차는 다음과 같으며, 국가별·품목별로 수출요건이 매우 다양하다. 각 나라마다 축산물의 수입에는 특별한 위생조건을 부여하고 있으며, 수출 제품에 대한 수출증명양식을 별도로 정하기도 한다.

수출 축산물 검역 절차

* 주: 가축전염병예방법, 축산물위생관리법에 따른 수출 축산물 검역절차

111) 지정검역물 외의 동물 및 그 생산물 등으로 수입국 요청에 따라 동물검역증명서를 필요로 하는 품목.

수출 동물 검역 절차

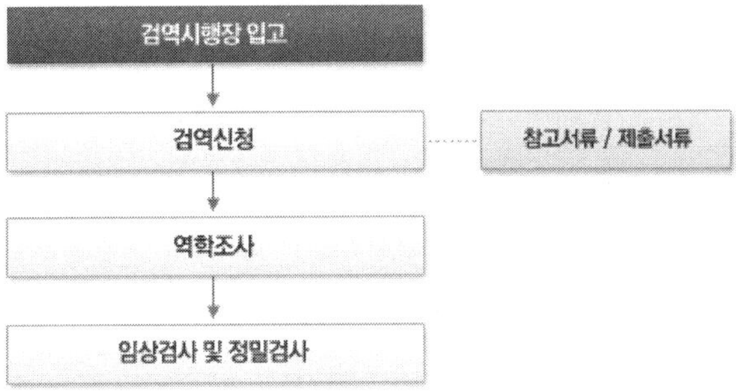

* 출처: 농림축산검역본부

제3절 식물검역

식물검역이란 「식물방역법」에 따라 수입을 통한 병해충의 국내 유입이나 확산, 수출을 통한 해외전파를 방지하기 위해 식물검역관이 식물검역대상물품, 병해충전염우려물품, 토지, 저장소, 창고, 사업장, 선박, 차량 또는 항공기 등을 검사하는 활동이다. 식물은 종자식물, 양치식물, 이끼식물, 버섯류 및 이것들의 씨앗(종자 포함), 과실뿐 아니라 일부 가공품을 포함한다. 병해충은 ①진균, 점균, 세균, 바이러스 등 식물에 해를 끼치는 것, ②곤충, 응애, 선충, 달팽이와 그 밖의 무척추동물로서 식물에 해를 끼치는 것, ③일부의 잡초(씨앗 포함)를 의미한다.

식물방역법 시행규칙은 수입금지 식물, 식물별 수입금지 지역 및 금지 병해충을 상세히 규정하고 있다. 또한 별도로 규정되지 않았어도 수입국의 병해충 상황에 따라 수시로 긴급수입제한 조치가 실시되기에 수입 가능 식물은 수시로 변경되고 있다. 다만 수입 금지 식물 중 시험연구용이나 정부가 인정하는 국제박람회용, 「농업유전자원의 보존·관리 및 이용에 관한 법률」에 따라 농업유전자원용으로 수입 및 분양받고자 하는 경우 허가를 받아 수입할 수 있다.

신선과일 및 열매채소의 경우 엄격한 수입조건이 적용되며, 격리재배 대상인 재식용(栽植用) 식물 혹은 번식용(繁殖用) 식물은 국가격리재배포장 또는 지정격리재배포장에서 격리재배하여 검역을 실시한다. 잡초위험평가기준에 따른 잡초는 「식물방역법」상의 병해충으로, 생명력(발아력)이 있는 번식 가능한 식물 상태로는 모든 국가로부터 수입이 금지되고 있다. 식물에 해를 끼치는 식물병원미생물(진균, 세균, 바이러스)도 「식물방역법」상 병해충에 해당되어 수입이 금지되고 있다.

재식과 번식

재식(栽植)은 모든 형태의 식물을 심는 행위로 재식용 식물은 묘, 묘목, 접수(식물의 접목에 사용되는 식물), 삽수(꺾꽂이순), 구근류(양파, 마늘 등), 종자류(씨앗을 통해 번식하는 식물) 등을 말한다.

번식(繁殖, reproduction)은 생식(生殖)이라고도 하며, 생물이 무성생식, 수분(受粉), 유성생식 등을 통해 다음 세대의 개체를 만드는 것으로 이로 인해 개체수가 늘어난다. 번식에는 재식이 포함되며, 번식의 유형으로 종자번식(종자를 이용해서 번식하는 방식), 영양번식(식물체의 일부 조직이나 영양기관인 잎, 줄기, 뿌리 등에 의한 번식 방식), 무성생식(몸의 일부가 그대로 분리되어 새로운 개체를 만드는 방식), 유성생식(암·수가 결합하여 새로운 개체를 만드는 방식) 등이 있다.

수입식물 검역절차

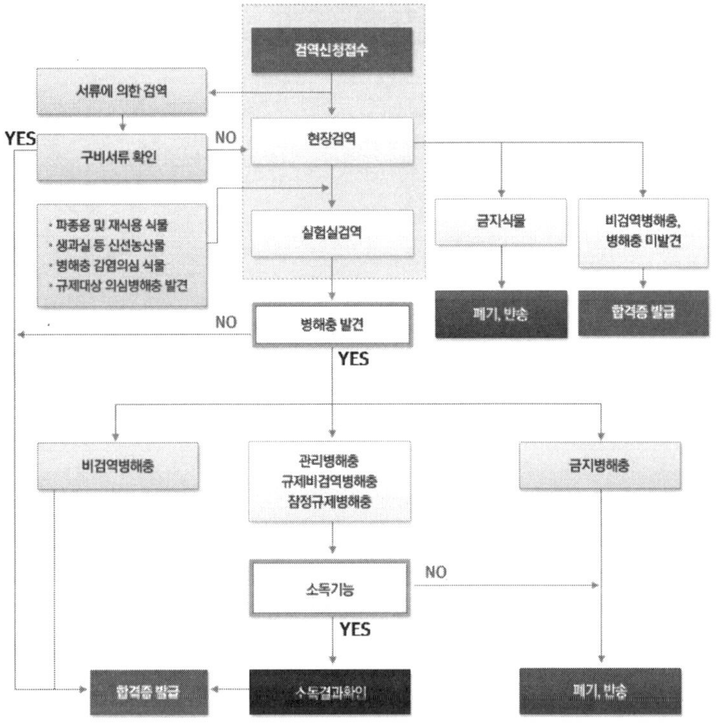

* 출처: 농림축산검역본부. https://www.qia.go.kr/plant/imQua/plant_quar_imp_seq.jsp

수출식물 검역절차

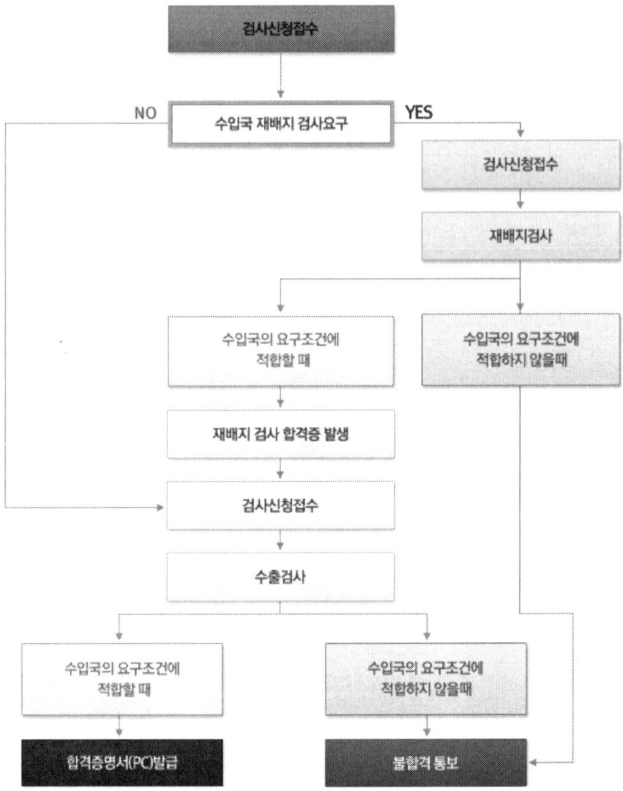

* 출처: 농림축산검역본부. https://www.qia.go.kr/plant/exQua/plant_new_page/plant_exp_process.jsp

특히 2012년 1월에는 농림축산식품부 산하기관인 국제식물검역인증원이 설립되어 NAPPO 국가(미국·캐나다·멕시코) 및 칠레, 뉴질랜드 등으로 출항하는 선박 대상 아시아매미나방(FSMC) 검역, 북미출항 23개 항만 대상 FSMC 예찰·방제활동, 수입재식용식물 대상 검역 및 방역, 공항·항만 대상 외래병해충 분포조사 등의 업무를 수행하고 있다.

제8장
재생축산과 동물복지
: 인간과 가축의 공존

제1절 재생축산의 가치와 지향

1. 재생축산의 의의: 축산물과 축산여가

지속가능한 재생축산은 가축의 효용을 단순히 축산물 생산·공급 및 농업 동력 제공에 한정하지 않고, 농업경영체들이 가축을 활용한 다양한 축산여가(livestock leisure) 산업을 발전시키는 것을 포괄한다. 전통적으로 축산의 주된 역할은 가축을 식량 공급, 동력 제공 목적으로 사육하는 데 있었다. 투우, 경마 등 동물경기가 부분적으로 이루어졌지만 가축은 주로 축산물, 즉 식량 공급원 혹은 소와 말 등 인간의 노동력을 대체·절감하는 동력 공급원의 역할을 수행해 왔다.

그러나 축산의 영역은 이제 가축의 전통적인 역할 제공을 넘어 축산여가산업으로 점차 확장되고 있다. 전통축산 시대에는 가축 사육이 인간 중심 관점에서 이루어졌다. 하지만 지속가능한 재생축산 시대에는 동물권과 인간의 행복추구권이 조화되는 사육 환경을 통해 축산물 생산·공급에 있어 지속가능한 방식이 요구되며, 다양한 축산여가산업도 발전시켜 나가야 한다.

먼저 축산여가산업을 보자. 이는 크게 동물스포츠와 반려동물산업으로 구분할 수 있다. 첫째, 가축이 갖는 동물로서의 본성과 특성을 활용한 '동물스포츠'의 활성화를 통해 가축들의 동물권을 보호하고 동시에 인간의 행복추구권에도 기여할 수 있다. 인류는 역사적으로 가축을 활용하여 다양한 동물경기를 발전시켜 왔다. 동물들의 질주 본능을 보호하면서도 향유하기 위한 경마(horse racing), 경견(dog racing), 경돈(pig racing)부터 주로 수컷 동물들의 투쟁 본능을 보호하기 위한 투우(madator 방식 혹은 소싸움), 투계, 투견(bear-baiting 방식 혹은 dog-fight 방식) 등이 대표적이었다. 그런데 국내의 동물스포츠산업은 주로 경마, 전통소싸움에 의존하고 있으며, 동물권에 대한 인식 변화, 가축전염병 확산 방지 등을 명분으로 각종 규제가 점철되어 다른 동물스포츠들의 균형적 발전이 저해되고 있다.

둘째, 반려견, 반려묘, 반려햄스터, 반려토끼 외에도 가축으로 키우는 반려동물들이 점차 다양화되고 있다. 반려동물이 증가함에 따라 이를 대상으로 펫푸드, 펫파크, 펫캠핑, 펫호텔, 펫병원, 펫보험 등 각양각색의 '반려동물산업'이 성장하고 있다. 장래에는 우량 반려동물간 짝짓기를 위한 펫중매 산업이 등장할 수도 있다. 다양한 치유산업과 연계하여 반려동물산업은 인간이 행복추구권을 누리는 데 기여하고 있으며, 동물권과의 조화를 통해 반려동물산업이 지속적으로 성장하고 있다.

축산물 생산·공급에서도 지속가능한 재생축산으로의 변화가 추진되고 있다. 2024년 2월 이탈리아에서 개봉하고, 제22회 서울국제환경영화제에 초청된 다큐멘터리 영화 〈탐욕을 위한 먹거리(Food for Profit)〉는 공장식 축산으로 인해 수많은 가축들이 질병과 스트레스를 겪는 모습을 고발하고 있다. 영화는 이러한 현실에도 불구하고 유럽 각국 정부들이 이들 공장식 축산농장에 엄청난 규모의 친환경 축산 지원금을 지원하고 있는 현실을 비판한다. 영화가 자세하게 드러내지는 않지만 이러한 공장식 축산 농장에서 생산된 축산물이 소비자에게 미치는 부작용이 클 것으로 짐작되며, 이로 인해 생태 시스템은 악순환의 늪에 빠질 수 있다.

영화는 전통 축산방식 전체가 인류에 악영향을 미치고 부실화될 수 있다는 점을 고발하고 있지는 않다. 그보다 재생농업이 단순히 작물 재배에만 국한되지 않고, 축산을 포함한 농업시스템 전체의 지속가능성과 회복력을 위해 필요하다는 점을 강조하고 있다. 재생축산은 기본적으로 동물복지를 증진시키고, 토양 건강을 개선하며, 생물 다양성을 증진함으로써 환경에 미치는 부정적인 영향을 최소화하는 것을 목표로 한다.

재생농업이 갖는 다층적인 관점을 고려할 때 재생축산의 핵심 가치도 경제적 활력 증진, 사회적 가치, 환경적 지속가능성을 위한 선구적 접근이 다각도로 요구된다. 이러한 다층적 접근을 통해 궁극적으로 지속가능한 식량생산기반을 조성하고, 축산여가 활성화를 통해 건강한 농업생태계 조성에 기여할 수 있기 때문이다. 요컨대 재생축산은 단순히 친환경 축산물을 생산하는 것을 넘어, 동물의 존엄성을 존중하며, 인간과 동물의 공존을 추구하기 위한 중요한 대안이다. 이를 통해 건강하고 안전한 축산물을 생산하여 축산농가의 경제적 가치를 제고하고, 지속가능한 농업 생태계 발전을 통한 축산의 사회적 가치를 제고할 것으로 기대된다.

2. 재생축산의 접근 관점

1) 경제적 접근

경제적 가치 측면에서 재생축산은 단지 비용을 증가시키는 요인이 아니라, 장기적 관점에서 축산농가의 수익성을 높이고 새로운 시장 기회를 창출하는 동력이 될 수 있다. 첫째, 고부가가치 축산물 생산 및 차별화에 기여할 수 있다. 소비자의 건강, 환경, 동물복지에 대한 인식이 높아지면서 친환경·동물복지 축산물 프리미엄 제품시장이 증가함에 따라 농가의 수익 증대를 기대할 수 있다. 또한 지속가능한 생산 방식은 해당 농업경영체들의 브랜드 이미지를 개선하여 시장 경쟁력 제고에 기여할 수 있다. 또한 재생축산으로 생산된 원료를 활용한 프리미엄 가공식품 개발을 통한 부가가치 창출도 기대할 수 있다.

경제적 가치의 두 번째 측면은 생산 비용 절감 및 효율성 증대이다. 가축들의 스트레스 감소, 자연 면역력 증진, 쾌적한 환경 제공 등으로 가축의 질병 발생률을 낮출 수 있고, 동시에 축산 폐기물 문제 해결에도 일조할 수 있다. 또한 가축분뇨를 퇴비나 바이오가스 원료로 활용하는 자원 순환을 통해 농가의 화학비료 구매 비용 및 폐기물 처리 비용을 절감할 수 있다. 장기적으로는 사료비 절감도 기대할 수 있다.

셋째, 새로운 산업 형성 및 일자리 창출은 재생축산을 통해 기대할 수 있는 또 다른 경제적 가치라고 할 수 있다. 우선 재생축산 및 동물복지 기준에 맞는 사료 혹은 펫푸드, 설비, 컨설팅 등 관련 산업의 성장을 촉진할 수 있다. 또한 국제적으로 동물복지 및 지속가능한 축산에 대한 요구가 증가함에 따라 국제기준을 충족하는 축산물 생산을 통한 수출 경쟁력을 확보할 수 있다. 관광, 체험, 가공 등 연계 사업을 개발하여 농촌지역 경제를 활성화하는 데 기여할 수 있다.

2) 사회적 접근

재생축산이 야기하는 사회적 가치는 다음과 같이 정리할 수 있다. 첫째, 국민 건강 및 안전 증진에 기여할 수 있어야 한다. 대표적으로 항생제, 성장 촉진제 등 약품 사용을 줄여 안전하고 건강한 축산물을 제공함으로써 식품 안전성을 제고할 수 있다. 또한 비좁고 비위생적인 환경에서 발생하는 가축전염병(AI, 구제역)의 위험을 줄여, 공중 보건에 대한 위협을 감소시킬 수 있다. 한편 동물복지 제품 소비를 통해 소비자들의 동물과 환경에 대한 인식을 개선하고, 윤리적인 소비를 장려한다.

둘째, 농업의 공익적 가치를 실현하고 사회적 신뢰를 증진할 수 있어야 한다. 지속가능한 축산을 통해 농업에 대한 긍정적 인식을 강화하고, 농업의 사회적 책임과 공익적 가치를 제고할 수 있도록 축산에 동물복지 관점의 균형적 결합이 요구된다. 또한 소규모 농가의 참여를 위해 재생축산 영위에 있어 지역 자원을 활용한 축산기술을 개발하고, 농촌의 자립성을 제고함으로써 농촌공동체를 활성화해야 한다. 이와 함께 축산물 생산 과정에서 동물복지 기준의 투명한 공개를 통해 소비자들의 신뢰를 제고하고, 생산자와 소비자 간 상호 이해를 증진할 수 있어야 한다.

셋째, 재생축산을 통해 궁극적으로 생명 존중에 대한 사회공동체 규범 형성을 유도할 수 있다. 재생축산의 기반 중 하나는 동물복지로서 가축을 생명으로 존중하고 가축의 기본적 복지 요구를 충족시키는 재생축산을 통해 동물윤리를 넘어 생명윤리 의식 전반을 향상하는 데 기여할 수 있다. 또한 재생축산은 지속가능한 시스템을 통해 미래 세대에게 건강한 환경과 윤리적 가치를 물려주는 데 기여할 수 있어야 한다.

3) 환경적 접근

토양 건강 및 생태계 개선에 기여하는 축산 방식을 도입해야 한다. 이를 위해 원칙적으로 방목 및 윤환 방목(rotational grazing)을 확대할 수 있어야 한다. 이는 가축의 동물권 확대는 물론 토양 건강을 개선하는 핵심적 방법이기 때문이다. 가축의 배설물과 밟는 행위는 토양에 유기물을 공급하고 미생물 활동을 촉진하여 토양 비옥도를 높인다. 또한 초지에서 풀뿌리가 토양을 단단하게 고정하여 토양 침식을 방지한다. 무엇보다 건강한 초지는 탄소를 토양에 효과적으로 저장하여 기후변화 완화에 기여할 수 있고, 초지 기반 축산이 활성화되면 곡물 사료 의존도를 낮출 수 있다.

하지만 국내는 물론 많은 국가들의 경우 축산 여건이 열악하기에 방목 중심 축산으로의 전환은 매우 제한적일 수밖에 없다. 따라서 재생축산을 활성화하기 위해 기술적 접근, 비용적 접근, 인지적 접근 등 다양한 접근을 위한 발상의 전환이 요구된다.

첫째, 스마트 축사 및 사양 관리 기술 개발 등 기술적 접근이 필요하다. 스트레스, 질병 징후, 번식 상태 등을 동물의 피부 접촉 없이 원격으로 감지·분석하는 비접촉 생체 정보 모니터링 기술 개발로 가축의 스트레스를 최소화하고 건강한 사육 환경을 제공할 수 있다. 가축의 성장 단계, 품종, 건강 상태에 따라 필요한 영양소를 정밀하게 계산하여 개별적으로 사료를 공급하는 개별 맞춤형 사료 공급시스템 개발도 진화하고 있다. 또한 밀폐형 축사에서도 동물복지 수준을 높일 수 있는 스마트 환경제어 시스템을 통해 축사 내부의 온도, 습도, 환기, 공기 질 등을 자동으로 조절하여 쾌적한 사육 환경을 구현하고 있다. AI가 가축의 행동패턴을 학습하여 비정상적인 행동을 감지하고, 이를 통해 질병이나 스트레스 요인을 파악할 수 있도록 행동분석 기반 이상 감지 기술 등이 개발되고 있다.

둘째, 재생축산 비용을 절감할 수 있는 방안을 모색해야 한다. 축산 부산물의 자원 순환 활용이 대안이 될 수 있다. 가축 분뇨를 퇴비화·액비화하여 농경지에 환원함으로써 화학비료 사용을 줄이고 토양의 유기물 함량을 높이는 자원순환체계를 구축할 수 있다. 또한 가축 분뇨를 이용한 바이오가스 생산 지원을 확대하여 재생에너지를 확보하고 온실가스 배출 저감을 유도할 수도 있다. 축산 악취 저감 및 관리 기술 개발을 통해 주변 환경과의 조화를 모색함은 물론 치유농장 등 연관사업 개발을 통해 농외 수익을 창출함으로써 재생축산 비용을 낮출 수 있다. 소의 장내 발효 과정에서 발생하는 메탄가스를 줄이기 위한 사료 및 첨가제 개발에 집중했지만 역으로 메탄가스를 자원화할 수 있는 기술 개발도 가능할 것이다.

셋째, 생산자와 소비자 인식 전환을 통한 지속가능한 축산 시스템을 구축할 수 있어야 한다. 이를 위해 재생축산 기술 및 동물복지 기준에 대한 생산자 교육을 강화하여 축산경영체들의 이해도를 높이고 생산 역량을 강화할 수 있어야 한다. 또한 소비자들의 인식 전환도 필수적이다. 이에 재생축산의 가치와 동물복지 제품의 중요성에 대한 홍보를 통해 지속가능한 소비를 장려할 수 있어야 한다. 무엇보다 재생축산의 기준과 원칙을 명확히 정립하고, 농가 인증 시스템을 마련하여 소비자와 생산자 간 신뢰를 구축할 필요가 있다.

제2절 축산물 정책

1. 축산물품질관리

축산물등급제는 주요 축산물의 품질을 판정하여 등급화하는 제도로 국내산 축산물의 경쟁력을 높이고 원활한 유통환경을 조성하는 데 목적이 있다(「축산법」 제35조, 「축산물 위생관리법」). 생산자에게는 등급에 따른 가격 차별화로 좋은 품질의 축산물을 생산하여 축산물 품질향상과 소득 안정화에 기여하고, 유통업체의 경우 축산물 유통에 등급 연계성을 높여 투명한 축산물 유통구조를 정착하며, 소비자의 경우 축산물의 품질을 식별할 수 있어 합리적인 소비가 가능할 수 있다.

축산물등급제는 고품질 소비 트렌드를 반영하고, 외국산 축산물 수입 등에 대응하기 위해 도체(도축된 가축) 및 부분육 거래 시 객관적인 거래기준을 마련하고, 전국적으로 통일된 거래 규격을 확립하여 소비자 신뢰를 확보하는 데 목적이 있다. 시행기관은 농림축산식품부 산하 축산물품질평가원이다.

「축산법」에 따라 쇠고기와 돼지고기는 의무판정 대상이다. 쇠고기는 육질등급과 육량등급으로 구분하여 최종등급을 부여한다. 반면 돼지고기는 1차 규격등급(성별, 도체중량, 등지방두께), 2차 육질등급(외관, 육질, 결함) 판정을 거쳐 최종등급(1+, 1, 2, 등외 4등급)을 부여한다.

쇠고기 등급판정 기준

구분	육질등급	육량등급
개념	고기의 품질 수준	고기의 양
판정항목	근내지방도, 육색, 지방색, 조직감, 성숙도	등지방두께, 등심단면적, 도체 중량
판정내용	근내지방도에 따른 예비등급을 기초로 품질을 종합하여 판정	육량산식에 따라 고기의 생산량을 구분 판정
등급표시	6등급(1++, 1+, 1, 2, 3, 등외)	3등급(A, B, C)

* 주: 육질등급과 육량등급으로 구분하여 최종등급 부여

닭고기, 오리고기, 계란, 말고기, 꿀은 희망업체에 한해 실시하는 자율판정 대상이며, 기타 가축의 축산물은 판정대상에서 제외되어 있다. 닭고기 및 오리고기는 도체의 외관, 비육상태, 지방부착, 잔털, 깃털, 신선도, 외상, 변색, 뼈의 상태에 따라 3등급(1+, 1, 2)으로 판정한다. 계란은 표본추출 검사이며 외관판정, 투광판정, 할란판정(割卵判定)을 거쳐 품질은 3등급(1+, 1, 2)으로, 중량은 5등급(왕란, 특란, 대란, 중란, 소란)으로 구분한다. 말고기는 육질등급(1, 2, 3등급)과 육량등급(A, B, C등급)으로 구분하여 최종등급을 부여한다. 벌꿀은 향미, 색도, 수분, 과당 함유비 등을 토대로 3등급(1+, 1, 2)으로 판정한다.

한편 탄소중립(Net-zero)을 위한 온실가스 감축목표가 구체화되면서 환경친화적 축산업으로 전환을 촉진하기 위해 「농업·농촌 및 식품산업 기본법」 제47조 제1항에 따라 2023년에 '저탄소축산물인증제'가 도입되어 시범운영되고 있다. 농림축산식품부가 운영을 총괄하고, 축산물품질평가원이 인증심의위원회를 통해 인증사업을 시행한다. 축산환경관리원이 농가, 인증심사원·산정평가원 대상 교육 등을 담당하고, 농촌진흥청 소속 국립축산과학원은 관련 연구를 통해 제도 운영을 지원하고 있다.

2. 축산물안전관리

축산물이력제(Animal Products Tracebility)는 가축의 출생부터 도축·포장처리·판매에 이르기까지의 정보를 기록·관리하는 제도이다. 이를 통해 축산 당국의 경우 가축의 질병 및 축산물의 위생·안전에 문제 발생 시 그 이력을 추적하여 회수, 폐기 등 신속한 조치가 가능하다. 축산농업경영체 입장에서는 가축의 혈통, 사양정보 등을 이력제도와 통합 관리하여 가축개량, 경영개선 등 축산업 경쟁력 향상에 기여할 수 있다. 또한 소비자 차원에서는 원산지, 사육지, 축산물의 종류, 등급 등의 정보를 제공하여 수입산과 차별화하고 유통의 투명성을 제고하여 소비자 주권을 강화할 수 있다.

2004년 10월에 소 및 쇠고기 이력제 시범사업을 거쳐 2008년 12월에 소 사육 단계 이력제, 2009년 6월에는 쇠고기 유통 단계 이력제를 전면 시행하였으며, 수입 쇠고기 이력제는 2010년 12월에 시행되었다. 돼지 및 돼지고기 이력제는 2012년 10월 시범사업을 시작으로 2014년 12월에 시행되었고, 수입 돼지고기 이력제는 2018년 12월에 시행되었다. 가금(닭, 오리) 및 가금산물(닭고기, 오리고기, 계란) 이력제는 2018년 11월 시범사업을 시작으로 2020년 1월에 시행되었다.

사육농가에서 길러진 가축은 도축장에서 도축된 이후 포장처리업체, 식육판매업체를 거쳐 소비자에게 전달된다. 축산물의 생산·유통·판매 전 과정에 걸쳐 가축 종류에 따라 일부 상이하지만 일반적으로 농협중앙회, 축산물품질평가원, 국립농산물품질관리원, 시·도, 농림축산검역본부 등 여러 기관들로 설계된 체계를 통해 축산물이력제가 시행되고 있다. 가축의 출생 등 신고 및 귀표 부착은 소는 사육농가들이 농협을 통해, 돼지의 경우 종돈업체들이 ㈔한국종축개량협회을 통해 진행하고 있다.

국립농산물품질관리원은 도축장, 포장처리업체 및 식육판매업체 대상으로 포장처리, 판매 단계를 지도·감독하고, 시·도는 농업기술원 등을 통해 사육, 도축, 포장처리, 판매 단계를 지도·감독한다. 농림축산검역본부는 수입 쇠고기 및 수입 돼지고기에 대한 검역은 물론, 회수 및 폐기 등을 시행한다. 축산물이력제의 효율적 시행을 위해 축산물품질평가원은 이력지원실을 중심으로 이력정보를 수집·관리하고, 단계별 정보 점검 및 수정 등을 담당하며, 이를 시행하기 위한 전산시스템을 운영·관리한다.

가금(닭, 오리)의 경우 축산물품질평가원이 농장식별번호, 이력번호 등을 발급하고 이력관리시스템을 통해 사육현황, 입란·이동, 선별·도축, 포장·거래 실적을 관리한다. 시·도 및 국립농산물품질관리원은 종축장, 부화장, 축산농가, 도축장, 포장처리업체, 식육판매업체를 대상으로 출입검사, 시정명령, 과태료 부과 등을 담당한다.

축산물이력제 사업추진체계

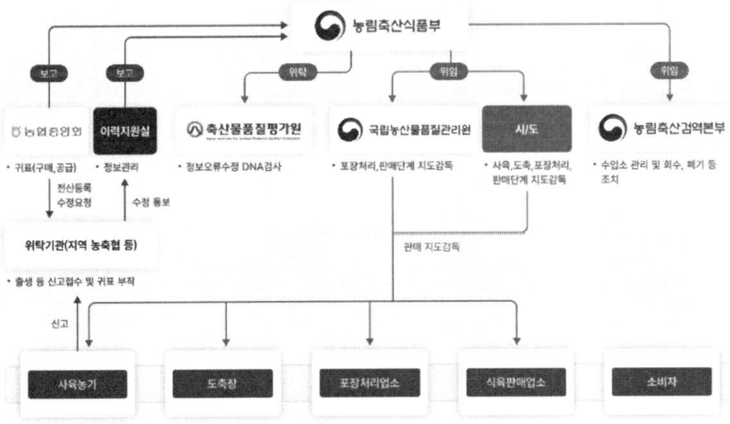

* 출처: 농림축산식품부 축산물이력관리시스템.
https://www.mtrace.go.kr/biz/bizPropSysList.do?mid=KO01020000

3. 축산물유통관리

효율적인 축산물 유통관리체계 구축은 축산업 발전에 있어 필수적이다. 이에 따라 첫째, 합리적인 축산물 유통정보체계를 구축해야 한다. 주요 축산물의 유통실태를 파악하고, 소비동향을 분석하며, 축산물 수급정보를 수집·제공할 필요가 있다. 이를 위해 축산물품질평가원은 축산법, 축산계열화법에 따라 축산물 유통실태, 가금산물 유통가격, 축산물 소비자가격을 조사하여 주요 축산물 수급정보를 통합적으로 구축·제공하고 있다.[112] 이는 축산물 생산자, 유통자, 소비자들의 시장 거래에 관한 의사결정을 돕고, 건전한 유통질서를 확립하는 데 기여할 것으로 기대된다.

①축산물 유통실태 조사를 통해 한우, 돼지, 육계, 오리, 계란 등 국내 주요 축산물을 대상으로 유통경로, 유통가격(생산자가, 도매가, 소매가), 유통비용, 유통재고를 조사하여 정기적으로 제공하고 있다. ② 가금산물 유통가격 조사를 통해 토종닭, 육계, 삼계, 노계, 병아리, 계란, 오리고기 유통가격(산지가, 도매가)을 조사한다. ③축산물 소비자가격 조사의 경우 쇠고기, 돼지고기, 닭고기, 계란, 우유를 대상으로 소비자가격을 조사·제공한다.

112) 축산유통정보 종합 포털(다봄, https://www.ekapepia.com/web/main.do)을 통해 유형별 맞춤 정보가 제공되고 있다.

제3절 축산여가 정책

1. 반려동물산업

국내 반려동물 산업은 1인 가구 증가, 고령화 등 인구구조 변화와 함께 '펫 휴머나이제이션(pet humanization)' 경향이 가속화되면서 빠르게 성장하고 있다. 또한 코로나19 팬데믹을 거치며 반려동물 양육 가구가 증가하고, 반려동물에 대한 인식 개선 및 동물복지에 대한 관심 증대, 그리고 기술 혁신(펫테크) 등이 복합적으로 작용하여 시장 성장을 견인하고 있다.

이에 따라 국내 반려동물 연관 산업 시장은 2022년 기준 8.5조 원 규모로 추산되며 2032년에는 21조 원으로 확대될 것으로 전망된다. 전 세계적으로도 반려동물 시장은 2022년 기준 3,200억 달러(약 400조 원) 규모로 추산되며, 블룸버그 인텔리전스는 2030년에 4,930억 달러(약 677조 원)에 달할 것으로 추정한 바 있다.[113)]

반려동물 양육 현황을 보면 2012년 364만 가구였던 반려동물 양육 가구는 2022년 602만 가구로 10년 만에 238만 가구가 증가했고, 2024년 기준 반려동물 양육 가구 비율은 28.6%로 급증했다. 반려동물 개체수도 2018년 635만 마리에서 2022년 799만 마리로 증가했으며, 특히 반려묘 개체 수가 크게 증가했다. 반려견 등록 현황을 보면 2023년 기준 등록된 개는 누적 324만여 마리로 집계되고 있다.

주요 반려동물 시장 부문으로 우선 펫푸드(사료, 간식)를 들 수 있다.

---

113) 삼정KPMG 경제연구원. 2024. 6월. 「다가오는 펫코노미 2.0 시대, 펫 비즈니스 트렌드와 새로운 기회」. Issue Monitor 제164호

펫케어 시장에서 펫푸드가 60.3%로 가장 큰 비중을 차지(2022년)하고 있다. 국내 펫푸드 시장은 2022년에 약 1조 8천억 원, 2024년에는 2조 700억 원 규모로 추산된다. 프리미엄 제품, 수제 간식, 맞춤형 사료 등 고급화 및 다양화 추세도 이어지고 있다. 또한 펫푸드 수출 규모도 안정적으로 증가하고 있다.

그다음 비중을 차지하는 부문이 펫용품시장으로 펫 휴머나이제이션 트렌드에 따라 헬스케어 용품, 장난감 등 다양한 제품이 출시되고 있다. 이어서 펫카페, 펫호텔, 펫미용실, 펫장례식장 등 다양한 펫 서비스들이 진화하고 있으며, 펫보험 시장도 성장 가능성이 높은 부문으로 주목받고 있다. 펫테크 및 펫 헬스케어 부문도 주목할 필요가 있다. 소변 분석을 통한 질병 징후 파악, 음성 분석을 통한 반려동물 감정 파악 등 IT, AI 등 디지털 기술이 결합된 다양한 펫테크 기술이 진화하고 있다. 이에 따라 반려동물 질병 예방·치료, 건강관리 등 펫 헬스케어 시장도 성장하고 있다.

반려동물시장의 성장에 따라 정부도 동물보호법을 강화하여 동물복지종합계획을 통해 동물학대 방지 등 가축동물을 적정하게 보호·관리하기 위한 시책을 수립·시행하고 있다. 또한 동물 등록제를 도입하여 등록대상동물에 대한 인식표 부착 의무 등 반려동물 관리 책임을 점진적으로 강화하고 있다.

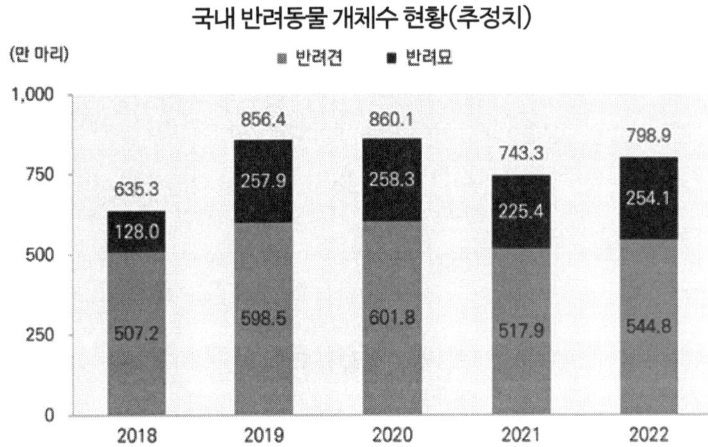

* 출처: 데일리벳. 국내 반려동물 시장규모 8.5조원 추산…2032년에는 21조원. 2024. 6. 6. https://www.dailyvet.co.kr/news/industry/214784

2. 동물여가산업

국내 동물여가는 경마를 중심으로 성장해 왔으며, 전통소싸움 등이 부분적으로 시행되고 있다.

경마(競馬)의 경우 1962년에 제정된 「한국마사회법」 제2장에 따라 한국마사회가 관리·운영하고 있다. 또한 「말산업 육성법」에 따른 말 이용업체들이 각종 승마시설을 통해 다양한 말 이용서비스를 제공하고 있다. 승마(乘馬)의 경우 당초 일반 스포츠 종목의 하나로 문화체육관광부 소관의 「체육시설의 설치·이용에 관한 법률」에 따른 승마장에서 실시됐지만, 말산업 활성화 정책을 통해 각종 승마시설 설립이 확대되었다.

국내 말산업 규모는 2023년 기준 3조 1,934억 원으로 추산된다. 하지만 경마 산업 의존도가 80%를 넘는 상황이며, 이에 2011년에 「말산업 육성법」 제정을 통해 다양한 말 관련 산업 육성을 통해 다변화를 모색하고 있다. 2024년 기준 말산업 사업체는 2,668개로 파악되며, 말 사육두수는 30,534두, 각종 승마시설은 486개소가 운영 중이며, 승마 인구는 정기승마인구가 71,328명, 체험승마인구가 491,841명으로 추산되고 있다.[114)]

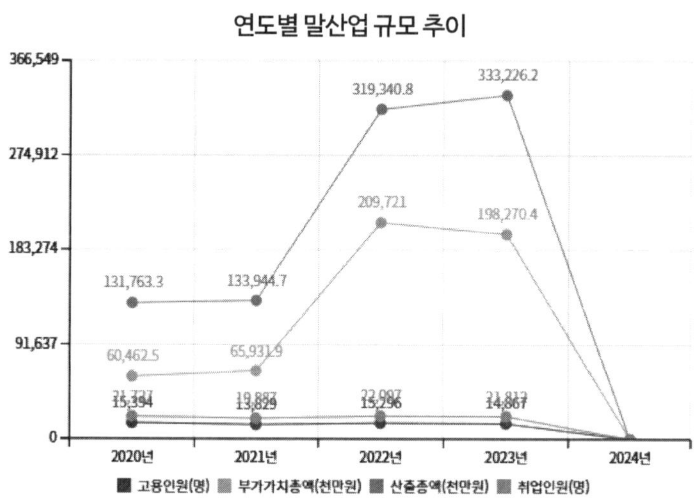

* 출처: 말산업정보포털. https://www.horsepia.com/hp/pa/ss/PASS1081/viewPop.do

소싸움의 경우 2003년에 제정된 「전통 소싸움경기에 관한 법률」에 따라 농림축산식품부장관의 허가를 받은 지방자치단체만 시행할 수 있다. 전통 소싸움에 관해서는 「동물보호법」 일부 및 「사행행위 등 규제 및 처벌 특례법」 적용이 제외된다.

한편 경돈(pig racing)의 경우 2020년 전까지 원주 돼지문화원, 안성팜랜드 등에서 종종 운영되었다. 주로 축제나 행사에서 볼거리로 제

114) 말산업정보포털. https://www.horsepia.com/hp/pa/ss/main.do

공되었고, 아동들에게 인기 있는 체험활동으로도 인정받았다. 돼지 스포츠의 성행으로 2006년에는 모스크바에서 7개국이 참가한 가운데 달리기, 수영, 스바인볼(돼지코로 하는 공 경기) 등의 종목으로 구성된 돼지 올림픽이 개최되기도 하였다.[115] 그러나 2021년에 정부는 「가축전염병예방법」 제19조에 따라 ASF(아프리카돼지열병)의 전국적 확산 방지를 위해 돼지 방목사육을 금지하는 '행정명령'을 내렸다. 이에 따라 돼지 운동장도 방목사육시설에 포함되어 사용이 금지됨에 따라 돼지 스포츠는 더 이상 운영되기 어려운 상황이다.[116]

또한 과거 성행했던 투견은 2008년 「동물보호법」 개정으로 대다수 국가들처럼 불법화되었다. 전 세계적으로 최근 동물복지에 대한 인식이 높아지면서 한편으로 일부 잔인한 스포츠는 사라지거나 규제가 강화되고 있다. 이와 동시에 다른 한편으로 이색적인 동물스포츠가 다양하게 발전하고 있다.

해외의 이색 동물스포츠 사례

경주 경기

- 버팔로 레이싱(인도): 인도 카르나타카주의 전통축제인 캄발라 축제에서 주로 개최되며, 농업인이 쟁기를 끄는 버펄로와 함께 논밭을 달리는 경주이다.
- 달팽이 경주(영국 등): 달팽이들이 원형 트랙에서 누가 먼저 가장자리에 도달하는지 겨루는 경기이다.
- 개썰매(북유럽 및 북미): 시베리아나 북아메리카에서 운송 수단으로 시작되었으나 현재는 스포츠로 발전했다.

115) 남도일보. 2006. 4. 14. 돼지 올림픽, 달리기 시합

116) 돼지와 사람. 2021. 5. 11. 돼지 운동장 사용 시 처벌받는다구?

- 코끼리 폴로(태국): 말 대신 코끼리를 타고 진행하는 폴로 경기로 선수와 조련사가 함께 코끼리 등에 타서 경기를 진행한다.
- 낙타 경주(중동): 사막 지역에서 빠르게 달리는 낙타를 이용하여 실시된다.

격투 및 힘겨루기 경기

- 염소 싸움(일본 오키나와): 오키나와 세소코섬에서 주로 여름철에 열리며 염소들끼리의 투쟁심이 없어지면 평화적으로 경기가 종료된다.
- 낙타 레슬링(튀르키예): 수컷 낙타들이 암컷을 차지하기 위해 서로에게 기대어 밀어붙이는 방식의 경기이다.
- 에르 에니시(승마 레슬링)(키르기스스탄): 말을 탄 채 상대방을 말에서 끌어내리는 키르기스스탄의 전통 스포츠로 과거 군사훈련 목적으로 시행되었다.

기타 동물스포츠

- 개 서핑(미국, 호주): 개들이 서핑보드에서 파도를 타는 경기로 세계대회까지 개최되고 있으며, 대회 수익금 일부는 동물 자선단체에 기부된다.
- 도그 프리스비(Dog Frisbee): 사람이 원반을 던지고 개가 뛰어가 땅에 떨어지기 전에 원반을 잡는 경기이다.
- 도그 댄스(Dog Dance): 사람과 개가 함께 춤을 추는 스포츠로, 영국의 유명한 크러프츠 도그쇼에도 정식 종목으로 채택되었다.

가축전염병 예방을 통한 축산물의 안정적 공급, 동물권은 보호되어야 할 소중한 가치이다. 하지만 지속가능한 재생축산을 목적으로 축산여가산업 발전을 위해 정책적 균형이 요구된다. 즉, 지속가능한 재생축산을 통해 동물의 자연스러운 습성을 이용하거나 인간과 교감을 통해 즐기는 긍정적인 동물스포츠를 발전시킴으로써 동물복지를 강화하면서도 동물과 인간이 공존하는 환경을 확대할 수 있어야 한다. 또한 이벤트 등 다양한 콘텐츠 개발을 위한 관련 규제의 합리화가 요구된다.

제4절 동물복지

1. 동물복지 필요성

「동물보호법」은 1991년에 제정되었다. 그럼에도 반려동물 소유자의 동물학대 행위의 잔혹성과 다양성이 심각해지고, 유기동물보호소의 열악한 사육환경과 운영비리에 대한 관리·감독체계 개선이 사회적 문제로 대두되었다. 이에 2001년부터 지속된 동물보호단체 등의 제안을 바탕으로 2007년에 전면 개정되었다. 이후 동물보호에 대한 사회적 관심이 증가함에 따라 2011년에 다시 전면 개정되었다. 이로써 동물복지, 동물보호시설 지원·관리, 동물영업 관리, 동물의료 등 동물보호 정책의 기틀이 마련되고, 동물보호·복지 운영기반이 점차 강화되어 왔다.

반려동물 양육가구 비중은 2012년 17.9%(364만 가구), 2015년 21.8%, 2022년 25.4%(602만 가구), 2024년 28.6%로 지속해서 증가하고 있다(농식품부, 2025). 또한 2024년 2월에 「개식용종식법」 제정으로 개고기에 대한 오랜 사회적 갈등이 일단락되는 등 동물보호에 대한 사회적 인식 확산으로 동물의 법적 지위도 향상되고, 동물복지정책체계도 점차 강화되고 있다.

그러나 동물학대 경찰신고건수가 2021년 5,491건, 2022년 6,594건, 2023년 7,245건으로 동물학대 범죄는 계속 증가하고 있다. 또한 유실·유기되어 구조된 동물은 2019년에 13.6만 마리, 2023년에 11.3만 마리로 동물 유실·유기가 지속되고 있지만, 전국 지자체 동물보호센터[117]의 동시 수용능력은 2만 마리(17.4%), 구조·보호비 예산도 연간 4만 마리 수준(840백만 원)에 불과하다. 동물보호시설 내 자연사·안락사 비중이 45.6%인 반면, 반환·입양·기증 비중은 39.2%에 불과하다. 이와 함께 동물복지에 대해 반려인과 비반려인 간 높은 인식격차로 인해 개 물림 사고, 길고양이 돌봄 관련 사회적 갈등과 민원도 꾸준히 제기되고 있다.

이러한 배경하에서 그동안 정부는 동물보호센터 운영을 확대·강화했으나 시설 부족 및 운영 부실 문제 등이 지속되고 있다. 또한 반려견 동물등록제도가 도입된 지 10년이 경과했으나 등록률은 약 60% 수준에 머물고 있다. 동물보호 강화를 위해 동물학대자에 대한 사육금지제도 도입, 동물 소유자의 보호·관리 책임 및 동물 유기행위 방지 강화, 동물보호 인력 확충, 구조동물 보호역량 강화, 동물등록 확대 및 활성화, 동물복지 학교교육 확대, 입양 전 교육 의무화, 동물영업(생산업, 판매업 등) 구조개편 및 영업자 준수사항 강화, 동물의료체계 개선, 반려동물산업 육성 등이 제시되고 있다.

2. 현황

정부는 동물복지에 관한 종합계획을 수립하고, 동물보호 및 복지제도를 정비하였다. 대표적으로 동물복지축산농장인증제 도입을 통해 농

117) 유실·유기 동물을 구조·보호하는 지자체 동물보호센터는 2023년 기준 전국에 228개소(직영 76, 위탁운영 152)가 설치·운영되고 있다.

장동물 복지를 장려하고, 동물등록제를 시행하였으며, 학대동물의 구조·보호조치를 마련하고, 동물학대 행위자에 대한 벌칙을 강화하였다.

동물등록제는 동물의 보호와 유기방지, 소유자의 책임의식 고취를 목적으로 등록대상동물을 시·군·구청에 등록하는 제도로, 시행 초기에는 우선 반려견(伴侶犬)을 대상으로 시행되었다. 2008년 1월 27일부터 도입되어 2013년 10만 이상의 전국시군지역(142개)으로 2014년 7월부터는 등록대행기관이 없는 지역 및 일부도서를 제외한 전국시군지역(225개)으로 확대하여 실시하고 있다. 등록장소와 방법을 보면 소유자가 시장·군수·구청장이 지정한 동물등록대행기관(동물병원, 동물판매업소 등)을 개와 함께 방문하여 등록한다. 등록방법은 내장형, 외장형, 인식표 중 선택 가능하며, 등록에 관한 자세한 사항은 농림축산식품부령이 정하는 것을 제외하고는 시·도 조례를 따른다.

2008년 1월부터 동물생산업 및 판매업 허가·등록제가 시행되어 가정에서 반려의 목적으로 기르는 농림축산식품부령이 정하는 동물을 생산, 판매하려는 사람은 시·군·구청에 허가를 받거나 등록해야 한다. 업체는 동물의 보호와 공중위생상의 위해방지를 위하여 일정한 시설과 인력을 갖추어야 하고, 관련 교육을 이수해야 한다. 또한 동물전용의 장례식장, 화장장 또는 납골시설을 설치·운영하고자 하는 사람은 시·군·구청에 등록하도록 하는 동물장묘업 등록제도 시행되었다.

동물실험윤리제도 역시 강화되고 있다. 최근 과학 및 산업의 발전과 함께 실험동물의 이용이 증가함에 따라 무분별한 동물실험을 억제하고 실험동물의 복지 향상과 과학적 이용 및 윤리적인 취급 필요성이 증가하고 있다. 이에 「동물보호법」은 동물실험 3대 원칙(replacement, reduction, refinement)의 적용을 명시하고 있다(제23조). 또한 동물실험시행기관은 실험동물의 보호와 윤리적인 취급을 위하여 동물실험윤리위원회를 설치하여 동물실험의 윤리적, 과학적 타당성을 심의·승인하고, 동물실험시설 및 실험동물의 관리와 이용에 관한 내용 등을 확인 및 평가해야 한다(제51조).

제2차 및 제3차 동물복지 종합계획 비교

4대 과제	제2차 종합계획('20~'24)	제3차 종합계획('25~'29)
1 안전망		
동물학대 방지	처벌, 교육 이수 등 사후조치 강화	사육금지제도 등 사전예방 강화
유실·유기 예방	처벌 및 사전조치(사육포기동물 지자체 인수 등) 강화	유기 범위 확대 및 처벌 상향
길고양이 및 실외사육견	-	개체수 관리 위한 중성화 사업 등
봉사동물	봉사동물 실태조사 추진(법적 지원근거, 통합 관리방안 등은 부재)	봉사동물 지원 근거 마련, 은퇴견 지원센터 설립 등 통합관리
실험동물	윤리위 기능 강화 및 온라인 포털 구축 등 실험기관 관리체계 마련	맞춤형 컨설팅·교육으로 전문성 제고, 외부점검반 운영 등 관리 강화
농장동물(가축)	동물복지축산 인증제도 강화(사육·유통 단계 기준 법제화)	일반축산농장 표준지침 마련, 인증 축산농장 관리체계 개선
2 인프라		
인력	동물보호 명예감시원 활동 체계화	지자체 적정인력 기준 가이드라인 마련, 명예동물보호관 활성화
동물(개)등록	인식표 방식 폐지, 등록 범위 확대	모든 '개' 등록 의무화, 생체인식 등 통한 등록 활성화
동물보호 센터	시설·인력 기준 강화, 지자체 직영센터 확대 등 관리기반 마련	지역별 확충 목표 설정, 평가제 도입, 민간의 운영 참여 확대
민간보호 시설	신고제 도입으로 제도권 편입	신고제 정착
3 문화		
협력	동물복지위원회 위상 격상 및 심의기능 부여	위원회 활성화, 동물복지 캠페인 등 민관 협력 강화
교육	영업자 등 의무교육 대상 확대, 입양 전 교육 등 콘텐츠 개발·제공	입양 전 교육 의무화, 학교교육 강화, 지자체 등 현장교육 확대
개식용 종식	-	전·폐업 이행상황 철저 점검, 개식용소비 문화 종식
안전관리	맹견 기질평가 도입 등 관리의무 강화	관련 인프라 확충 및 중성화 수술 면제 대상 확대 등 제도개선
4 영업·의료·연관 산업		
영업관리	생산업 시설 관리 기준 강화, 무허가 영업 처벌·점검	갱신제 도입, 동물관리 가이드라인 배포·교육 등 실효적 관리 강화
이력관리	이력제 도입 방안 검토	이력제 시행(부모견 등록 의무화, 생산·판매 단계 동물등록 확인 등)
의료	-	전문과목 및 상급병원 도입, 의료인력 양성 등 동물의료체계 개선
산업	기존 제도(사료관리법) 활용한 산업 관리	펫푸드 등 연관 산업 육성 근거법 제정 및 체계적 육성

제9장
재생농산물 시장접근성 제고
: 유통·소비혁명

제1절 재생농업을 위한 농산물 유통·소비구조

1. 시장의 네 가지 유형

다양한 영농활동을 통해 생산·출하되는 농축산물의 시장접근성을 제고하기 위한 농산물 유통·소비혁신은 재생농업 발전전략의 마지막 관문이라고 할 수 있다. 이는 기존처럼 유기·친환경 농축산물에 대한 특화시장 형성을 지원하는 데 그치는 것이 아니다. 오히려 스마트 APC[118], 스마트 시장도매인 제도 등 농축산물 유통구조와 관리체계 전반의 혁신을 통해 농산업의 생산성을 제고함으로써 재생농업의 성과도 병행적으로 향상시킬 수 있다.

즉, 농축산물의 안정적인 수급을 위해 혁신적 유통구조 설계를 통한 농축산물 시장의 체계적 관리가 요구된다. 이 과정에서 농가 경영안정은 물론 농산물 가격 안정에도 기여할 수 있도록 농축산물 유통체계의 세밀한 설계가 필요하다. 그동안 정부는 농축산물 유통경로를 다양화함으로써 유통업체들 간 경쟁을 촉진하고, 유통비용을 절감할 수 있다는 전제하에 경쟁 중심으로 유통구조 개선을 추진하였다. 최근 발표된

118) Agricultural Products Processing Center(농산물산지유통센터)

정부 정책[119]도 여전히 이러한 전략에 따라 입안되었다.

이러한 경쟁지향 접근이 단기적으로는 농업인과 소비자들의 편익을 일부 제고할 수 있다. 그러나 다른 재화들과 달리 농축산물 시장은 경쟁을 통한 재배·사육·공급보다 열린 네트워크 기반의 생산·공급체계를 통해 효용을 보다 극대화하고 지속가능성을 제고할 수 있다. 前 서울대 사회학과 박명규 교수의 《커넥트 파워》에서는 네 가지 시장 유형을 소개하며 시장의 선택은 기술의 진보에 따른 시장구조 변화, 지향가치에 따라 진화하고 있다고 설명한다. 다만 그 전에 거래대상 재화의 특성 자체도 기본적으로 시장 유형 선택에 중요한 영향을 미친다.

다음 도표에 제시된 바와 같이 다양한 생산주체들이 협력적이며 창의적으로 참여하는 열린 네트워크 기반의 집합지성형 농산물시장을 확대할 필요가 있다. 최근 부분적으로 성장하고 있는 협동조합형 시장의 발전도 유지될 수 있어야 한다. 이를 위해 다양한 농업경영체들과 이들로 구성된 여러 농업생산자단체들을 활성화하고, 이들을 혁신적으로 구조화할 수 있는 변혁적 프로그램 설계가 요구된다.

물론 농식품시장의 근간인 농업경영체들의 생산성 향상과 물가 안정을 위해서는 기본적으로 닫힌 위계에서 물질적 가치를 지향하는 전통 고수형 농산물시장이 전체 농산물 유통구조의 중추로서 튼튼한 허리 역할을 담당해야 한다. 이를 토대로 농식품분야에서도 일부 디지털 독점형의 유니콘기업이 성장하고, 집합지성형 혹은 협동조합형의 사회적 농식품시장도 발전할 수 있기 때문이다.

---

119) 관계부처 합동, 2024. 5. 1. 보도자료. 농수산물 유통경로 다양화와 경쟁 촉진을 통해 유통비용 10% 이상 절감

시장구조와 지향가치 관점에 따른 네 가지 산업 유형

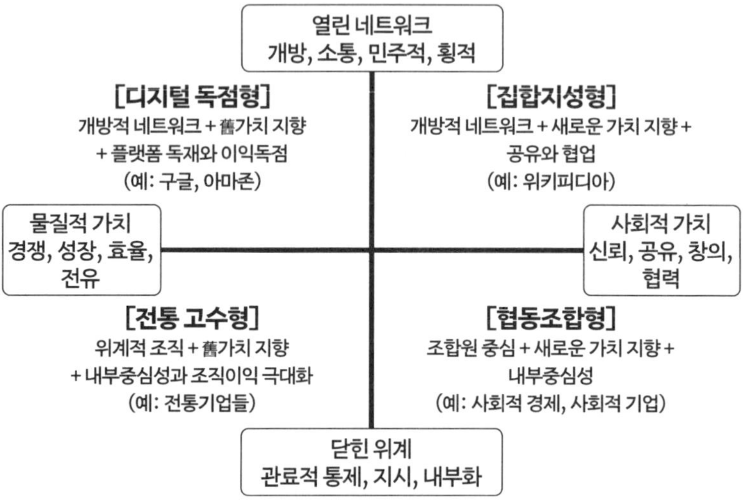

* 출처: 박명규 외. 2019.《커넥트 파워》. 포르체, p.142.

2. 농산물 유통시장 재구조화 전략

소매시장을 이용하는 일반 소비자 입장에서는 농림수산물과 가공식품 시장은 구분이 불가하다. 하지만 생산업체 혹은 유통업체 입장에서 농림수산물시장과 가공식품시장은 유통구조와 작동 원리가 차별화될 수밖에 없다. 이에 여기서는 가공식품시장에 대한 논의는 보류하고, 농산물시장을 중심으로 재생농업 관점에서 시장 재구조화 전략에 대해 설명한다. 기존 정책방향과 중간목표 혹은 기본구조는 대동소이하지만, 궁극적 지향목표와 세부전략에 대한 차별화를 통해 농산물 유통체계의 점진적 혁신을 유도할 수 있다.

첫째, 공영도매시장의 효율성과 공공성의 병행적 달성이 필요하다. 우선 도매시장의 효율화와 경쟁 촉진을 위해 도매시장법인 지정·운영 평가의 공정성을 제고해야 한다. 이를 통해 신규 법인 공모를 확대하고, 부실한 법인에 대한 지정취소 절차와 요건 등을 체계화할 필요가 있다. 또한 도매가격의 변동성 완화를 위해 전자송품장 적용 품목 및 시장을 확대함으로써 출하물량을 예측하여 사전에 시장 반입물량을 조절하는 것도 세부 전략으로 추진될 수 있다.

둘째, 공영도매시장의 공공성 강화 일환으로 도매시장법인의 대안인 시장도매인제도를 활성화할 필요가 있다. 특히 가락시장 내 일부 법인에 대한 거래품목 제한을 해제하여 도매시장법인 간 서비스 협력을 확대할 수 있어야 한다. 가령 도매시장법인들의 과도한 수익을 방지하기 위한 위탁수수료체계 개선을 비롯하여 공익기금을 조성하여 도매시장법인 및 시장도매인들의 상생을 위한 사업지원을 확대할 수 있어야 한다. 공영도매시장의 공공성 강화가 효율성 증대로 연계될 수 있도록 세밀한 제도 설계가 요구된다.

셋째, 대안적 거래방식을 확대할 수 있어야 한다. 집합지성형 혹은 협동조합형 시장을 활성화하기 위해 2000년에 도입된 시장도매인제도를 포함하여 다양한 혁신 방안을 모색할 필요가 있다. 이러한 맥락에서 2023년에 개설된 농수산물 온라인도매시장 활성화도 필요하다. 이를 위해 판매자와 구매자 다양화를 위해 온라인 거래품목을 확대하고, 판매자 가입 기준도 완화할 필요가 있다. 또한 온라인 거래를 활성화하기 위해 판매자와 구매자의 규모화가 필요하다. 거점 농산물 산지유통센터(APC)를 육성하고, 구매자의 경우에도 농협이나 상인연합회를 통한 공동구매를 통해 중소형 마트, 전통시장 등의 구매물량을 규모화할 필요가 있다.

넷째, 산지 유통체계의 규모화·효율화를 통해 궁극적으로 소비지 유통환경 개선을 촉진할 필요가 있다. 산지 규모화를 통해 복잡한 도매시장 유통 비중을 낮추고, 소비지와의 직거래를 확대할 수 있다. 산지의 유통·수급 관리 역량 강화를 위해 스마트 APC 구축, 수산물 거점 위판장 현대화 등 산지 유통기반 고도화가 필요하다. 한편 다양한 소비성향을 고려하여 소비지 유통환경 개선에 있어서도 기존 소포장 외에 무포장(벌크) 유통 등 선구적 접근을 통한 다양화가 요구된다.

제2절 농산물 유통구조

1. 농산물 유통체계

1) 개요

국내 농산물 유통구조는 크게 도매시장을 통한 경매거래, 산지-소비지 직거래로 구분되며, 최근 추가적 대안으로 온라인도매시장 활성화가 추진되고 있다.

도매상들에 의한 폐해로부터 농업인과 소비자를 보호하기 위해 가락시장을 포함한 공영도매시장을 설립·운영함으로써, 그동안 경매제 중심의 도매시장이 농산물의 주요 유통경로로 정착해 왔다. 공영도매시장은 중소농업인들의 시장교섭력을 보완하고, 농산물 유통의 효율적인 분산, 효과적인 가격발견 기능을 수행해 왔다. 비록 최근 농산물 유통의 규모화·체계화를 위해 집하, 선별, 포장, 저장, 출하 등을 복합적으로 수행하는 농산물 산지유통센터(Agricultural Products Processing Center, APC) 중심의 산지 규모화 정책에 따라 도매시장 거래 비중이 감소 추세[120)]를 보이고 있지만 도매시장 경유 유통은 여전히 50% 이상을 점유하고 있다.

농산물의 생산·출하자는 개별 농업인, 영농조합법인, 산지수집상, 지역농협 등이며, 도매시장에 출하된 농산물은 도매시장법인, 중도매인, 소매상을 거쳐 소비자에게 유통된다. 그런데 도매시장의 경우 복잡한 유통 단계로 인한 높은 물류비용, 유통마진으로 산지와 소비지간 가격 괴리를 증폭시키고, 경매회사인 도매법인들의 시장지배력이 증가함에 따라 도매시장 거래에 경쟁이 약화되는 문제가 발생하고 있다. 이에 농업인과 소비자 모두를 위해 도매시장 혁신을 통한 농수산물 유통비용 절감은 여전히 중요한 정책과제로 대두되고 있다.

따라서 정부는 농산물과 식품의 유통개선을 위해 농산물과 식품의 생산지 및 소비지에 도매시장, 공판장, 종합유통센터, 산지유통센터, 집하장, 가축시장 등의 유통시설과 도축장, 육가공 시설 등의 확충과 운영 개선 등을 지원하고 있다. 또한 농산물과 식품의 표준화 촉진과 다양한 유통정보의 수집, 제공을 위해 농업경영체, 생산자단체, 농촌진흥기관, 학교 등이 공동으로 또는 연합하여 농산물과 식품의 생산, 유통, 판매 등을 조직적으로 수행하는 공동 브랜드화도 지원하고 있다.

2) 농수산물 도매시장

대량으로 생산되는 농수산물을 공정하고 투명하게 거래하기 위해 1985년에 가락동 농수산물도매시장 개설을 시작으로 전국에 33개의 공영도매시장이 개설·운영되고 있다. 도매시장거래를 통해 출하자는

---

120) 청과의 유통경로별 비중이 2003년 대비 2022년에 산지-소비지 직거래는 7.2%에서 30.5%로 증가한 반면 도매시장 거래는 78%에서 52%로 감소했다(관계부처 합동, 2024. 5. 1.)

일시에 생산되는 많은 농수산물을 믿고 판매를 의뢰할 수 있고, 구매자(소매상, 대형유통업체, 가공업체 등)도 합리적인 가격에 농수산물을 구매할 수 있다.

농수산물 도매시장의 주요기능은 다음과 같다. 첫째, 상적유통기능으로 농수산물의 매매거래에 관한 기능으로 가격형성, 대금결제, 금융기능 및 위험부담 등을 담당한다. 둘째, 물적유통기능으로 농수산물의 물리적 이동과 관련된 집하, 분산, 저장, 보관, 하역, 운송 등의 기능을 말한다. 셋째, 유통비용절감 기능으로 한 장소에서 출하하고 구매하므로 탐색비용 등 유통비용을 절감할 수 있다. 넷째, 유통정보기능으로 농수산물에 대한 시장동향, 가격정보 등이 생산, 수집 및 전달되는 기능을 말한다. 다섯째, 수급조절기능으로 대량집하, 대량반출, 저장, 보관 등을 통해 농수산물의 공급·수요량을 조절하여 가격조정에 영향을 미친다.

농수산물 도매시장 거래체계도

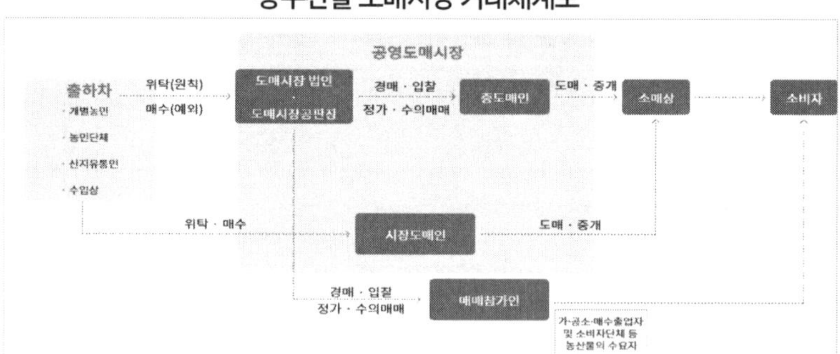

* 주: a.도매시장법인만 두는 경우, b.시장도매인만 두는 경우, c.양자를 모두 두는 경우
* 출처: 농수산물 도매시장 통합시스템. https://at.agromarket.kr/whsal/etc.do?etcSeq=10#!

도매시장 거래제도를 보면 대부분 도매시장법인 체제를 통해 '경매 또는 입찰방식'으로 거래되고 있고, 예외적으로 '정가 또는 수의매매 방식'이 적용되기도 한다. 2000년에 도입된 시장도매인 거래에서는 시장도매인이 출하자와 협의한 거래방법에 따르되 통상적으로 구매자(소매상, 대형유통업체, 가공업체)와 수의매매(협상가격) 또는 중개방식으로 판매한다.

도매시장의 개설허가자는 광역자치단체장이며, 「농수산물 유통 및 가격안정에 관한 법률(이하 농안법)」상 도매시장 유형은 개설자에 따라 구분된다. '중앙도매시장'은 특·광역시·특별자치시·도가 개설·운영하되 농림축산식품부 혹은 해양수산부가 지정하며, '지방도매시장'은 일반시 또는 특·광역시·특별자치시·도가 개설하며, 민영도매시장은 민간이 개설한다.

정부투자 여부에 따라 유형을 구분하면 '공영도매시장'은 중앙 및 지방정부의 공공투자를 통해 지방정부가 개설한 시장으로 가락동농수산물도매시장을 비롯하여 전국에 33개가 운영 중이다. '일반법정도매시장'은 지방정부의 자체투자 또는 민간 투자로 건설한 후 개설자와 기부체납 또는 무상임대 계약을 맺고 운영하는 지방정부(市)가 개설한 시장으로 노량진수산물도매시장, 양재동양곡도매시장을 포함하여 전국에 13개소가 운영 중이다. '민영도매시장'은 민간이 개설·운영하는 시장으로 안양, 상주, 영주의 3개소가 운영 중이다.

농수산물 도매시장 사례

* 주: (좌상) 양재양곡도매시장(25년 12월 이전 예정), (우상) 강서농산물도매시장
(좌하) 노량진수산물도매시장(2015년 신축 개장), (우하) 가락동농수산물도매시장

농수산물 공영도매시장 현황

	시장	소재지	개장일	법인 수
1	서울가락	송파구 양재대로 932	1985. 6. 19.	9
2	서울강서	강서구 발산로 40	2004. 2. 25.	3
3	부산엄궁	사상구 농산물시장로 9	1993. 12. 21.	3
4	부산국제	서구 원양로 35	2008. 9. 18.	4
5	부산반여	해운대구 수영강변대로 626	2000. 12. 22.	3
6	대구북부	북구 매천로 18길 34	1988. 10. 7.	5
7	인천남촌	남동구 비류대로 763	2020. 3. 2.	4
8	인천삼산	부평구 영성동로 46	2001. 5. 9.	3
9	광주각화	북구 동문로 260	1991. 2. 27.	3
10	광주서부	서구 매월2로 16	2004. 4. 20.	4
11	대전오정	대덕구 한밭대로 987	1987. 11. 2.	3
12	대전노은	유성구 노은동로33	2001. 7. 21.	3
13	수원	권선구 세권로 243	1993. 2. 27.	5
14	안양	동안구 흥안대로 313	1997. 9. 6.	3
15	안산	안산시 상록구 충장길 312	1998. 2. 27.	3
16	구리	구리시 동구릉로 136번길 90	1997. 6. 9.	5
17	춘천	춘천시 마장길 39	1996. 9. 6.	2
18	원주	원주시 서원대로 33	2001. 4. 4.	2
19	강릉	강릉시 유산로 60	1999. 11. 24.	1
20	청주	청주시 흥덕구 백봉로 254	1988. 11. 10.	3
21	충주	충주시 목행산단5로 54	1995. 11. 15.	3
22	천안	천안시 서북구 천안대로 1347	1995. 7. 18.	3
23	전주	전주시 덕진구 동부대로 1183	1993. 10. 29.	4
24	익산	익산시 번영로 1길 20	1998. 1. 5.	3
25	정읍	정읍시 황토현로 1213-15	2000. 3. 10.	2
26	순천	순천시 해룡면 해광로1	2001. 4. 19.	3
27	포항	포항시 북구 흥해읍 동해대로 1182	2001. 10. 26.	3
28	안동	안동시 풍산읍 유통단지길 100	1997. 4. 21.	2
29	구미	구미시 고아읍 선산대로 309	2001. 4. 17.	2
30	창원팔용	창원시 의창구 차상로 18번길 45	1995. 10. 14.	2
31	울산	남구 삼산로 324	1990. 3. 20.	5
32	창원내서	창원시 마산회원구 유통단지로 33	2002. 12. 27.	2
33	진주	진주시 남강로 1689	1999. 11. 21.	2

* 출처: 농수산물 도매시장 통합시스템. https://at.agromarket.kr/whsal/search.do

3) 도매시장법인제도와 시장도매인제도

농산물 도매시장 운영이 갖는 여러 장점에도 불구하고 도매시장법인들이 갖는 큰 영향력으로 인해 경매에 농산물을 출하한 농업인들은 가격 결정에 있어 주도권을 갖기가 불가능하다. 이로 인해 생산비에조차 못 미치는 가격이 매겨지더라도 농업인들은 그 손실을 감내해야 했다.

이러한 문제에 대응하여 도매시장에서 농업인들의 가격협상력을 제고할 수 있도록 중도매인 상장예외품목 거래, 도매시장법인 정가·수의매매, 시장도매인제도가 도입되었다. 다만 상장예외거래는 경매거래를 하지 않아도 되는 일부 예외지정 품목에 한해서만 출하가 가능하며, 정가·수의매매는 경매회사인 도매시장법인들의 이해관계로 인해 소극적일 수밖에 없다. 따라서 농업인들에게 의미가 큰 것은 2000년에 「농안법」 개정으로 도입된 시장도매인제도라고 할 수 있다.

시장도매인은 도매법인·중도매인과 관계없는 별도의 법인으로, 경매에 참여하지 않고 독자적으로 농산물을 수집·분산한다. 경매의 경우 출하-하역-경매-점포이송-판매의 복잡한 단계를 거치지만 시장도매인 거래는 출하 즉시 판매되는 직거래 중개방식이기에 유통비용을 절감하고, 농업인-시장도매인 간 가격조율이 가능하다.

따라서 시장도매인제는 도매시장법인에 의한 경매제의 중요한 대안이다. 경매는 과거 위탁상의 폐단을 해소하는 데 기여했지만 도매시장법인들의 과도한 자본축적과 비효율적 유통방식으로 또 다른 폐단을 야기했다. 이에 시장도매인제를 통해 농업인들의 출하선택권과 가격교섭권을 제고하여 도매시장법인의 과다이윤을 견제하고, 도매시장 내 경쟁체제를 확대할 것으로 기대되고 있다. 시장도매인들은 농산물의 생산·출하자들과 판매처(주로 중소형마트)를 직접 중개하거나 거래함으로써 유통비용을 절감할 수 있다. 그럼에도 2000년에 시장도매인제가 허용됐음에도 농산물에 시장도매인제가 도입된 경우는 강서농산물도매시장(2004년)이 유일하다.

제3절 정부양곡관리제도

1. 개요

정부는 농산물과 식품의 원활한 수급 및 가격 안정을 위해 농업·식품산업의 관측, 생산 조정, 수매 비축 및 생산자단체의 자조금 조성 지원 등 농업경영체, 생산자단체, 농산물 유통업체 및 식품업체 등에 다양한 지원을 제공하고 있다(「기본법」 제42조). 특히 양곡의 원활한 수급과 가격 안정을 위해 정부는 양곡관리제도를 운영하고 있다.

정부관리양곡이란 정부가 시장에서 매입하거나 해외에서 수입하여 관리하는 양곡으로(「양곡관리법」 제2조), 정부양곡관리의 목적은 공공비축(매입쌀) 혹은 시장격리(수입쌀)를 위해 민간으로부터 양곡을 매입해서 정부 차원에서 관리하는 데 있다. 정부관리양곡은 일반 시장과는 분리 판매되며 용도별로 승인을 받은 기관만 구매할 수 있다. 군수용은 군부대, 관수용은 교도소, 학교급식용은 초·중·고등학교 등, 복지용(무료급식용, 경로당용, 시설용 등)은 무료급식소 혹은 시·군·구 사회복지부서가 구매할 수 있고, 가공용과 주정용으로 판매되기도 한다.

정부양곡관리 업무 수행체계는 매입, 보관, 가공·수송, 매출(반출 및 판매), 정산으로 구성되며, 정부관리양곡의 품질 유지를 위해 국립농산물품질관리원이 매입 단계에서 하·추곡검사 혹은 착항검사, 가공·수송 단계에서 정곡검사를 실시하고 있다. 하·추곡검사는 여름철 벼와 가을철 벼의 수확기에 실시하는 품위검사로 정부 수매 혹은 유통·소비를 위해 품질 등급을 결정한다. 착항검사는 수입농산물이 항구에 도착 시 수입쌀, 수입현미에 대해 실시하는 품위검사, 정곡검사는 정부관리양곡을 생산하는 도정공장에서 생산된 쌀·현미에 대해 실시하는 품위 및 품질검사를 말한다.

정부양곡관리 업무 수행체계

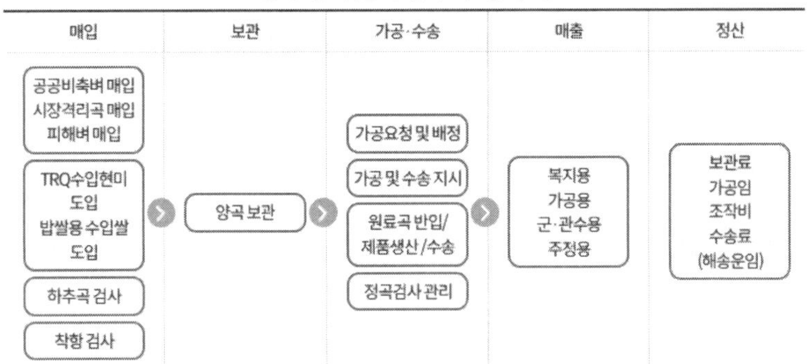

* 출처: 국립농산물품질관리원. 정부관리양곡 통합정보시스템. https://www.naqs.go.kr/rice/hmpg/sysIntrcn/srvcIntrcnView.do

2. 공공비축제도

2005년부터 세계무역기구(WTO) 체제에서 추곡수매제가 감축보조 대상으로 규정됨에 따라 이를 폐지하는 대신 시장친화적 성격의 공공비축제도가 도입되었다. 공공비축제는 정부양곡관리제도의 핵심으로 양곡 부족으로 인한 수급불안을 예방하고, 자연재해 등 식량 위기에 대비하여 정부가 일정 규모의 양곡을 비축하는 제도다.

운영방식은 WTO의 허용보조 요건에 맞춰 시가 매입·시가 방출 원칙을 적용한다. 공공비축미 매입은 농업인으로부터 수확기(10~12월) 산지 전국 평균쌀값을 조곡(벼) 가격으로 환산하여 매입하되, 농가의 자금 유동성을 위해 일정금액을 수매 직후 농가에 지급하고(중간정산금), 연말에 쌀값이 확정되면 최종 정산한다. 특히 친환경쌀은 전 등급(특등, 1, 2, 3등급)이 매입 대상이며, 일반쌀 대비 등급별로 가격을 5%p 추가 지급한다. 판매 용도는 군·관수용, 주정용, 가공용, 복지용, 식량원조용 등이며, 재고 순환을 위해 '2년 회전비축'을 원칙으로 군·관수용을 연중 공급하고, 수급 불안 시 시가로 시장에 공매한다.

의무수입물량, APTERR[121] 물량을 포함한 정부의 연간 적정 쌀 비축 규모는 연간소비량의 17~18% 수준(2개월분으로 약 80만 톤)으로 결정하고 있다. 연간 비축규모를 유지하되, 저장기간 경과에 따른 품질저하 방지를 위해 2년 회전을 원칙으로 연간 매입물량을 35~45만 톤 정도[122]로 하여 재고를 순환하고 있다. 또한 지역별 매입 물량은 재배면적 등을 감안하여 공공비축 시행계획에 반영하여 배정하고 있다.

121) 공공비축미 중 1만 톤은 '아세안+3 비상 쌀 비축제(APTERR)' 운영에도 활용된다. 이는 아세안 10개국과 한·중·일 3개국 간에 쌀을 사전에 약정·비축하고 비상시 공여하는 국제협약이다.

122) 연간 매입 규모는 2005년 제도 도입 이후 2021년까지 35만 톤 내외를 유지하다가 2022년부터 식량안보와 가루쌀 산업 활성화를 위해 45만 톤 내외로 확대하였다.

제4절 농산물 수입

1. 시장접근물량

시장접근물량(Tariff Rate Quota, TRQ)은 저율관세할당물량으로 국내시장에 영향이 큰 농산물에 대해 일정 물량에 대해서만 자율관세로 수입할 수 있도록 정해진 물량이다. 가격 경쟁력이 높은 수입농산물의 국내시장에 대한 영향을 최소화하면서도, 동시에 농산물 수급불균형과 가격불안정을 해소하기 위해 도입·운영되고 있다. 즉, 시장접근물량 FTA 협정에서 정한 특정 품목 중 일정 물량에 대해 낮은 관세를 부과하는 이중관세제도로서 수출국에게 수출기회를 부여하면서도 수입량 증가로 인한 국내 생산자 피해를 줄이기 위해 도입되었다. 농수산물 수입 시 낮은 관세를 적용받으려면 양허관세적용 추천이 필요하며, 농산물 TRQ 추천기관은 농림축산식품부, 수산물 TRQ 추천기관은 해양수산부이다.

세계무역기구(WTO) 협정 타결 이후 농산물 교역부문의 수입관리에 있어 비관세장벽의 관세화 과정에서 시장접근물량에 대한 다양한 수입관리방식이 도입되었다. 시장접근물량은 국가 간 양허관세율 수입이 합의된 물량으로, 물량계산방법은 MMA(최소시장접근), CMA(현행시장접근) 등이 있다.

최소시장접근(Minimum Market Access, MMA)은 관세화 방식으로 수입을 개방하는 품목에 대해 기준연도의 국내소비량의 일정 비율 이상을 의무적으로 수입[123]해야 하는 방식으로 최소시장접근 물량에는

123) UR 협상결과 각국이 수입을 제한하던 품목은 관세화 방식으로 수입 개방하되, 기준기간 동안 수입이 없거나 미미한 품목에 대해 1986~1988년 기간 평균 국내소비량의 3% 이상을 최소시장접근으로 수입하도록 하고 이를 이행 기간 중에 5%까지 확대하도록 했다.

양허표에 제시된 저율관세가 적용된다.

현행시장접근의 경우 기준기간의 수입량이 3% 이상인 품목은 해당 비율을 인정하고 이를 이행 기간 동안 유지 및 확대해야 한다. 설정된 시장접근 물량에 대해서는 높은 관세가 아닌 저세율에 의한 수입기회가 보장되고 이러한 시장접근물량을 초과하여 수입되는 물량에 대해서는 국내외 가격차 방식에 의해 산출된 고율관세가 부과된다.

시장접근물량의 배분방식으로는 단일관세적용(applied tariff), 수입허가제(license on demand), 선착순(first-come first-served), 혼합방식(mixed allocation methods), 공매(auction) 등이 활용되고 있다.

주요 관리방식별 관세할당제 품목 현황(1995~1999)

배분방식 \ 연도	1995	1996	1997	1998	1999
관세	650	637	668	649	643
선착순	102	104	148	148	147
수입허가	314	323	325	326	337
공매	32	30	50	56	56
과거실적	47	61	66	75	75
국영무역	22	22	21	20	21
생산자단체	8	8	8	8	9
기타	20	21	15	15	15
혼합방식	55	57	60	61	59
불특정	9	10	6	6	6
합계(1)	1,259	1,273	1,367	1,364	1,368
관세할당제 제외(2)	112	98	4	7	3
총관세할당제(1)+(2)	1371				

* 출처: WTO(2000), G/AG/NG/S/8, Tariff Quota Administration Methods and Tariff Quota Fill. 농촌경제연구원. https://repository.krei.re.kr/bitstream/2018.oak/17351/1/wrd-00107.hwp 재인용

2. 국내 농업 경쟁력 제고를 위한 협정 대응 제도

다자협정인 WTO 협정 및 양자협정인 자유무역협정(FTA) 체결에 따른 시장접근물량에 의한 농산물 수입량 증가로 인한 국내 농업경영체의 피해를 최소화하고, 국내 농업의 경쟁력 제고를 위해 다양한 제도를 마련하여 시행하고 있다.[124)]

1) 피해보전직접지불금

정부는 협정의 이행으로 수입량이 급격히 증가하여 가격 하락의 피해를 입은 품목을 생산하는 농어업인등에게 협정의 이행에 따른 피해보전직접지불금을 일정 기간 지급한다(「FTA농어업법」 제6조). 즉, 농림축산식품부장관 또는 해양수산부장관은 피해보전직접지불금 지원대상품목이 다음 두 가지 기준에 모두에 해당하는 경우 「세계무역기구 설립을 위한 마라케쉬협정」에서 허용하는 범위에서 피해보전직접지불금을 매년 지급한다.

①협정의 이행에 따라 피해보전직접지불금 지원대상품목의 해당 연도 평균가격이 기준가격(해당 연도 직전 5년간의 평균가격 중 최고치와 최저치를 제외한 3년간의 평균가격에 100분의 90을 곱하여 산출한 가격) 미만으로 하락한 경우, ②협정의 이행에 따라 피해보전직접지불금 지원대상품목의 해당 연도 총수입량이 기준총수입량(해당 연도 직전 5년간의 연간 총수입량 중 최고치와 최저치를 제외한 3년간의

---

124) 정부는 자유무역협정의 이행으로 발생하는 농어업인등의 피해를 최소화하기 위하여 농어업등의 경쟁력을 높이고 원활한 구조조정과 경영안정을 도모하는 등 「마라케쉬협정」이 허용하는 범위에서 필요한 조치를 하여야 한다(「자유무역협정 체결에 따른 농어업인 등의 지원에 관한 특별법」(이하 FTA농어업법 제3조).

평균총수입량)을 초과하고 협정상대국으로부터의 해당 연도 수입량이 기준수입량을 초과하는 경우이다(제7조).

피해보전직접지불금은 다음 각 호의 산식에 따라 산출함을 원칙으로 하되, 생산면적 또는 생산량을 기준으로 산출하는 것이 적절하지 않을 경우 품목별 산출방법을 달리 정할 수 있다. 다만 피해보전직접지불금의 품목별 상한액은 농업법인과 어업법인은 5천만 원, 농업인과 어업인은 3천 500만 원으로 한다(제8조).

농업등: 지원대상품목의 생산면적 × 단위면적당 전국평균생산량 × 피해보전직접지불금의 지급단가(이하 "지급단가"라 한다) × 조정계수 어업등: 지원대상품목의 생산량 × 지급단가 × 조정계수

2) 농업 경쟁력 향상 지원사업

첫째, 농어업등의 경쟁력 향상 지원사업이다(「FTA농어업법」 제5조). 협정 이행으로 피해를 입거나 입을 우려가 있는 농어업등의 경쟁력을 높이기 위한 사업에 있어 피해 농어업경영체(단, 일부 농업법인 또는 어업법인은 제외)에게 보조 또는 융자를 지원한다. 지원사업의 유형으로 ①농지의 구입·임차 등 농업경영·어업경영 규모의 확대, ②용수 공급 및 배수로, 경작로 등 생산기반시설의 정비, ③우량종자·우량종축의 공급 및 농자재 지원 등을 통한 고품질 농산물 또는 수산물의 생산 촉진, ④친환경 농산물 또는 수산물의 생산·유통 촉진, ⑤농산물 또는 수산물 가공·유통 시설의 설치 및 운영, ⑥농산물 또는 수산물의 품종 개발, 품질 향상, 가공 촉진 등을 위한 연구·개발 및 보급, ⑦농어업등의 생산시설 현대화 및 규모확대 촉진, ⑧농어업등의 경영·기획·유통·광고·회계·기술개발·작목전환 등을 위한 상담 및 기법개발 촉진 등이 있다.

둘째, 농어업인등의 폐업 지원으로 한시적으로 운영된다. 정부는 협정의 이행으로 과수·시설원예·축산·수산 등의 품목을 재배·사육 또는 포획·채취·양식하는 사업을 계속하는 것이 곤란하다고 인정되는 품목에 대하여 농어업인등이 폐업하는 경우 폐업지원금을 지급한다(제9조).

셋째, 생산자단체에 대한 지원이다. 정부는 협정의 이행으로 수입량이 급격히 증가하여 가격 하락, 생산액 감소 등의 피해를 입거나 입을 우려가 있는 농산물 또는 수산물에 대하여 생산자단체의 수매·비축 및 가공을 지원할 수 있다.

넷째, 농산물 또는 수산물 가공업의 지원으로 정부는 농산물 또는 수산물의 가공업이 협정의 이행으로 매출이 급격히 감소하는 등 피해를 입는 경우에는 경영정상화에 필요한 자금을 지원할 수 있다.

3) 농산물수입이익금 제도

농어업인등에 대한 지원대책에 필요한 재원을 확보하기 위하여 정부는 농산물수입이익금(혹은 공매납입금)을 도입하여 자유무역협정이행지원기금("FTA기금"), 농산물가격안정기금 등을 설치·운용하고 있다. 농산물수입이익금제도는 주요 작물을 대상으로 농산물 수입업자에게 농산물수입이익금(혹은 공매납입금)을 부과하여 정부 기금에 납입한 후 국내 농업의 경쟁력 제고 및 피해 농업인 지원, 농산물의 원활한 수급 및 유통구조 개선 등에 활용된다. 주요 농산물수입이익금제도는 다음과 같다.

첫째, 농산물가격안정기금의 농산물수입이익금이다. 「농안법」 제16

조, 제54조에 근거하여 1994년에 농산물가격안정기금을 설치·운용하고 있다. WTO 협정 상 시장접근물량에 적용되는 양허관세율로 농산물을 수입하는 자에게 국내가격과 수입가격간 차액의 범위에서 수입이익금을 부과·징수하여 농산물의 원활한 수급과 가격안정을 도모하고 유통구조의 개선을 촉진하기 위한 농산물가격안정기금에 납입하고 있다. 당해 수입이익금 부과대상은 고추, 마늘, 양파, 생강, 참깨, 참기름, 오렌지, 감귤류에 대해 시장접근물량에 적용되는 양허세율로 수입하기 위해 경쟁 입찰에 참여하여 낙찰 받은 물량이다. 기금은 ①농산물의 가격조절과 생산·출하의 장려 또는 조절, ②농산물의 수출촉진, ③농산물의 보관·관리 및 가공, ④도매시장, 공판장, 민영도매시장 및 경매식 집하장의 출하촉진·거래대금정산·운영 및 시설설치, ⑤농산물의 상품성 향상, ⑥농산물의 유통구조 개선, 가격안정 및 종자산업의 진흥에 필요한 사업에 사용된다.

둘째, 자유무역협정이행지원기금(FTA기금)의 농산물수입이익금(또는 공매납입금)이다. 동 기금은 여러 국가들과의 FTA체결에 따른 시장물량접근에 의한 국내 농산물 시장 보호 및 농업인 보호를 위해 설치·운용되고 있다. 「FTA농어업법」 제14조 및 제22조에 따라 관세할당물량이 적용되는 농산물을 FTA에서 정한 양허관세로 수입하는 자에 대하여 공매납입금을 납부하게 하거나, 국내가격과 수입가격 간의 차액의 범위에서 수입이익금을 부과하고 있다. 징수된 공매납입금 또는 수입이익금은 FTA기금에 납입하여 피해가 예상되는 농업의 경쟁력을 강화하고, 피해를 입은 농업인에 대한 지원 사업에 활용하고 있다. FTA 체결에 따라 양허된 농축산물 관세할당물량을 양허관세로 수입하기 위해 경쟁 입찰에 참여하여 낙찰 받은 물량에 대해 수입권을 낙찰 받은 자를 대상으로 한국농수산식품유통공사가 부과한다. 부과 대상품목은 유장, 오렌지, 분유, 연유, 버터, 천연꿀, 참깨 등이다.

셋째, 농업소득보전직불기금의 양곡수입이익금(쌀)이다. 「양곡관리법」 제12조, 제13조, 제13조의2에 근거하여 2005년부터 WTO 협정에 따라 시장접근물량 양허세율로 수입되는 농산물 중 소비자에게 시판되는 미곡[쌀]의 수입가격과 국내가격의 차액 범위에서 부과·징수한 수입이익금을 농업소득보전직불기금에 납입한다. 기금을 통해 시장개방 폭 확대로 인한 쌀값 하락으로부터 농업인 등의 소득안정을 도모하고 있다. 양곡관리법 시행규칙 제2조의3에서 정하는 소비자 시판용 미곡의 수입가격과 국내가격의 차액 범위 내에서 부과하며 소비자 시판용 미곡을 수입하는 자가 납부의무자이다.

넷째, 농산물가격안정기금의 양곡수입이익금(콩, 감자 등)이다. WTO 협정에 따라 1995년부터 시장접근물량 양허세율로 수입되는 농산물 중 두류 등의 수입가격과 국내가격의 차액 범위 내에서 부과·징수한 수입이익금을 농산물가격안정기금에 납입하여 농산물가격안정 및 유통개선사업 재원으로 활용한다. 양곡관리법 시행규칙 제2조의3에서 정하는 콩, 메밀 등의 수입가격과 국내가격의 차액 범위 내에서 부과하며, 대두, 팥, 녹두, 땅콩, 메밀, 감자 등을 수입하는 자가 납부의무자이다.

다섯째, 축산물수입이익금이다. 축산물의 원활한 수급 및 가격안정과 축산업의 발전을 위한 재원을 조성하기 위해 1978년부터 「축산법」 제45조에 의거하여 양허관세 추천을 받아 축산물을 수입하는 자 중 농식품부령이 정하는 품목을 수입하는 자에 대해 수입이익금을 부과·징수하고 있다.

이 외에도 수입이익금 부과·징수는 인삼 및 임산물에도 적용되고 있다. 「인삼산업법」에 따른 인삼류 시장접근물량에 적용되는 양허관세율로 수입하기 위해 경쟁입찰에 참여하여 낙찰받은 인삼에 부과하는 농산물가격안정기금납부금(인삼), 「산림자원의 조성 및 관리에 관한 법률」에 따른 임산물수입이익금 등이 있다.

4) 농어촌상생협력사업

정부는 협정의 이행으로 피해를 입거나 입을 우려가 있는 농어업등·농어촌의 지속가능한 발전을 촉진하고, 민간기업등과 농어촌·농어업인등 간의 상생협력 촉진을 위한 "농어촌상생협력사업"을 추진한다. 그리고 이를 체계적으로 지원하기 위하여 "농어촌상생협력기금"을 설치·운용한다(「FTA농어업법」 제18조의2 제1항). 상생협력사업으로 ①농어업인 자녀를 대상으로 하는 교육·장학사업, ②농림·해양·수산에 관한 과목을 편성·운영하는 초·중·고등학교, 농학·수의학·수산학 등 농어업 관련 학위과정을 운영하는 고등교육기관 및 농어촌 지역 학교와 학생을 대상으로 하는 교육·장학사업, ③의료서비스 확충, 문화생활의 증진 등 농어촌주민의 복지 증진에 관한 사업, ④정주 여건의 개선, 마을공동체 활성화, 경관 개선 등 농어촌 지역 개발 및 활성화 사업, ⑤농수산물 생산, 유통, 판매 부문에서 민간기업 등과 농어촌·농어업인 간 서로의 이익을 증진하기 위한 공동협력사업, ⑥농업협동조합중앙회 및 수산업협동조합중앙회에서 발행하는 상품권 사업 등이 시행된다(제6항).

꼬리말

지속가능농업으로서 재생농업의 전망

기후변화 대응 전략 중 완화(mitigation)는 기후변화의 근본 원인인 온실가스 배출량을 줄이거나 온실가스 흡수원을 늘리는 방식을 말하며, 적응(adaptation)은 이미 발생했거나 향후 발생할 기후변화에 적응하여 피해를 최소화하고 변화된 환경에 대응하는 방식을 말한다.

탄소중립(carbon neutrality)은 인간 활동으로 인한 온실가스 배출의 필연성을 인정하되 배출되는 온실가스의 양을 최대한 줄이고, 남은 온실가스는 흡수원을 통해 흡수하거나 포집함으로써, 실질적인 온실가스 순배출량을 '0'으로 만드는 것을 의미하다. 이러한 맥락에서 볼 때 지속가능한 농업은 관행농업으로 인한 온실가스 배출의 필연성을 인정하면서도 다양한 재생농업의 영농기법을 통해 온실가스 배출을 최소화하거나 토양 등을 통해 온실가스를 흡수하는 것을 의미한다.

재생농업에 기반을 둔 농식품정책은 전통적 관행농업에 요구되는 정책들을 폐지하거나 대체할 것을 요구하지 않는다. 지속가능농업의 가치는 관행농업의 필요성을 인정하되 기후변화 대응을 통한 생산성 향상(적응)을 강조하면서 탄소중립을 통한 온실가스 감축(완화)을 균형적으로 추진함으로써 창출될 수 있다. 다중모드사회에서 뉴노멀은 기존 규범을 대체하는 방식이 아닌 기존 규범과의 공진화 방식을 통해 발전되기 때문이다.

재생농업은 당초 유기·친환경농업, 나아가 생태농업 등 환경적 지속가능성 관점에서 촉발되었다. 그러나 재생농업의 범위는 여기에 한정되지 않고 경제적 지속가능성 관점의 정밀·스마트 농업, 사회적 지속가능성 관점의 치유·사회적 농업을 포괄하는 개념으로 확장되어야 한다. 적응 및 완화는 개별 상황과 여건에 따라 효과성이 일부 차이가 있지만, 기본적으로 양자는 모두 효과적 기후변화 대응 전략이다. 이러한 관점에서 재생농업은 환경적 가치(E), 사회적 가치(S), 경제적 가치(G)를 균형적으로 창출하기 위한 다양한 영농기법으로 영역을 확대할 필요가 있다.

요컨대 재생농업 기반 농식품정책을 통해 다양한 농산업 육성은 물론 전통적인 재배농업 발전에도 기여할 수 있어야 한다. 재생농업을 글로벌 식품기업들의 녹색위선(green-washing)이라고 비판할 수만은 없다. 오히려 여러 농산업경영체 및 농촌공동체들의 지속가능한 성장을 위한 만경상록(ever-greening) 전략으로 넓게 포용해야 한다.

이러한 관점에서 재생농업은 바로 지속가능농업의 동의어인 것이다.